科学出版社“十三五”普通高等教育本科规划教材

Python 程序设计基础

主　编　刘国柱　任志考　叶　臣
副主编　王秀英　刘明华　隋玉敏
参　编　芦静蓉　江守寰　邵洪波

山东省高等教育本科教学改革研究重点项目(Z2021278)

科学出版社
北　京

内 容 简 介

本书系统介绍了Python语言的基础知识和程序设计方法。全书共9章，主要包括Python概述、Python语言基础、Python序列对象、Python程序结构、Python函数、文本处理(一)：Python字符串、文本处理(二)：Python正则表达式、面向对象程序设计、文件与文件夹。

本书结构合理，内容循序渐进，取材得当。为便于教学，本书提供PPT课件、例题源代码以及习题参考答案等教学资源。

本书可作为高校本、专科的Python程序设计教材，也可作为广大Python程序设计爱好者和自学者的学习参考资料。

图书在版编目(CIP)数据

Python程序设计基础 / 刘国柱，任志考，叶臣主编. —北京：科学出版社，2021.3

(科学出版社“十三五”普通高等教育本科规划教材)

ISBN 978-7-03-068076-1

Ⅰ. ①P… Ⅱ. ①刘… ②任… ③叶… Ⅲ. ①软件工具-程序设计-高等学校-教材 Ⅳ. ①TP311.561

中国版本图书馆CIP数据核字(2021)第028805号

责任编辑：于海云 / 责任校对：邹慧卿

责任印制：张 伟 / 封面设计：迷底书装

科学出版社出版

北京东黄城根北街16号

邮政编码：100717

http://www.sciencep.com

北京九州迅驰传媒文化有限公司印刷

科学出版社发行 各地新华书店经销

*

2021年3月第 一 版 开本：787×1092 1/16

2023年8月第五次印刷 印张：15 1/2

字数：400 000

定价：49.80元

(如有印装质量问题，我社负责调换)

前 言

Python 以其简单、易学、跨平台、库丰富的特点成为当今流行的编程语言之一。知乎、豆瓣、网易、YouTube 等都是使用 Python 开发的。Python 的语法接近英语语法，人们阅读一个良好的 Python 程序就像在读英语一样。国外一些知名大学已经将 Python 作为第一门程序设计语言课程，如卡内基·梅隆大学的编程基础、麻省理工学院的计算机科学及编程导论、哈佛大学的计算机科学公开课等。国内的清华大学、北京理工大学、哈尔滨工业大学等也将 Python 列入非计算机专业的程序设计入门课程。目前 Python 已成为很多程序设计者的首选编程语言。

党的二十大报告指出："推动战略性新兴产业融合集群发展，构建新一代信息技术、人工智能、生物技术、新能源、新材料、高端装备、绿色环保等一批新的增长引擎。"随着新一代信息技术和人工智能等相关技术的应用和发展，Python 语言在这些方面得天独厚的优势逐渐被发现和重视。

为此，很多高校对计算机类专业和非计算机专业的入门语言课程进行了调整，由原来讲授 C 语言调整为 Python。本书是基于学校专业及课程建设的需要而编写的。编者是具有多年程序设计教学经验、丰富程序开发和设计经验的一线教师。

本书在编写上遵循由易到难、循序渐进的原则，主要内容如下：

第 1 章主要讲述 Python 的产生和发展，Python 的简单实例与运行环境，初见 Python 的风采。

第 2 章主要讲述 Python 程序设计语言的一些基础知识，包括内置对象、常量与变量、运算符、表达式以及内置函数等内容，该章内容是学习 Python 的基础。

第 3 章主要讲述列表、元组、字典和集合这些序列对象的概念以及应用。

第 4 章主要讲述 Python 程序的控制结构和条件表达式的概念，学习选择语句和循环语句的结构及应用、特殊语句 break 与 continue 语句以及循环优化等知识与应用。

第 5 章主要讲述函数的概念和分类、函数的定义、匿名函数与 lambda 表达式、生成器函数以及综合案例的学习。

第 6 章主要讲述字符串及其格式化、字符串的常用方法、使用内置函数操作字符串、字符串切片等操作和应用，以及综合案例的学习。

第 7 章主要讲述正则表达式基础知识与应用，包括正则表达式元字符、正则表达式常用字符用法、正则表达式模块 re、正则表达式对象的应用以及综合案例学习。

第 8 章主要讲述面向对象程序设计基础知识，包括类的定义、成员变量与成员方法、属性、继承和多态等内容，以及综合案例的学习。

第 9 章主要讲述文件类型、文件的打开和关闭、文件对象的方法与属性、文件与文件夹操作以及综合案例等内容。

本书特色：

(1) 精选案例。本书尽可能选择学生所熟悉的生活或背景实例作为案例，这样学生在理解题意上少花费精力，而将大部分精力花在程序设计和算法的实现上。在反复推敲学生已有知识的基础上对案例进行取舍，力求使其能将新旧知识点相结合来解决实际问题，尽快掌握程序设计方法并逐步提高编程能力。为缩短学生阅读和理解代码的时间，本书每个实例代码都配有大量注释。

(2) 专业团队。本书编写团队由具有研发经验的高校一线教师组成，并配有在线辅导平台，可以实现线上、线下同步进行讲解及点评分析，为学生扫除学习障碍。平台集成了由团队自主开发已应用十年的无纸化考试系统，可以满足线上、线下的测试和考试需要。

(3) 配套资源。本书提供全套教学课件、案例源代码、课后习题答案与分析。如需以上配套资源，请相关任课教师与编者联系：470355103@qq.com。

本书由青岛科技大学刘国柱、任志考、叶臣和王秀英老师主编，部分内容由刘明华、隋玉敏、芦静蓉、江守寰、邵洪波参与编写和修正。

由于时间仓促、编者水平有限，书中难免存在疏漏之处，敬请批评指正。

编　者

2023 年 5 月

目　录

第 1 章　Python 概述

1.1　Python 语言的产生和发展

1. Python 的产生

Python 是一种计算机程序设计高级语言，是荷兰青年吉多·范罗苏姆(Guido van Rossum)在 1989 年开发的新脚本解释程序，用来弥补 ABC 语言的遗憾。ABC 是一种教学语言，是专门为非专业程序员设计的。Guido 曾参加过 ABC 的设计工作，但是 ABC 语言并不成功。Guido 认为没有成功是 ABC 语言的非开放性造成的。于是，Guido 决心重新设计一种语言来避免这一错误，实现在 ABC 语言中未曾实现的想法，由此 Python 诞生了。Python(大蟒蛇的意思)作为该编程语言的名字，是因为 20 世纪 70 年代英国热播了一部电视喜剧 *Monty Python's Flying Circus*(《巨蟒剧团飞翔的马戏团》)，而 Guido 是这部电视剧的热衷者，所以将开发的高级语言取名为 Python。

2. Python 的发展

1989 年 Guido 开始研发 Python 编译器，1991 年 Python 编译器正式公开发行。此时尚未构成 Python 的正式版本，直到 1994 年 1 月 Python 的 1.0 版本正式发布。表 1.1 是 Python 版本的发展过程。2008 年发布 Python 3.0 版本，为什么 2010 年又发布了 Python 2.7 版本呢？这是因为 Python 3.0 不再支持 Python 2.0 版本，导致很多用户无法正常升级使用新版本。所以，后来又发布了 Python 2.7 的过渡版本。2018 年 3 月，Guido 在邮件列表上宣布 Python 2.7 将于 2020 年 1 月 1 日终止支持，用户如果想要在这个日期之后继续得到与 Python 2.7 有关的支持，则需要付费给产品供应商。所以，大家尽量安装和使用 Python 3.0 以上的版本，截止到 2020 年 2 月 Python 网站上发布的最高版本为 Python 3.8.2。初学者可以直接到 Python 官方网站了解 Python 版本以及更新情况。

表 1.1　Python 版本发展过程

版本号	发布时间	版本号	发布时间	版本号	发布时间
1.0	1994.01	2.3	2003.7	3.2	2011.2
1.4	1996.10	2.4	2004.11	3.3	2012.9
1.5	1998.2	2.5	2006.9	3.4	2014.3
1.6	2000.9	2.6	2008.10	3.5	2015.9
2.0	2000.10	2.7	2010.7	3.6	2016.12
2.1	2001.4	3.0	2008.12	3.7	2018.6
2.2	2001.12	3.1	2009.6	3.8	2019.10

Python 官网中提供了有关 Python 的信息动态以及资源，用户可以根据需要下载所需要的安装程序以及扩展包，图 1.1 是 Python 官网首页。

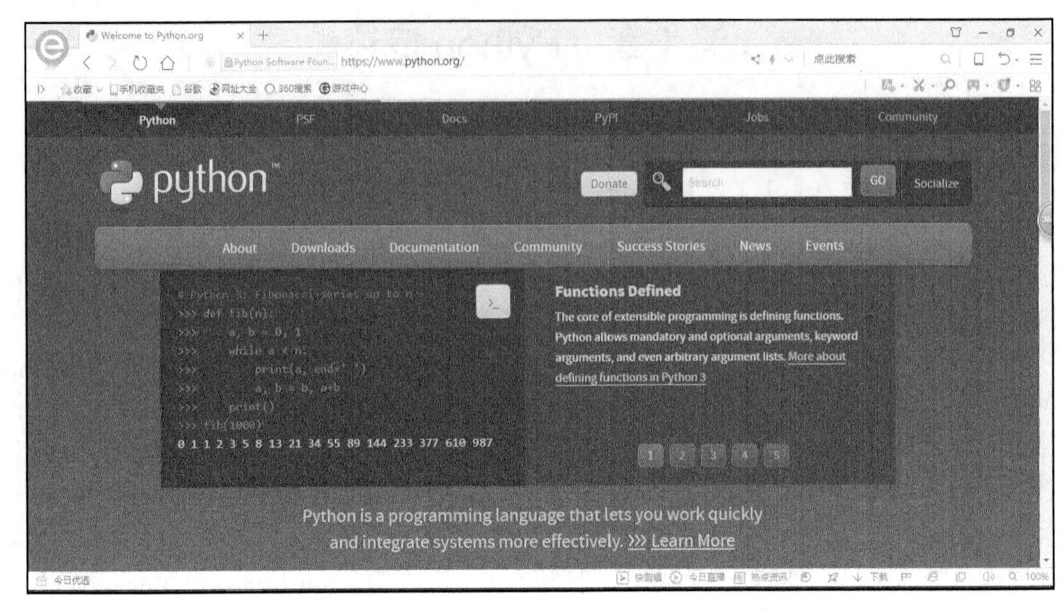

图 1.1　Python 官网首页

1.2　Python 的特点

计算机的程序设计语言有很多，有经典的 C 语言，有面向对象的 C++、Java、C#等。Python 能从众多的编程语言中脱颖而出是由它自身的特点决定的。Python 究竟有哪些特点呢？

1. 脚本语言

Python 是一种脚本语言(script)。这里脚本的含义，类似于戏剧中的脚本，是演员演出前划分角色的演出底本。演员通过看“脚本”才知道自己什么时候出场、做什么。这就相当于给演员发了动作指令，演员看了指令就知道该表演什么、说什么台词。计算机中的脚本其实也是一系列指令，计算机看了这些指令就知道该做什么事情。所以脚本是用来让计算机自动化完成一系列工作的程序，这类程序可以用文本编辑器(如记事本)修改，不需要编译，通常是边解释边运行。

有脚本语言就有非脚本语言，非脚本语言是一个用编译性语言编写的程序，需要从源文件转换成一个计算机能识别的语言(即二进制代码，0 和 1)，这个过程需要通过编译器来完成。也就是说从编写程序到运行程序需要经过编写—编译—链接—运行的过程。而用 Python 语言写的程序不需要编译器转化成二进制代码，可以直接从源代码运行程序。这样就不必担心如何编译程序，如何确保正确链接动态库等问题。如果编译通不过，则还需要查找错误，直到错误被正确修改为止。这对于初学者来说是件很麻烦的事。而 Python 是脚本语言，写好了程序就可以直接运行，省去了编译、链接的过程，对于初学者来说，减少了出错机会。这也是众多的初学者选择 Python 作为入门语言的原因。

2. 面向对象

Python 既支持面向过程编程，也支持面向对象编程。在面向过程的语言中，程序是由过程或仅仅是可重用代码的函数构建起来的。在面向对象的语言中，程序是由数据和功能组合而成的对象构建起来的。与其他面向对象语言(如 C++和 Java)相比，Python 不强调概念，而注重实用。让编程者能够感受到面向对象带来的好处，这正是 Python 能吸引众多支持者的原因之一。

3. 免费、开源

Python 是自由/开放源码软件(FLOSS)之一。简单地说，Python 可以自由地使用、阅读它的源代码，对它进行改动，把它的一部分代码用于新的软件中。这使得 Python 可以不断被改进，也是 Python 能成为优秀程序设计语言的原因之一。

4. 可扩展性和可移植性

Python 的可扩展性表现为可以通过其他语言(如 C、C++语言)为 Python 编写扩充模块。如果需要一段运行很快的关键代码，或者想要编写一些不愿开放的算法，可以使用 C 或 C++完成那部分程序，然后从 Python 程序中调用它即可。也就是说它能把其他语言制作的各种模块(尤其是 C/C++)很轻松地联结在一起，因此被称为胶水语言。常见的一种应用情景是，使用 Python 快速生成程序的原型框架(或者最终界面)，然后用更加合适的语言(如 C、C++语言)对其中有特别要求的部分进行改写，如在性能要求特别高的 3D 游戏中，图形渲染模块就可以用 C/C++重写，然后封装为 Python 可以调用的扩展类库。

Python 可移植性是由 Python 开源的本质所决定的。Python 程序无须修改就可以在下述平台上运行，这些平台包括 Linux、Windows、FreeBSD、Macintosh、Solaris、OS/2、Amiga、PlayStation、Sharp Zaurus、Windows CE，甚至还有 Pocket PC、Symbian 以及 Google 基于 Linux 开发的 Android 平台等，从而说明 Python 的可移植性强。

5. 丰富的库

Python 标准库确实很庞大，它可以帮助处理各种工作，包括正则表达式、文档生成、单元测试、线程、数据库、网页浏览器、CGI、FTP、电子邮件、XML、XML-RPC、HTML、WAV 文件、密码系统、GUI(图形用户界面)Tk 和其他与系统有关的操作。只要安装了 Python，所有这些功能都是可用的，这被称作 Python 的“功能齐全”理念。除了标准库外，还有许多其他高质量的第三方扩展库，如 wxPython 和 Twisted 库等。

除此之外，Python 还有易于阅读和维护、代码规范等特点。

1.3 Python 的应用

Python 作为一种功能强大的编程语言，因其简单易学备受开发者的青睐。那么，Python 究竟有哪些用处呢？

Python 的应用领域非常广泛，几乎所有大中型互联网企业都在使用 Python 完成各种各样的任务，例如，国外的 Google、YouTube、Dropbox，国内的百度、新浪、搜狐、腾讯、阿里巴巴、网易、淘宝、知乎、豆瓣、汽车之家、美团等。如果想进入上述公司工作，Python 是必须掌握的一项编程技能。概括起来，Python 主要在下列领域中有其用武之地。

1. 人工智能

近年来，全球范围内掀起了智能化浪潮，在这种浪潮的推动下，人工智能开始影响着人们的生活，并逐渐成为继互联网之后最能影响工业革命的推动技术。而 Python 以其独特的优势成为人工智能领域内的机器学习、神经网络、深度学习等方面最受欢迎的语言，借助 Scikit-learn、TensorFlow 等可简洁高效地完成机器学习任务。PyCharm 是一款非常优秀的 Python 集成开发环境，可在其上方便地构建机器学习的开发环境，大大地提高开发效率。目前世界上优秀的人工智能学习框架，如 Google 的 TransorFlow（神经网络框架）、Facebook 的 PyTorch（神经网络框架）以及开源社区的 Karas 神经网络库等，都是用 Python 实现的。特别是 Facebook 开源了 PyTorch 之后，使 Python 从众多编程语言中脱颖而出，并一跃成为人工智能时代的首选语言。

2. 云计算与大数据

云计算的业内人士都晓得目前知名的云计算框架 OpenStack 就是 Python 编写的，乘着云的东风，Python 也引起了程序员的极大关注。

在移动互联网技术的推动下，“大数据”一词也在互联网时代火了起来。如何获取互联网上所产生的海量数据，并对这些数据进行有效的分析，为相关部门提供有价值的决策是大数据时代带来的新问题，由此产生了网络爬虫的新技术。网络爬虫不是通过浏览器人工获取信息，而是通过爬取每个网页的链接地址进行相关内容的查找，然后将结果直接传送给用户。而 Python 有自带的 httplib、urllib 及 Requests-BeautifulSoup 等相关的爬虫基础库，可快速构建爬虫程序，实现对网页数据的自动解析和爬取。对爬取来的数据如何进行有效分析和处理是大数据最关键的问题。用 Python 做数据分析时，通常用 Python 对已经封装好的底层算法直接进行调用。因为算法模块相对固定，所以，用 Python 直接进行调用既方便又灵活，而且可以根据数据分析与统计的需要灵活进行处理。同时 Python 也有自带的数据分析和处理的包 Pandas，也是很好的开源工具。Pandas 可对较为复杂的二维或三维数组进行计算，同时还可以处理关系型数据库中的数据，与专业数据处理和绘图工具 R 语言相比，Pandas 中的 DataFrame 计算范围要远远超过 R 语言，这也从另一个方面说明 Python 的数据分析功能要强于 R 语言。因此，Python 自然成为大数据时代处理大数据最有效的语言工具。

3. 科学计算

从 1997 年开始，美国航天局（National Aeronautics and Space Administration，NASA）大量使用 Python 进行各种复杂的科学运算，随着 NumPy（*N* 维数组容器，用来存储和处理大型矩阵的库）、SciPy（科学和工程领域的软件包）、Matplotlib（2D 库，可视化绘图包）等众多程序库的开发，Python 越来越适合于做科学计算、绘制高质量的 2D 和 3D 图像。利用 Python 的胶水语言的特点，通过调用 NumyPy 数字扩展程序模块，Python 可以大大降低用户在科学计算领域开发应用程序的难度，在简化源代码的同时又能保证较高的运算速度。所以，Python 非常适用于科学计算。

4. 自动化运维

Python 是运维工程师首选的编程语言，Python 在自动化运维方面已经深入人心，如 SaltStack 和 Ansible 都是大名鼎鼎的自动化平台。

5. 网络安全

在当今互联网时代，无论国家、政府、企业还是个人都是靠网络传递信息的，例如，日常办公、手机银行等，人们每天的生活都离不开网络。网络的开放性与共享性使网络容易受到外界的攻击和破坏，网络和信息安全的保密性受到严重的影响。网络安全及其信息安全成为当下必须面对和解决的问题。Python 内含一些网络的框架和库函数等控件，为开发人员编写反爬虫程序、防止黑客入侵程序等提供了有力的支持。

6. Web 应用

目前最火的 Python Web 框架是 Django，其应用范围非常广，开发速度非常快，学习门槛也很低，能够快速地搭建可用的 Web 服务。使用这些框架可以快速地根据自己的需求开发出一个合格的 Web 应用。小到个人博客，大到商品化的产品它都能够胜任。

总之，Python 除了极少的事情不能做之外，其他基本上可以说全能，如系统运维、图形处理、数学处理、文本处理、数据库编程、Web 编程、多媒体应用、黑客编程、爬虫编写、机器学习、人工智能、大数据、云计算等。

1.4　简单 Python 程序

Python 语言在很多方面都有着很好的应用效果，而且 Python 语言的程序设计也有独到之处，现举几个小程序说明。

例如，下面是在 Python 基础学习环境 IDLE 的命令行模式下直接编写的程序，“#”后面是程序注释，不影响代码的运行，如下所示。

求 1+2+3+…+100 的累加和。

方法 1：

```
>>>s=0
>>>for i in range(1,101):              #方法 1 是 for 循环
    s=s+i


>>>print("方法 1：1+2+3+…+100=",s)
```

运行结果如下：

```
方法 1：1+2+3+…+100= 5050                         #方法 1 的输出
```

方法 2：

```
>>>print("方法 2：1+2+3+…+100=",sum(range(1,101)))    #直接使用函数 sum 求和
```

运行结果如下：

```
方法 2：1+2+3+…+100= 5050                      #使用基本输出函数 print 输出结果
```

方法 3：

```
>>>s=i=0
>>>while i<=100:                              #使用 while 循环实现
    s=s+i
    i=i+1

>>>print("方法 3：1+2+3+…+100=",s)
```

运行结果如下：

```
方法 3：1+2+3+…+100= 5050
```

说明：本书的所有范例均是在 IDLE 环境下操作、编写验证的，本书前面部分的范例是在 IDLE 命令行环境下实际操作验证的；本书后面部分的范例是在 IDLE 编辑器环境下运行验证的，特此说明。

通过上面求 1～100 的累加和的例子，初步认识一下 Python 的编程风格。很明显，上述方法 1 和方法 2 具有明显的 Python 风格，方法 3 与传统的方法类似，学习 Python 程序设计，就是要学会编写具有 Python 特色的程序。

所有的编程语言，尤其是高级语言，所追求的目标有两个：提高硬件的运行效率和提高开发人员的编程效率，实际上这两点是不可能并存的。C 语言在提高硬件的运行效率上是非常明显的，举一个简单的例子，C 语言用数组 int-a[6]来实现一个列表结构，经过编译以后变成了(基地址＋偏移量)的方式。对于现代计算机来说，没有运算比加法更快，也没有任何一种方法比(基地址＋偏移量)的存取方法更快。C 语言极大地提高了硬件的运行效率，这种设计思想导致程序的易用性和安全性的缺失，不能在数组中混合保存不同的类型，否则编译器没有办法计算正确的偏移量。

Java 也是这样，突出网络性能，具有易用性、安全性、跨平台性等特点。无论 Java 语言、C#语言还是 Python 语言，都有意避开提高硬件的运行效率这个问题，因为在这个问题上没办法和 C 语言竞争，也无法撼动 C 语言在 Linux、UNIX、GNU tools 中的位置。所以只能在提高开发人员的开发效率上大做文章。这对 C 语言是好事，把自己不擅长的东西去掉，让自己跑得更快。

Python 看起来简单，似乎是挺适合入门的，且适合创业团队，可以快速开发软件，快速上线，快速迭代，适合初学者的突袭学习，但等到发展到一定规模，动态语言的劣势就会体现出来，维护和重构难度高，特别是动态语言写的代码腐化速度要比静态的 Java 要快一些。

Java 语言语法相对 Python 要烦琐，表达力要弱一些，而且有很多规范，开发人员使用时要受到规则限制等，但适合团队的大规模协同作战；Java 目前已经有很多著名的框架和类库，性能不错，系统稳定而成熟，一般用来开发大型系统。

随着计算机新技术的不断发展，Python 语言以它独特的特点、灵活多变的方式在人工智能、大数据分析等领域得到了最广泛的应用，闪现出特有的魅力。

Python 语言有着自己独特的风格，相对于 C(C++)语言、Java 语言或者 C#语言，个性更加鲜明，总是有让人眼前一亮的感觉。

下面做一个测试，先看一下几个 Python 小程序。

(1)输出等腰三角形图案。在 IDLE 命令提示符“>>>”下直接输入代码。

```
>>>for i in range(1,9):                    #for 循环
    print('  '*(9-i),'*  '*i)              #按 Enter 键，再次按 Enter 键则出来执行结构
```

运行结果如图 1.2 所示，初步了解一下 Python 程序的风格和特点。

(2)九九乘法表。使用 Python 语言的两种方法输出九九乘法表，运行结果如图 1.3 所示(源码 1-3.py)。

方法 1：Python 风格的输出控制。

```
for i in range(1,10):
    for j in range(1,i+1):
        print('{0}*{1}={2}'.format(i,j,i*j).ljust(6),end=' ')    #python 的输出
    print()                                                       #换行
```

方法 2：类似 C 语言风格的输出控制。

```
print()
for i in range(1,10):
    for j in range(1,i+1):
        print('%s*%s=%s' %(i,j,i*j),end=" ")    #C 语言风格的输出格式控制
    print()
```

```
       *
      * *
     * * *
    * * * *
   * * * * *
  * * * * * *
 * * * * * * *
* * * * * * * *
```

图 1.2　等腰三角形

```
1*1=1
2*1=2 2*2=4
3*1=3 3*2=6 3*3=9
4*1=4 4*2=8 4*3=12 4*4=16
5*1=5 5*2=10 5*3=15 5*4=20 5*5=25
6*1=6 6*2=12 6*3=18 6*4=24 6*5=30 6*6=36
7*1=7 7*2=14 7*3=21 7*4=28 7*5=35 7*6=42 7*7=49
8*1=8 8*2=16 8*3=24 8*4=32 8*5=40 8*6=48 8*7=56 8*8=64
9*1=9 9*2=18 9*3=27 9*4=36 9*5=45 9*6=54 9*7=63 9*8=72 9*9=81
```

图 1.3　九九乘法表

说明：上面九九乘法表的程序，虽然都是 Python 代码，但是输出控制有区别，在学习 Python 的过程中，既要融合以前学过的高级语言共性和经验，也要尽力多实践采用 Python 风格的程序设计方法。程序设计就是一个反复蓦然回首顿悟的过程，其中的灵活性、艺术性、鲁棒性都是在实践总结过程中得到升华的。

(3)计算出 1～100 中 5 的倍数以及数字中带 5 的数。

```
>>> s=[x for x in range(1,101)  if  x%5==0 or ('5' in str(x))]
>>> s                                  #直接输出结果
[5, 10, 15, 20, 25, 30, 35, 40, 45, 50, 51, 52, 53, 54, 55, 56, 57, 58, 59,
60, 65, 70, 75, 80, 85, 90, 95, 100]

>>> print(s)                           #用 print()命令输出
[5, 10, 15, 20, 25, 30, 35, 40, 45, 50, 51, 52, 53, 54, 55, 56, 57, 58, 59,
60, 65, 70, 75, 80, 85, 90, 95, 100]
```

上面是 Python 风格的语句，核心语句就一条，但是功能强大，学习 Python 程序设计，就需要用 Python 的方式来编写程序代码。

对比一下，如果用 C 语言实现该计算，则程序代码如下：

```
#include<stdio.h>
int main()
  {
     int i=0;
     for (i=0;i<101;i++)
      {
          if(i%5==0 || i%10==5||(i/10)==5)
           {
               printf("%d\t",i);
           }
      }
     return 0;
  }
```

结论：用 Python 语言和 C 语言解决上述同一个问题，Python 只要一条语句即可实现。Python 语言具有简洁高效的特点，而且适应信息技术的发展要求，在网络安全、大数据处理、人工智能、科学计算与数据分析可视化等领域有着广阔的应用前景。

1.5　Python 的编程环境

1.5.1　IDLE 初学者的编程环境

学习 Python 首先要了解其编程环境和特点，同时要有意识地抛开以前熟悉的其他高级语言的环境和特点，熟悉 Python 的编程环境是学习的第一步。

1) Python IDLE 系统的安装

IDLE 是 Python 软件包自带的一个集成开发环境，是基于 Windows 操作系统开发的。IDLE 是标准 Python 发行版，绝大部分代码是由 Guido van Rossum 亲自编写。IDLE 安装简单，操作灵活方便，包括了 Python 程序开发的几乎所有功能，是一个非常适合初学者使用的编程环境。IDLE 环境支持支持两种操作模式：一个是命令行方式，方便初学者边学边练；另一个是编辑器方式，方便代码开发使用。

如何安装 IDLE 环境呢？首先，打开 Python 官网，单击“Downloads”→“Windows”，然后选择相应的 Python 版本安装，如选择 WEB-Basedinstaller 可以在线安装相应版本的 Python 系统。当安装好 Python 以后，IDLE 就自动安装好了，无需单独安装。建议大家从官网下载安装 IDLE，不建议从网络上搜索安装，不安全。如图 1.4 所示为 Python 官网上提供的下载资源。

安装完成之后，通过开始菜单就可以在程序组找到 IDLE 了。下面是 Python 3.6 的系统，如图 1.5 所示。

图 1.4　Python 供下载的版本

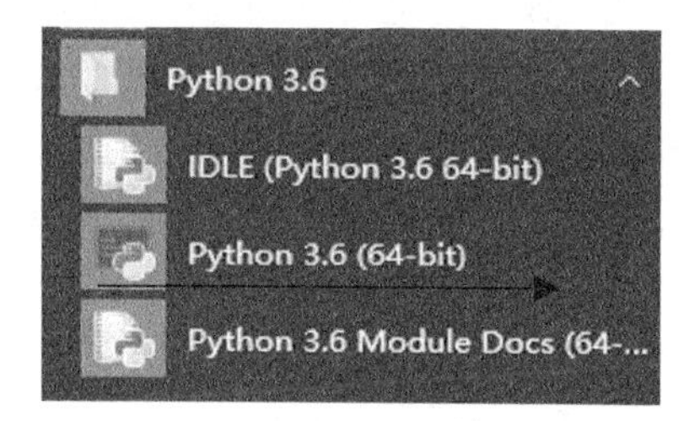

图 1.5　IDLE 系统启动

单击 IDLE(Python 3.6 64-bit)图标启动 Python 的 IDLE 应用环境，如图 1.6 所示。

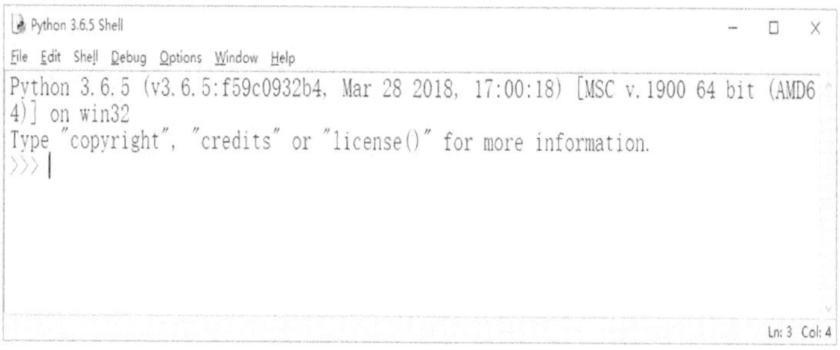

```
Python 3.6.5 Shell
File  Edit  Shell  Debug  Options  Window  Help
Python 3.6.5 (v3.6.5:f59c0932b4, Mar 28 2018, 17:00:18) [MSC v.1900 64 bit (AMD6
4)] on win32
Type "copyright", "credits" or "license()" for more information.
>>> |
                                                                  Ln: 3  Col: 4
```

图 1.6　Python 的 IDLE 命令行应用环境

说明： Python 版本除了有 3.x 和 2.x 之分，还要注意的就是有 64bit 和 32bit 的区别，在下载安装系统之前，要确认计算机安装的是 64 位还是 32 位操作系统，选择合适的 Python 版本安装。以 Windows 10 为例，右击桌面上的“此电脑”图标，选择快捷菜单中的“属性”选项即可查看操作系统安装情况，如图 1.7 所示。

图 1.7　查看计算机操作系统安装版本

2) IDlE 编程步骤

(1) 命令行方式。IDLE 为初学者提供了功能强大、灵活方便的命令行操作方式，提示符为“>>>”。在命令行操作方式下，输入语句按回车(Enter)键即可立即执行，在命令提示符状态下，不仅可以调试、测试单行语句，而且可以调试、测试复合语句，如选择语句、循环语句、定义函数，甚至可以编写小规模程序。

IDLE 命令行操作时，输入单行语句后按回车键，结果可以直接输出，也可以用 print() 函数输出，但是对于复合语句，如循环语句操作起来有小技巧，图 1.8 所示，当输入“>>>for i in range(10):”后按回车键，自动缩进 4 个空格输入循环体语句，循环语句可以多条，当循环体语句输入结束后按回车键两次即结束循环体语句的输入(Python 程序以缩进控制程序的逻辑结构，这点请牢牢记住)，然后就可以输入其他语句了。

注意： 在 IDLE 命令行操作中，语句之前不要轻易留下空格，否则会报错，缩进要符合程序逻辑结构的要求。

```
>>> s=3+5-27*5
>>> s,print("s=",s)
s= -127
(-127, None)
>>>
>>> for i in range(10):
    print("第{0}个数为：{1}!".format(i+1,i))      #按回车键两次输出结果

第 1 个数为：0!
第 2 个数为：1!
第 3 个数为：2!
第 4 个数为：3!
第 5 个数为：4!
第 6 个数为：5!
第 7 个数为：6!
第 8 个数为：7!
第 9 个数为：8!
第 10 个数为：9!
```

图 1.8　命令行下复合语句的输入

(2) 生成源程序方式。在 IDLE 界面左上角 File 菜单中选择 New→File 菜单项，创建默认名为 Untitled 的 Python 源文件，在源程序文本窗口中输入程序代码。

```
#求数 N 的阶乘
s=1
n=int(input("请输入一个正整数："))                #键盘输入，并转换为整数
for i in range(1,n+1):
    s=s*i

print(str(n)+"!=",s)                              #输出阶乘结果
```

运行结果如下：

```
请输入一个正整数：5                               #输入数 5
5!=120                                            #输出 5 的阶乘
>>>                                               #第二次运行
请输入一个正整数：7
7!=5040
```

代码输入完成后，可以选择 File→Save 菜单项保存源程序(其他几种方法：①按 Ctrl+S

组合键；②直接按 F5 键执行程序；从 Run 菜单中选择执行)，第一次执行时提示保存源程序，输入文件名，确定保存路径(初学者一定要注意源程序保存的路径)，但不必须输入扩展名，默认扩展名为.py，保存源程序的过程如图 1.9 所示，以后可以随时打开源程序进行修改完善。

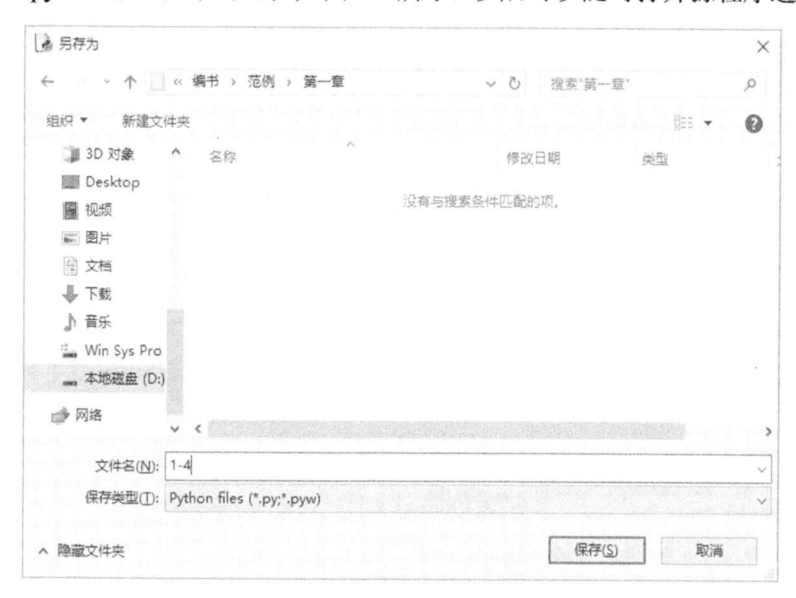

图 1.9　保存源程序的路径选择和命名

1.5.2　PyCharm 应用环境

前面简单介绍了初学者最容易操作的 Python 平台 IDLE，下面将介绍 PyCharm 平台，PyCharm 平台是一个继承开发环境。

1) PyCharm 的特点

在成功安装 Python 环境之后，虽然 IDLE 环境提供了命令行操作方式和编写源代码运行方式两种 Python 学习环境，满足了初学者的学习要求，但是 Python IDLE 还不是一个集成开发环境(intergrated development environment，IDE)，功能单调，不适合高级程序设计的需要。因此需要一个 IDE 的 Python 学习与开发平台，PyCharm 就能够满足这些要求，PyCharm 平台具有以下几个功能和特点。

(1) 编码协助。PyCharm 提供了较为完整灵活的编码协助功能，即支持编码不全、代码折叠和分隔窗口的编辑器，可以让用户获得轻松的编码环境。

(2) 项目代码导航。PyCharm 可以帮助用户实时从一个文件导航到另外一个文件，提供一些相应的快捷键，方便用户快速导航。

(3) 代码分析 PyCharm 具有对用户输入代码进行语法检测、突出显示错误和智能检测等功能，使编码更加优化。

(4) 支持 Django。PyCharm 提供 HTML、CSS 和 JavaScript 编辑器，用户可以更加快捷地通过 Django 框架进行 Web 开发。

(5) 图形页面调试器。用户可以用其功能全面的调试器对 Python 或者 Django 应用程序以及测试单元进行综合调整，该调试器带断点、步进、多画面视图、窗口以及评估表达式。

(6) 集成的单元测试。用户可以在一个文件夹运行一个测试文件、单个测试类、一个方法或者所有测试项目。

(7) 可自定义与可扩展。PyCharm 具有可自定义与可扩展功能，能够绑定 TextMate、NetBeans、Eclipse & Emacs 键盘主盘。

总的来说，PyCharm 是最受欢迎的开发软件之一，集成开发环境适用于 Python。Python 程序员可以选择使用 PyCharm 平台。JetBrains 有三种不同 PyCharm 的 IDE 版本(社区版本、专业版本和教育版本)供开发人员选择。初学者可以选择 PyCharm 社区版或者专业版来学习 Python 程序设计，但是社区版缺少专业版提供的一些高级功能。

2) PyCharm 的安装

(1) 启动 PyCharm 官网。首先打开 PyCharm 官网如图 1.10 所示。

图 1.10　PyCharm 官网首页

单击首页上的 Download 按钮进入下载页面，如图 1.11 所示。

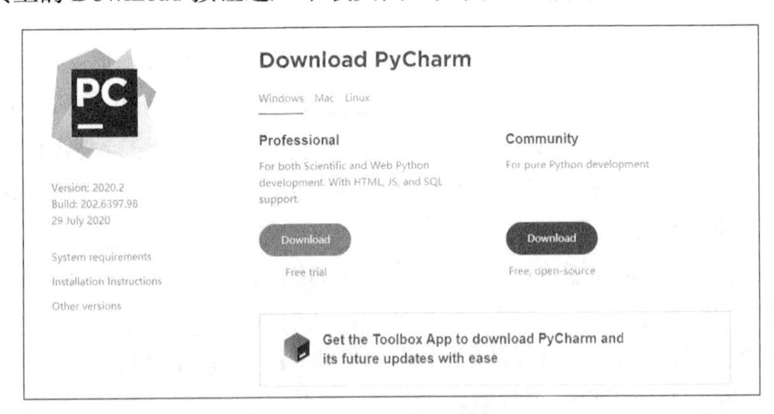

图 1.11　PyCharm 的版本

(2) 选择 PyCharm 专业版。单击图 1.11 中的 Professional(专业版)下的 Download 按钮进行下载，在 Windows 10 环境下注意左下角正在下载的文件，文件名为 pycharm-professional-2020.2.exe，双击该文件，即进入 PyCharm 安装首界面(图 1.12)。

(3) 选择安装文件夹及其他选项。安装文件夹默认是 C:\Program Files\JetBrains\PyCharm 2020.2 文件夹，用户可以自行修改其目标文件夹路径。然后选择 32-bit lanucher/64-bit lanucher，如果计算机是 64 位，就选择 64-bit lanucher，选中 Create associations 为.py，单击 Next 按钮之后，选择启动界面为 JetBrains(默认)。

(4)PyCharm 安装。在所有选项选择完毕后，单击 Install 按钮进入安装过程界面，安装过程界面如图 1.13 所示。

图 1.12　PyCharm 安装首界面

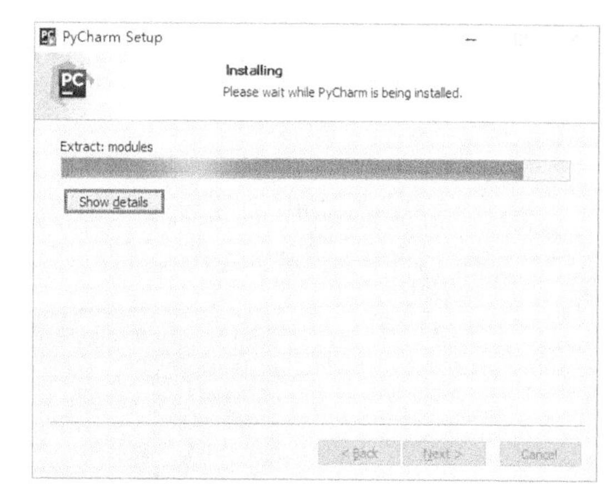

图 1.13　PyCharm 安装过程界面

安装完成后，显示如图 1.14 所示的界面，然后单击 Finish 按钮重启机器，即可完成 PyCharm 的安装。

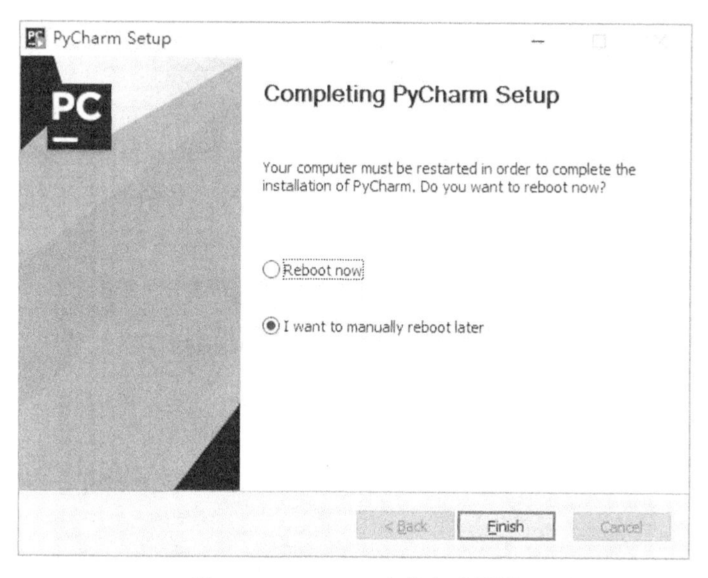

图 1.14　PyCharm 安装完成界面

3)PyCharm 的使用

PyCharm 安装完毕之后，就可以尝试学习使用。在实践中领会和掌握 PyCharm 的程序设计技术与方法。

(1)启动 PyCharm。双击桌面上的快捷方式图标 PyCharm 2020.2 x64，或者从 Windows 程序组菜单中运行程序，由于 PyCharm 支持导入以前的设置，第一次使用时，直接选择 Do not import setting 选项就可以，如图 1.15 所示。

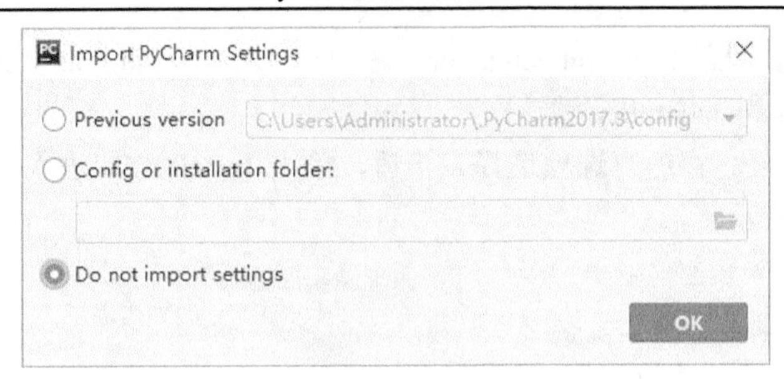

图 1.15　导入配置选择

(2) 进入 PyCharm 界面。根据界面提示，选择 Activate PyCharm，输入激活码之后，就进入 PyCharm 项目界面，可以选择新建项目，也可以打开一个已经存在的项目，如图 1.16 所示。

图 1.16　PyCharm 项目选择界面

第一次使用 PyCharm 就选择+New Project 选项，进入 PyCharm Python 环境选择和解释器选择界面，如图 1.17 所示。初学者可以修改一下目标路径，其余的选项不需要改动，直接单击右下方的 Create 按钮即可。

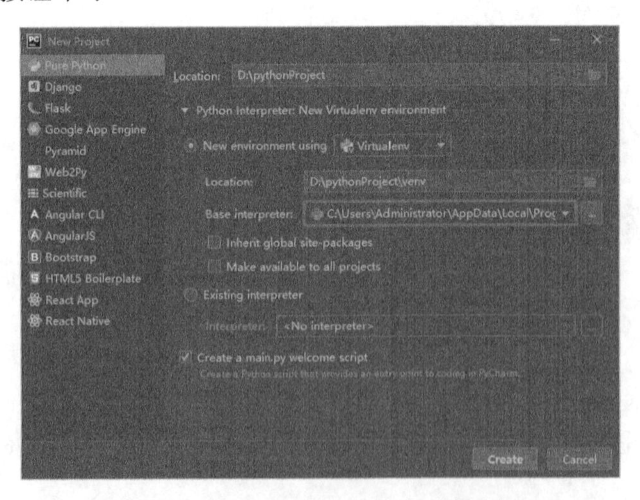

图 1.17　Pure Python 项目目标路径选择

(3) 使用 PyCharm 编写 Python 程序。在一系列安装、激活和设置之后，进入 PyCharm 项目设计与开发界面，如图 1.18 所示。

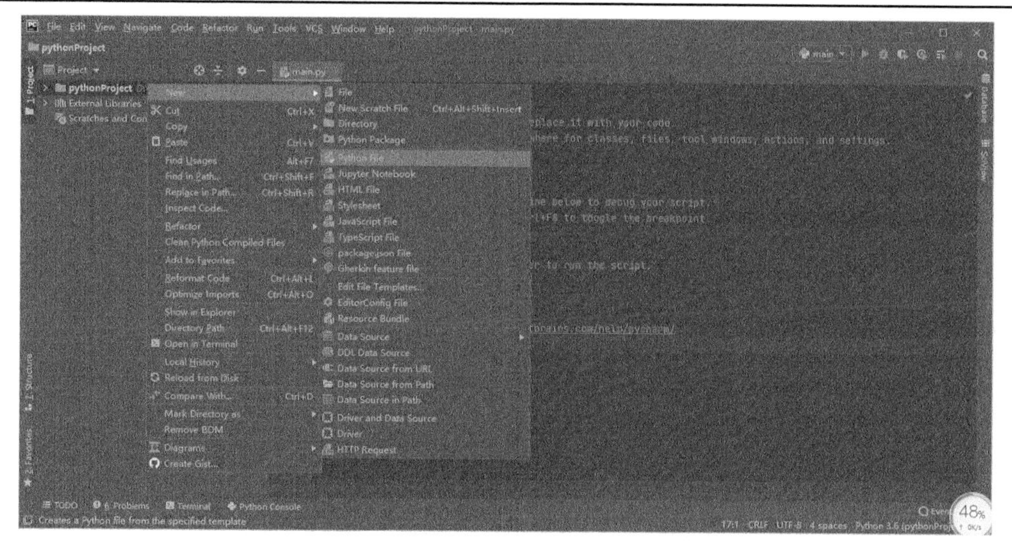

图 1.18　PyCharm 的 Python 程序设计界面

根据界面提示或菜单选择 New 选项，然后再选择 Python File 选项，进入输入文件名称的界面，如图 1.19 所示。这里文件名为 first.py。

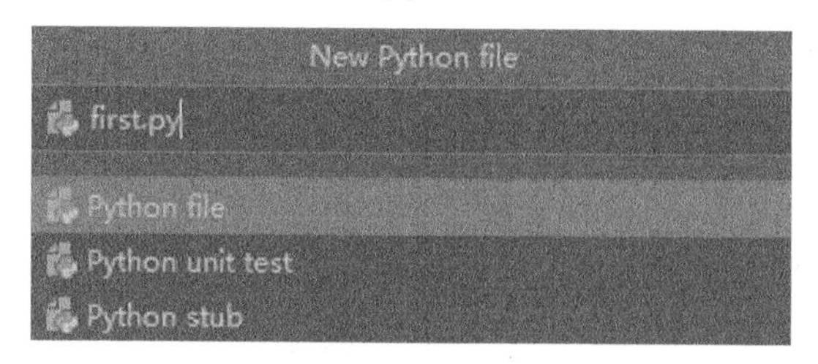

图 1.19　输入新文件名

输入新文件名之后，按回车键进入编写代码界面，如图 1.20 所示。单击 first.py 文件，在编码区输入以下代码：

```
#九九乘法表
#方法 1:
for i in range(1, 10):
    for j in range(1, i + 1):
        print(' {0}*{1}={2}'.format(j, i, i * j).ljust(6), end=' ')
    print()

#方法 2:
print()
for i in range(1, 10):
    for j in range(1, i + 1):
        print('%s*%s=%s' % (i, j, i * j), end=" ")
    print()
```

代码输入完毕之后，选择 Run 菜单项，再选择运行的文件对象 first.py，执行程序，如果代码有语法错误就会在左下方有提示，代码正确则输出结果。

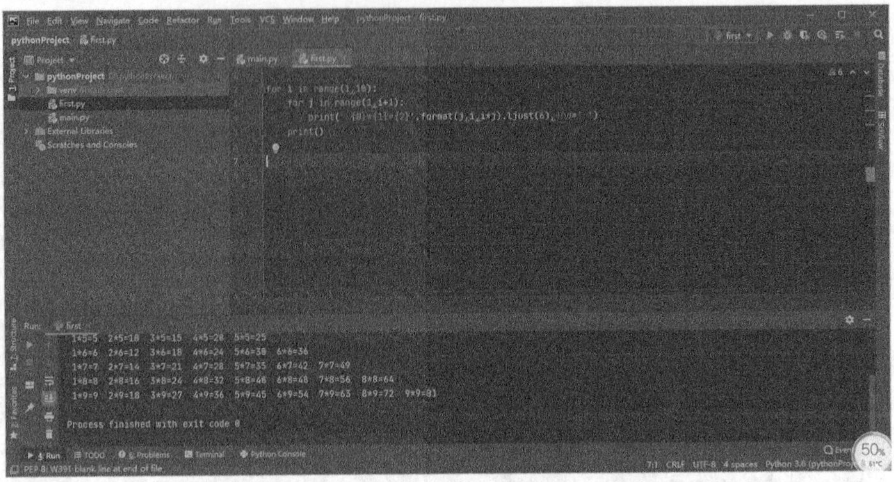

图 1.20　PyCharm Python 程序的编写与运行

PyCharm 的开发环境这里不多做解释，初学者使用 IDLE 环境学习 Python 程序设计一段时间，对 Python 语言有一定熟悉之后，可以安装 PyCharm 等其他开发平台进一步学习 Python 程序设计，但对于初学者不建议使用 IDLE 之外的其他平台。

1.6　Python 编程规范与错误纠正

每一种高级语言都有自己的编程规范，良好的编码习惯可以增加程序的可读性。Python 重视代码的美感和可读性，对程序代码的布局有着非常严格的要求。在学习 Python 语言的编程规范之前，简单了解对比一下流行的 C 语言编程规范。

C 语言的程序结构和规范为：

```
main(参数)                          #主函数
void
{
    语句组;
}
```

C 语言结构和规范是以 main() 主函数为主体，以大括号{}作为界定符，在逻辑结构上虽然采用规范的缩放形式来体现程序的层次结构，但逻辑结构主要是以{}来约定。Python 程序逻辑结构是严格通过缩放形式来规范控制的，否则程序会结构混乱，显示异常。

1.6.1　Python 的编程规范和特点

Python 有自己的编程规范，归纳起来有以下几点。

(1) 要逐步学会编写 Python 风格的程序。学习 Python 程序设计，就是要编写出具有 Python 风格的程序，尤其是对那些已经学习过其他高级语言的人来说，编写的 Python 程序很容易具有其他高级语言的风格。

(2) Python 是函数式编程，在程序设计中，尽可能使用函数。

(3) 在循环、条件等语句中冒号 (:) 不可以少。在 IDLE 环境下冒号后按回车键就会自动在下一行缩进，一般自动缩进 4 个空格，冒号是逻辑结构的重要部分，不可或缺。

(4) 不使用 C 语言等的大括号{}来体现代码的逻辑关系。在 Python 中需要严格执行缩进来体现程序代码逻辑结构和从属关系，这是一个硬性要求。如果代码的缩进不正确，则整个程序会出现语法错误而无法执行或者逻辑结构错误导致错误结果。

(5) Python 语句不要太长，语句如果过长，建议使用续行符“\”，或者使用圆括号括起来表示是一条语句。

(6) Python 运算符有明确的优先级。虽然运算符有明确的优先级，但复杂的表达式还是建议使用圆括号来明确各种运算符的计算顺序，如此则结构清晰，增加代码的可读性。例如：

```
>>>x=3
>>>y=6
>>>z=x+y
>>>s=(x+z)*y-y*(x+6)                    #用括号来约定执行优先级顺序
```

1.6.2　Python 语句语法的一般规则

Python 语句是组成程序的元素，其语法规则归纳起来有以下四个方面。

(1) 空行，一般在函数定义、类定义或其他功能模块之后增加一个空行，提高逻辑结构的明显度，增加代码的可维护性。

(2) 在运算符两侧各增加一个空格，逗号后面也增加一个空格。

(3) 选择结构和循环结构合理使用 else 语句提高程序代码的可阅读性。

(4) 合理使用注释，必要的注释提高了程序的易读性，Python 有两种注释方式：“#”是单行注释，三引号常用于说明文字较多的文本注释。

说明：IDLE 环境适合初学者学习使用，程序编辑和执行时有一定的语法纠错功能，并有错误提示信息，初学者需要通过不断实践和认真学习总结，掌握提示信息和含义，实现对程序的正确调试。图 1.21 就是 IDLE 环境下的错误提示，因为冒号是全角符号，所以提示错误，应该用半角冒号。

```
>>> def add1(x,y)：
        s=x**2+y**2
        return s
SyntaxError: invalid character in identifier
```

图 1.21　冒号引起的语法错误

由上例可以看出，IDLE 环境提供的程序语法纠错功能，能够使初学者快速识别错误，改正错误，有利于程序调试并正确执行和输出结果，对初学者掌握程序编写基础知识，提高学习兴趣，增加信心有极大的帮助。

(1) 运算符或者标点符号不对或者缺失。

```
>>>3+5                                  #运算符半角，正确
8
>>>3＋5                                 #运算符号＋全角，显示错误提示
SyntaxError: invalid character in identifier
>>>s=0
```

```
>>>for i in range(1,11);          #运算符错误，显示错误提示
SyntaxError: invalid character in identifier
>>>for i in range(1,11):
    s=s+i                         #循环体自动缩放 4 个空格

>>>print('s=',s)
s= 55
```

(2) Python 语句一定要严格按照缩放空格来区分逻辑结构，一些 Python 语句，如条件、循环以及函数定义等，在冒号(:)之后要严格缩放规范逻辑结构，Python 不像 C 语言那样可以通过大括号来约定程序或语句的逻辑结构。

图 1.22 是典型的错误类型，像这样的错误比较隐蔽，因为 print 语句没有按照缩进要求编辑，前面有多余空格造成了错误，只要删除 print 前面的空格重新执行就可以。

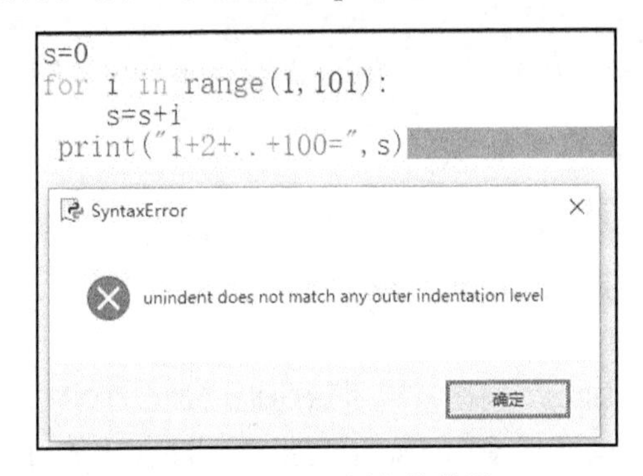

图 1.22　print 语句的错误

注意：Python 必须严格遵守语法规范要求，运算符号要求半角形式，缩进要符合要求，逻辑结构要清晰，尤其是在命令行操作方式下，一定要认真检查逻辑结构，否则会造成结构混乱，容易产生隐形错误，隐形错误是很难检查出来的。

1.7　Python 标准库与扩展库

Python 默认安装仅包含基本或核心模块，启动时也仅加载了基本模块，在需要时再导入和加载标准库与第三方扩展库(需正确安装)，这样可以减小程序运行的压力，并且具有很强的可扩展性。另外从“木桶原理”的角度来看，这样的设计和安全配置与遵循的“最小权限”原则的思想是一致的，也有助于提高系统安全性。

1.7.1　Python 的功能库

Python 的功能强大在于除了有大量的内置函数之外，还有丰富的功能库，功能库包括标准库和扩展库。

(1) 标准库是默认自带的库，扩展库是需要下载安装的第三方库。它们的调用方式是一样的。

(2) 标准库和扩展库都需要用 import 语句来调用。

1) 标准库

Python 的标准库是 Python 安装的时候默认自带的库，使用其中的模块前需要导入对应的

标准库。Python 常用标准库如表 1.2 所示。

表 1.2　Python 常用标准库

序号	名称	作用
1	datetime	为日期和时间处理提供简单和复杂的方法
2	zlib	直接支持通用的数据打包和压缩格式：zlib、gzip、bz2、zipfile 以及 tarfile
3	random	提供了生成随机数的工具
4	math	为浮点运算提供了对底层 C 函数库的访问
5	sys	工具脚本经常调用命令行参数。这些命令行参数以链表形式存储于 sys 模块的 argv 变量
6	glob	提供一个函数，用于从目录通配符搜索中生成文件列表
7	os	提供与操作系统相关联的相应函数

要使用标准库中的对象，需要预先导入标准库，datetime 库为日期和时间的处理提供方法，下面以 datetime 库为例来演示标准库用法。

```
>>> from datetime import date                  #导入日期时间库
>>> now=date.today()                           #取当前日期
>>> print("当前日期为：",now)                  #输出当前日期
当前时间为： 2020-07-03
>>> birthday=date(2000,7,1)                    #赋值出生日期
>>> print("出生日期：",birthday)               #输出出生日期
出生日期： 2000-07-01
>>> age=now-birthday                           #假设出生天数=当前日期-生日日期
>>> print("出生天数：",age)                    #输出出生的天数
年龄： 7307 days, 0:00:00
```

2) 扩展库

Python 扩展库需要下载到 Python 的规定安装目录下，正确安装才能使用，不同的第三方扩展库安装及使用方法有所不同。Python 常用的第三方扩展库如表 1.3 所示。

表 1.3　Python 常用的第三方扩展库

序号	名称	作用
1	Scrapy	爬虫工具常用的库
2	Requests	HTTP 库
3	Pillow	PIL (Python 图形库) 的一个分支，适用于在图形领域工作的人
4	Matplotlib	绘制数据图的库，对于数据科学家或分析师非常有用
5	OpenCV	图片识别常用的库，通常在练习人脸识别时会用到
6	pytesseract	图片文字识别，即 OCR 识别
7	wxPython	Python 的一个 GUI 工具
8	Twisted	对于网络应用开发者最重要的工具
9	SymPy	SymPy 可以做代数评测、差异化、扩展、复数等
10	SQLAlchemy	数据库的库
11	SciPy	Python 的算法和数学工具库
12	Scapy	数据包探测和分析库
13	pywin32	提供和 Windows 交互的方法和类的 Python 库
14	PyQt	Python 的 GUI 工具

续表

序号	名称	作用
15	PyGTK	Python GUI 库
16	Pyglet	3D 动画和游戏开发引擎
17	Pygame	开发 2D 游戏的时候使用会有很好的效果
18	NumPy	为 Python 提供了很多高级的数学方法
19	n ose	Python 的测试框架
20	NLTK	自然语言工具包
21	IPython	Python 的提示信息，包括完成信息、历史信息、shell 功能以及其他很多方面
22	BeautifulSoup	XML 和 HTML 的解析库，速度比较慢，对于新手非常有用

1.7.2　安装扩展库

Python 扩展库可以使用源码安装或者安装包安装(不是所有扩展库都支持)，常用的安装方法主要有 easy_Install 和 pip 工具安装，pip 安装方法比较常用，需要在命令提示符下面完成。

1) 安装目录

扩展库的安装需要在 DOS 命令提示符下，要求在指定的目录中安装，该文件夹是 C:\…\Programs\Python\Python36\Scripts，即 Python 系统中的 Scripts 文件夹下安装。先找到该文件夹，然后按 Alt+鼠标右键，在弹出菜单中选择“在此处打开 powershell 窗口”选项(不同版本的 Windows 提示有区别)，然后进入命令提示符状态，如图 1.23 所示。

图 1.23　安装目录的 DOS 提示符状态

2) 查看已安装的扩展库

使用 pip list 命令可以查看本机已经安装的扩展库(模块)列表，如图 1.24 所示。

图 1.24　查看已安装的扩展库

3)pip 命令的使用方法

pip 是一个现代的、通用的 Python 包管理工具，提供了对 Python 包的查找、下载、安装、卸载的功能。pip 是官方推荐的安装和管理 Python 包的工具，用它来下载和管理 Python 非常方便。pip 最大的优势是它不仅能将我们需要的包下载下来，而且会把相关依赖的包也下载下来。

下面简单介绍 pip 的使用方法。pip 支持 Python 扩展库的安装、升级和卸载操作等管理功能，但是需要在计算机联网(因特网)情况下，输入相应的命令就可以完成相应的任务，常用 pip 命令的使用方法如表 1.4 所示。

表 1.4　常用 pip 命令的使用方法

序号	pip 命令示例	说明
1	pip download SomePackage[==version]	下载扩展库的指定版本，不安装
2	pip freeze [> requirements.txt]	以 requirements 的格式列出已安装模块
3	pip list	列出当前已安装的所有模块
4	pip install SomePackage[==version]	在线安装 SomePackage 模块的指定版本
5	pip install SomePackage.whl	通过 whl 文件离线安装扩展库
6	pip install package1 package2 ...	依次(在线)安装 package1、package2 等扩展模块
7	pip install -r requirements.txt	安装 requirements.txt 文件中指定的扩展库
8	pip install --upgrade SomePackage	升级 SomePackage 模块
9	pip uninstall SomePackage[==version]	卸载 SomePackage 模块的指定版本

pip 可以在线安装模块，在 Scripts 目录的 DOS 命令提示符下(或 Powershell)，输入 pip 命令。例如，要安装 Pygame，可以在命令行窗口输入 pip install pygame，如图 1.25 所示。

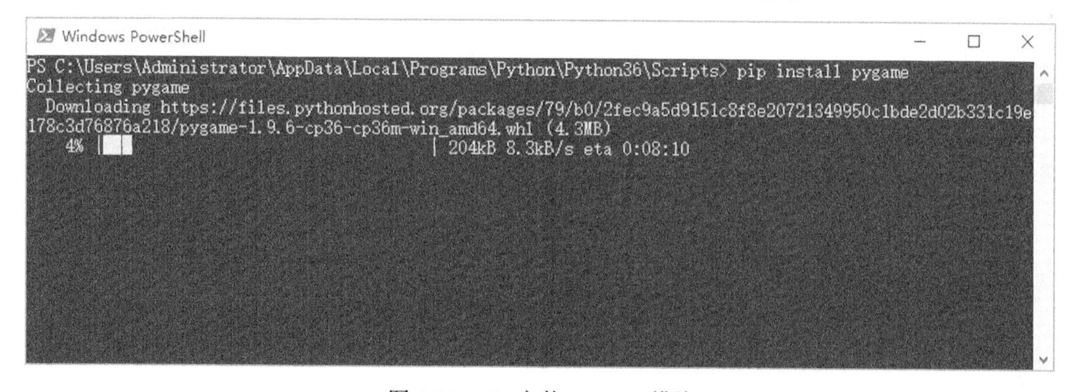

图 1.25　pip 安装 Pygame 模块

1.7.3　标准库和扩展库中对象的导入和使用

Python 启动时加载了基本模块，仅在需要时导入和加载标准库或第三方扩展库。

1)import 导入模块

语句格式：

```
import 模块名 [as 别名]
```

使用 import 导入模块，可以在导入的同时加上别名，使用时需要在对象之前加上模块名或者别名，即必须以“模块名.对象名”或“别名.对象名”的形式进行访问。

```
>>> import  math                          #导入标准库 math
>>> x=math.cos(30)                        #使用模块名访问其中的对象
>>>x
0.15425144988758405
>>> import numpy as np                    #导入扩展库 numpy，并起别名 np
>>> b=np.array(list(range(1,10)))         #使用模块的别名访问其中的对象
>>>b
array([1, 2, 3, 4, 5, 6, 7, 8, 9])
>>>type(b)
<class 'numpy.ndarray'>
```

2) from　import 导入对象

语句格式：

```
from 模块名 import 对象名 [as 别名]
```

这种方式需明确指定导入模块中的具体对象，可以为导入的具体对象确定一个别名。这种导入方式可以减少查询次数，提高对象访问的速度，对于名称较长的对象名，通过别名访问减少代码量，方便灵活，具有较好的实用价值。

```
>>> from random import randint as rd      #只导入 random 中的 randint 对象
>>>rd(10,100)                             #获取[10,100)内的随机整数
79
>>>rd(20,99)                              #获取[20,99)内的随机整数
70
```

3) from import*导入

使用 from import*可以一次性导入模块中的所有对象(__all__变量指定的)。举例如下：

```
>>> from math import*                     #一次性全部导入 math 中所有对象
>>>sin(20)
0.9129452507276277
>>>cos(30)
0.15425144988758405
>>>gcd(21,7)                              #最大公约数
7
>>>e
2.718281828459045
```

本 章 小 结

(1) Python 语句是解释型的脚本语言。

(2) Python 初学者的学习环境是 IDLE。

(3) Python 标识符区分大小写。

(4) Python 具有标准库和扩展库。

(5) Python支持命令式编程操作和函数式编程，支持面向对象程序设计。

(6) PyCharm和Anaconda3是目前比较流行的Python开发环境。

本章习题

一、填空题

1. ________年Python 1.0版本正式发布。
2. Python常用的科学计算扩展库为NumPy、________和Matplotlib。
3. Python程序文件扩展名主要有________和________两种，其中后者常用于GUI程序。
4. Python源代码程序编译后的文件扩展名为________。
5. Python安装扩展库常用的是________工具。
6. Python是一种面向__________程序设计语言。

二、简答题

1. 简述Python的应用领域。
2. 简述Python语言的特点。

第 2 章　Python 语言基础

2.1　Python 内置对象与关键字

对象是面向对象程序设计语言的要素之一，也是 Python 中最基本的概念，因为在 Python 中各种数据类型皆是对象，即**一切皆是对象**，Python 对象类型丰富，归纳起来有以下几种。

(1) 整数、实数、复数、字符串等传统的对象。

(2) 列表、字典、元组和集合对象。

(3) zip()、map()、enumerate()和 filter()等函数对象。

(4) 类对象。

一个经典的例子为输出 Hello World!——字符串对象。

```
>>> x=input("输入一个数或者字符串:")          #输入一个字符串
输入一个数或者字符串:hello world!
>>> print("该数字或者字符串是: ",x)           #输出字符串对象 x
该数字或者字符串是: hello world!
>>> print("该对象的类型",type(x))             #输出对象 x 的类型
该对象的类型 <class 'str'>                    #str 表示字符串类型
```

一般来说，Python 对象可以划分为两大类，即内置对象和非内置对象。

1) 内置对象

Python 中有许多内置对象可供编程者直接使用，如数字、字符串、列表、del 命令等。常用的 Python 内置对象如表 2.1 所示。

表 2.1　常用的 Python 内置对象

对象类型	类型名称	示例	简要说明
数字	Float，int，complex	35，28.13，6+9j，1.7e5	实数、整数、复数，Python 支持复数及其运算
字符串	str	"青岛科技大学"，'''Python'''，'qust'，r"Qingdao"	Python 没有单独字符概念，一个字符也是一个字符串，字符串定界符为单引号(')、三引号(''')、双引号(")；字母 r(R)引导的表示原始字符
列表	list	['q','u','s','t']，[10,11,12]，['a',1,[2,7]]	列表元素可以为不同类型，元素可以是任意类型，并且可以嵌套，所有元素放在[]之中
字典	dict	{'q':1,'u':2,'s':3,'t':4}	字典的最外边界定符是{}，元素形式是键值对(键:值)
元组	tuple	(1,2,3,4,5)，(9,)，('q','u','s','t')	元组的最外边界定符是()，元素之间用逗号分隔，当元组只有一个元素时，该元素后面的逗号不可以省略
集合	Set，frozenset	{1,2,3}，{'q','u','s','t'}	集合的最外边界定符是{}，元素之间用逗号分隔，元素不允许重复。注意： (1) set 类型是可变的； (2) frozenset 类型是不可变的

续表

对象类型	类型名称	示例	简要说明
布尔型	bool	True，False	Python逻辑值，注意首字母大写(True, False)。有几类表达式的运算返回值是逻辑值： (1)关系运算(一般作为判断条件)； (2)成员测试运算； (3)同一性测试运算
空类型	NoneType	None	空值
异常	TypeError，Exception，ValueError	不同的异常提示	Python内置很多异常类，对应返回不同类型的异常提示
文件	file*/f	f=open('qust.txt','rw')，f=open('sample.txt', 'a+')	open 是内置函数，按指定模式打开文件，返回一个文件对象
程序设计单元	Def，class，module	def 函数定义，class 类定义，module 模块定义	(1)模块用来集中存放类、函数、常量以及其他对象； (2)类和函数均属于可调用对象
其他迭代对象	range，zip，map filter，Enumerate 和生成器对象等	range对象，zip对象，map对象，filter对象，Enumerate对象，生成器对象 etc	迭代对象具有惰性求值的特点，该特点提高运行效率，节省时间和空间

提示：Python中所有界定符号与标点符号都必须是**半角符号**，如果误输入为**全角符号**会报错或者抛出相应的异常提示。Python内置对象非常丰富，在学习过程中需要反复练习和理解。

2)非内置对象

非内置对象不能直接使用，需要导入对应模块才能使用，如正弦函数 sin(x)，随机数产生函数 random()等均需要预先导入其相应的模块，例如：

```
>>> sin(30)                                  #求sin(30)的值，抛出错误提示
NameError: name 'sin' is not defined         #需要导入math模块
>>> import math                              #导入math模块
>>> math.sin(30)                             #再次求值
-0.9880316240928618
```

注意：每次Python启动时，只导入最基本的内容，import命令导入的模块不是永久驻留的，而是导入内存，下次开机使用时依然要再次导入。在Python程序设计中，import导入模块通常都写在程序代码的前部。

2.1.1　常量与变量

1. Python常量

常量是指其值不能改变的量，如数值常量、字符串常量、列表常量、元组常量和字典常量等。Python的常量概念与其他高级语言的常量没有多大区别。

(1)数值常量，如789、3.1415、2.7e5、6+7j(虚数)等。

(2)字符串常量，如'qust'、"Python"等。

(3)字节串常量，如b'你好，青岛科技大学'等。

(4)列表、元组、集合、字典常量，如[4,5,6]、[1,2,3]、(1,2,3)等。

(5)逻辑常量，如True、False。

(6)空类型常量，None，含义是空值的意思。

Python 相对于其他高级语言有个显著的特点，就是在不超出内存大小的限制的前提下，支持任意大的数值常量，例如：

```
>>> 999**99            #巨大数，只要不超出内存大小的限制就可以输出
```

结果如下：

```
    9056978449586677097419565628027531009013898061396095388150196582310175040
970647524038461398929683905540248523961720824412136973299943953409012824494 26
848216146865935961454742677324005498146550510264840271813301125214581059267 63
0055862747172378231729576039278689152963667155086263379780844149098999
```

上面是数 999 的 99 次方的输出结果，是个特别巨大的数，只要不超出本机内存的大小，Python 系统均能支持。

2. Python 变量

变量是其值可以改变的量。在 Python 中，变量与大部分高级语言有所不同，主要体现如下两点。

(1) 变量不需要预先声明变量名和类型，直接赋值可以创建任意类型的变量对象，即通过赋值语句就可以直接创建变量。

(2) 不仅变量的值是可以变化的，变量的类型也是可以变化的。

1) 数值变量

Python 中内置的数值变量类型有整数、实数和复数。

(1) 整数变量。整数变量的创建和类型判断如下面的例子所示：

```
>>> x=7                        #数值整型常量
>>> type(x)                    #用内置函数来测试变量 x 的类型
<class 'int'>                  #int 为整型类型
>>> type(x)==int               #"=="为逻辑等号
True
>>> isinstance(x,int)          #用内置函数来测试变量 x 是否为指定类型 int
True
```

(2) 实数和复数变量。实数运算受到精度影响，有一定的误差，所以要尽量避免在实数之间直接进行相等性判定(可以用差的绝对值是否足够小作为两个实数是否相等的条件)。

```
>>> 1.7-1.8                    #实数相减
-0.10000000000000009
>>> 0.6666+0.111               #实数相加
0.7776
>>> 1.5-1.2==0.3               #尽量避免使用计算后的值进行相等关系的判断
False
>>> abs(1.5-1.2-0.3)<1e-7      #正确的判定
True
```

整数、实数和复数变量的运算如下：

```
>>> y=7+8j                     #复数变量 y
```

```
>>> type(y)
<class 'complex'>
>>> z=2+2j                  #复数z
>>> y+z                     #复数相加
(9+10j)
>>> y*z                     #复数相乘 ，设z1=a+bi，z2=c+di(a、b、c、d∈R)是任意两个
                              复数，那么它们的积(a+bi)(c+di)=(ac-bd)+(bc+ad)i
(-2+30j)
>>> abs(y)                  #使用内置函数abs计算复数的模
10.63014581273465
>>> y
(7+8j)
>>> z
(2+2j)
>>> y.real                      #复数实部
7.0
>>> y.imag                      #复数虚部
8.0
>>> y.conjugate()               #共轭复数
(7-8j)
```

(3)分数数值。分数实现和运算需要借助 Python 标准库 fractions 中的 Fraction 对象，分数的建立与操作如下面的例子所示：

```
>>> from fractions import Fraction      #导入标准库对象
>>> x=Fraction(5,9)                     #创建分数对象
>>> x
Fraction(5,9)
>>> x**2                                #幂运算
Fraction(25,81)
>>> x
Fraction(5,9)
>>> y=Fraction(3,7)
>>> x+y                                 #分数加法，自动进行通分
Fraction(62,63)
>>> x-y                                 #分数减法，自动进行通分
Fraction(8,63)
>>> x/y
Fraction(35,27)

>>> x*2
Fraction(10,9)
>>> Fraction(2.5)                       #把实数转换为分数
Fraction(5,2)
>>> x.numerator                         #查看分子
5
>>> x.denominator                       #查看分母
9
```

(4) 高精度实数。标准库 fractions 提供了高精度数值运算的 Decimal 类函数。高精度实数运算如下面的例子所示：

```
>>> from fractions import Decimal
>>> 1/7                                    #内置的实数
0.14285714285714285
>>> Decimal(1/7)                           #高精度实数
Decimal('0.142857142857142849212692681248881854116916656494140625')
```

2) 字符串变量

字符串变量可以使用赋值运算直接创建，字符串变量的类型关键字为 str，有关字符串类型变量创建和操作如下面的例子所示：

```
>>> x="青岛科技大学"                       #创建字符串变量
>>> x                                      #直接输出变量的值
'青岛科技大学'
>>> type(x)                                #用内置函数来测试变量 x 的类型
<class 'str'>
>>> isinstance(x,str)                      #用内置函数来测试变量 x 的类型
True

>>> x=123                                  #创建整型变量 x
>>> type(x)
<class 'int'>
>>> x="青岛科技大学"                       #给变量 x 赋值
>>> type(x)
<class 'str'>                              #变量 x 的类型发生变化

>>> x=[1,2,3,4,5,6]                        #创建列表变量 x
>>> type(x)
<class 'list'>                             #x 的类型在此发生变化
```

说明：

(1) 在 Python 中变量或者对象的类型随着赋值可以改变，不仅适用于数值和字符串等类型，也适用于元组、字典、集合、列表和其他 Python 任意类型的对象，包括自定义类型的对象。

(2) 在 Python 中没有字符变量和字符常量的概念，只有字符串类型的常量和变量，单个字符可看作字符串的特例。

(3) Python 3.x 及其更高版本中文和英文字母均作为一个字符对待，中文也可以用作变量名(但不推荐)。

(4) 字符串定界符有四种，分别是**单引号**、**双引号**、**三单引号**、**三双引号**，并且不同定界符之间可以嵌套。

```
>>> x="青岛科'''技'''大学"                 #使用双引号作为定界符，嵌套三单引号
>>> print(x)                               #使用 print()函数输出字符串 x
青岛科'''技'''大学                         #结果输出
>>> x='''青岛科'技'大学'''                 #使用三单引号作为界定符，嵌套三单引号
>>> x                                      #直接输出 x
```

```
"青岛科'技'大学"
>>> x='青岛'+'科技大学'
>>> x
'青岛科技大学'

>>> x='青岛''科技大学'                #连接字符串，仅适用于字符串常量
>>> x
'青岛科技大学'
>>> x='青岛'
>>> x=x+'科技大学'                    #加号可以实现字符串变量之间的连接
>>> x
'青岛科技大学'

>>> x='青岛'
>>> x=x'科技大学'                     #不适用于字符串变量
SyntaxError: invalid syntax          #提示语法错误
```

Python 3.x 支持 Unicode 编码的 str 类型的字符串，还支持 bytes 字节串类型。字符串到字节串的相互转换如下。

(1) 字符串转换为字节串：对 str 类型的字符串调用方法 encode() 编码得到 bytes 字节串。

(2) 字节串转换为字符串：对 bytes 字节串调用方法 decode() 并指定编码格式则输出 str 字符串。

例如：

```
>>> x='青岛'
>>> type(x)
<class 'str'>                           #x 是字符串类型
>>> y=x.encode('utf-8')                 #使用 utf-8 编码格式进行字节串编码

>>> y
b'\xe9\x9d\x92\xe5\xb2\x9b'
>>> type(y)
<class 'bytes'>                         #y 是字节串类型

>>> z=x.encode('gbk')                   #字符串到字节串编码 gbk 格式
>>> z                                   #输出字节串
b'\xc7\xe0\xb5\xba'

>>> print(z.decode('gbk'))              #输出解码后的字符串
青岛
>>> print(z.decode('utf-8'))            #解码格式不正确，所以抛出异常提示
UnicodeDecodeError: 'utf-8' codec can't decode byte 0xc7 in position 0: invalid
continuation byte
```

3) 其他变量对象

除了上述的数值变量和字符串变量之外，还有一些特殊的变量对象，如列表对象、元组

对象、集合对象和字典对象等。举例如下：

```
>>> x=[1,2,3,4,5,6]                          #创建列表对象 x
>>> type(x)
<class 'list'>                               #列表类型

>>> y=(1,2,3,4,5,6)                          #创建元组对象 y
>>> type(y)
<class 'tuple'>                              #元组类型

>>> z={1,2,3,4,5,6}                          #创建集合对象 z
>>> type(z)
<class 'set'>                                #集合类型

>>> d={1:'001',2:'010',3:'011',4:'100'}      #创建字典对象 d
>>> type(d)
<class 'dict'>                               #字典对象
```

提示：在 Python 中还提供了一些迭代对象，如 range、map、zip、filter、enumerate、reversed 等。迭代对象每次返回一个数据(不一定是数值)，是表示数据流的对象，迭代对象一般具有和 Python 序列类似的操作方法，主要区别是迭代对象大部分具有惰性求值的特点，仅在需要时才给出新元素，减少了内存占用。

注释：惰性求值，就是在需要时才进行求值的计算方式，如 a and b，如果 a 为 0(或 false)，则不需要计算 b 是否为真；同理，a or b，如果 a 为 1，则不需要计算 b 是否为真。

2.1.2　Python 关键字

高级语言都有自己的关键字(key words)，Python 关键字和其他高级语言类似，其关键字都表达特定具体的语义，不允许通过任何方式改变它们的含义，也不能作为函数名、类名或者变量名等标识符使用。在 Python 开发环境 IDLE 中可以用以下步骤查看 Python 所有关键字。

(1) 导入模块 keyword。

(2) 使用 print(keyword.kwlist) 语句查看 Python 所有关键字。

操作如下：

```
>>> import  keyword                  #必须先导入 keyword 模块
>>> print(keyword.kwlist)            #列出 Python 主要关键字
```

输出结果如下：

```
['False', 'None', 'True', 'and', 'as', 'assert', 'break', 'class', 'continue',
'def', 'del', 'elif', 'else', 'except', 'finally', 'for', 'from', 'global', 'if',
'import', 'in', 'is', 'lambda', 'nonlocal', 'not', 'or', 'pass', 'raise', 'return',
'try', 'while', 'with', 'yield']
```

上面列出了 Python 中的主要关键字，这些关键字的具体含义如表 2.2 所示。

表2.2　Python关键字

序号	关键字	含义
1	False	逻辑假，常量
2	None	空值，常量
3	True	逻辑真，常量
4	and	逻辑运算符：与运算
5	as	在特定语句中用于给对象起别名，如except语句或import语句中
6	assert	确认某个条件必须满足，用于调试程序，断言语句
7	break	提前结束break语句所在层次的循环，即跳出该层次循环
8	class	定义类的关键字
9	continue	提前结束本次循环，开始下一次循环，用在循环语句中
10	def	定义函数关键字
11	del	用于删除对象或者对象的成员
12	elif	表示else if的含义，是缩写，用在条件选择结构中
13	else	否则的含义，用在选择结构、循环结构或者异常处理结构中
14	except	在异常处理结构中用来捕获特定类型的异常
15	finally	在异常处理结构中表示必须执行的代码(无论异常是否发生)
16	for	for循环关键字
17	from	指定从那个模块中导入某个对象；如from 模块 from 对象，也可以与yield共同构成yield表达式
18	global	定义全局变量
19	if	用于选择结构，是选择语句的第一关键字
20	import	导入模块或者导入模块中的对象
21	in	成员测试关键字
22	is	同一性测试关键字
23	lambda	类似于函数，相当于准函数，用于定义lambda表达式
24	nonlocal	声明nonlocal变量
25	not	逻辑运算符：非运算
26	or	逻辑运算符：或运算
27	pass	空语句
28	raise	显式抛出异常提示
29	return	函数中用于返回值，如果没有指定返回值，则返回空值(None)
30	try	在异常处理中用于限定有可能引起异常的代码块

续表

序号	关键字	含义
31	while	while 循环结构关键字，只有条件为 True 时，才反复执行循环体
32	with	上下文管理，有自动管理资源的功能
33	yield	生成器函数对象中用来返回值

Python 主要关键字有 33 个，学习过程中需要牢记，在变量命名、函数定义、数据库字段命名等具体应用中要避免使用这些关键字命名标识符，否则系统会抛出异常或者造成程序运行出错。

2.2　运算符和表达式

运算符和表达式是高级语言的基础，也是高级语言程序设计语句组成的基本要素。Python 中一切皆为对象，对象则由数据和方法(行为)组成，通过一些特殊方法的重写，可以实现运算符的重载(让自定义的类生成的对象(实例)能够使用运算符进行操作)。运算符是表达式的重要组成部分，但表达式并不一定需要运算符组成。总之，表达式是由**单个对象**或者**多个对象**通过**运算符**彼此结合的式子。另外，不同类型的对象支持的运算符有所不同，同一运算符作用在不同对象上可能会表现不同的行为。Python 表达式有下面两种形式。

(1) 单个对象表达式。在 Python 中，单个变量、常量或者序列对象等可以看作最简单的表达式，如 *x*、*y*、“QUST”、[1,2,3,4,5]。

(2) 多个对象表达式。通过运算符把常量或变量等多个对象连接在一起的表达式，也称为混合表达式，如 9+10*2、“青岛” + “科技大学”、1<3<5、[1,2,3,4]+[5,6,7,8]等。

提示： Python 运算符非常丰富，主要包括六类。

(1) 赋值运算符。

(2) 算术运算符。

(3) 关系运算符。

(4) 逻辑运算符。

(5) 位运算符。

(6) 特殊运算符。

下面分别学习各类运算符及其相应的操作。

2.2.1　赋值运算符

Python 中最常用的运算符是赋值运算符(=)，赋值运算就是给一个变量或者一个对象进行赋值，例如：

```
>>> x=9                              #直接赋值
>>> y=19
>>> x1=x2=29                         #传递赋值
>>> id(x),id(y),id(x1),id(x2)        #观察这几个变量地址的异同
(1532718352, 1532718672, 1532718992, 1532718992)
```

```
>>> x3=list("abcd")                          #用 list()函数赋值创建列表
>>> x4=set("abcd")                           #用 set()函数赋值创建集合
```

2.2.2　算术运算符

算术运算是最基本的运算，Python 中有七个算术运算符，分别是“+”“–”“*”“**”“%”“/”“//”。

1)加法运算符“+”

加法运算符“+”用于算术加法运算，还可以作为连接符，用于列表、元组、字符串的连接，但是不支持不同类型对象之间的连接。例如：

```
>>> 12+26                                    #算术加法运算
38
>>> [1,2,3,4]+[5,6,7,8]                      #连接两个列表
[1, 2, 3, 4, 5, 6, 7, 8]
>>> "青岛"+"科技大学"                        #连接两个字符串
'青岛科技大学'

>>> false+1                                  #False 是正确的，第一个字符大写，否则报错
NameError: name 'false' is not defined
>>> False+1                                  #正确，False 当作 0 处理
1

>>> true+1                                   #True，第一个字符大写，否则报错
NameError: name 'true' is not defined
>>> True+1                                   #正确，True 当作 1 处理
2

>>> 'A'+1                                    #不支持字符串和数值相加运算，抛出异常
TypeError: must be str, not int
```

2)减法运算符“–”

减法运算符“–”用于数值对象的减法运算，还可以用于相反数运算以及集合差运算。例如：

```
>>> 27.5-3                                   #减法运算
24.5
>>> {1,2,3,4,5}-{2,4,5}                      #集合差运算
{1, 3}
>>> x=7
>>> -x                                       #取反运算
-7
```

3)乘法运算符“*”

乘法运算符“*”用于乘法运算，还可以用于**重复运算**，即用于列表、元组、字符串等序列类型和整数的乘法，表示对象的重复，生成新的序列对象或字符串对象。例如：

```
>>> 25.3*3.1                                 #算术乘法运算
```

```
78.43
>>> [1,2,3,4,5]*3                      #列表乘法
[1, 2, 3, 4, 5, 1, 2, 3, 4, 5, 1, 2, 3, 4, 5]
>>> 'QUST'*3                           #字符串乘法
'QUSTQUSTQUST'
>>> (1,2,3,4,5)*2
(1, 2, 3, 4, 5, 1, 2, 3, 4, 5)         #元组乘法

>>> True*5                             #True=1
5
>>> False*2                            #False=0
0
>>> {1,2,3}*2                          #集合乘法，抛出异常错误提示
TypeError: unsupported operand type(s) for *: 'set' and 'int'
```

提示：集合和字典对象不支持与整数的乘法，因为集合和字典的元素是不能重复的。

4) 乘幂运算符“**”

乘幂运算相当于数学中的乘方运算，在 Python 中与内置函数 pow()等价。例如：

```
>>> (-9)**2                         #(-9)的 2 次方，等价于 pow(-9,2)
81
>>> pow(-9,2)                       #内置函数 pow()
81

>>> -9**2                           #等价于-(9)**2
-81
>>> 81**0.5                         #81 的 0.5 次方
9.0
>>> 81**(1/2)
9.0

>>> (-81)**0.5                      #计算机负数的平方根，返回复数
(5.51091059616309e-16+9j)
>>> pow(9,2)
81
>>> pow(9,2,11)                     #等价于(9**2)%11，返回余数 4
4
```

5) 余数运算符“%”

运算符“%”用于对整数或实数进行求余数运算，在有些场合也可以用于字符串格式化的应用(在 Python 中不推荐使用)。例如：

```
>>> 9%3                             #求余数
0
>>> 9%5                             #求余数
4
```

```
>>> 235.23%9.78
0.510000000000051
#%用于字符串格式化
>>> '%c,%d' % (97,97)                #字符和十进制数格式化输出
'a,97'
>>> '%f'% (97)
'97.000000'
>>> '%s'% (97)                       #字符串格式化输出
'97'
```

6)除法运算符“/”和整除运算符“//”

运算符“/”和“//”分别表示算术中的除法运算和算术整除运算，除法运算返回值是实数，整除运算返回值是向下取整的整数。例如：

```
>>> 9/7                              #算术除法
1.2857142857142858
>>> 9//7                             #算术整除，如果两个操作数为整数，结果也为整数
1

>>> -7//3                            #整除，向下取整
-3
>>> -7/3
-2.3333333333333335

>>> -7//2                            #整除，向下取整
-4
```

注意：留意区分一下余数运算符“%”和整除运算符“//”，不要混淆其概念。

2.2.3　关系运算符

关系运算是描述两个对象之间的关系的，主要用于条件表达式中。Python 中关系运算符有六个(<、<=、>、>=、==、!=)，使用关系运算符的前提是操作数之间必须可以比较大小，如把一个数值与一个字符串进行大小比较没有实际意义，则 Python 不支持这种无意义的运算。

(1)“<”运算符：小于运算，比较对象 1 是否小于对象 2，如果是则返回 True，否则返回 False。

(2)“>”运算符：大于运算，比较对象 1 是否大于对象 2，如果是则返回 True，否则返回 False。

(3)“<=”运算符：小于等于运算，比较对象 1 是否小于等于对象 2，如果是则返回 True，否则返回 False。

(4)“>=”运算符：大于等于运算，比较对象 1 是否大于等于对象 2，如果是则返回 True，否则返回 False。

(5)“==”运算符：相等运算，比较对象 1 是否等于对象 2，如果是则返回 True，否则返回 False。

(6)“! =”运算符：不相等运算，比较对象 1 是否不等于对象 2，如果是则返回 True，否则返回 False。

运算符“==”、“>”和“<”的应用举例如下：

```
>>> 3==5                        #相等运算
False
>>> 0.1==0.10
True
>>> 0.1==0.100000001
False
>>> 3>5                         #关系大于运算
False
>>> 9<22                        #关系小于运算
True
```

注意：初学者要区分关系相等运算符“==”和赋值符“=”运算的巨大差异，不要混淆。另外，Python 中支持关系运算符的连用，如 1<5>3 相当于 1<5 and 5>3。例如：

```
>>> 1<5>3                       #相当于1<5 and 5>3
True
>>> 1<5 and 5>3
True
>>> 1>5<3                       #具有惰性求值的特点
False
>>> 1>5 and 5<3
False
```

使用函数进行关系运算时，非内置函数需要提前导入相应模块。

```
>>> 1>10<math.sqrt(81)          #惰性求值，不需要运算 math.sqrt(81)，不报错
False
>>> 19>10<math.sqrt(81)         #报错，因为需要运算 math.sqrt(81)，需要预先导入 math
NameError: name 'math' is not defined
>>> import math                 #导入 math 模块后不报错
>>> 19>10<math.sqrt(81)
False
```

2.2.4 位运算符

Python 中位运算符一共有六个(|、^ 、&、<<、>>、~)，分别对应于位或运算、位异或运算、位与运算、左移位运算、右移位运算、位求反运算。位运算对象是整数，位运算规则如表 2.3 所示，位运算求值过程包括以下几个步骤。

(1)把整数转换为二进制数。

(2)右对齐，必要时左边补 0(双操作数的，按最低位对齐，短的高位补 0，然后进行位运算，最后把得到的二进制数转换为十进制数)。

(3)按位进行运算。

(4)输出结果并且转换为十进制数返回。

表 2.3　位运算规则

<table>
<tr><th>序号</th><th>位运算符</th><th>运算规则</th><th>备注</th></tr>
<tr><td>1</td><td>位或“|”</td><td>1|=1，1|0=1，0|1=1，0|0=0</td><td>规则与逻辑或 or 类似，与加法类似</td></tr>
<tr><td>2</td><td>位与“&”</td><td>1&1=1，1&0=0，0&1=0，0&0=0</td><td>规则与逻辑与 and 类似</td></tr>
<tr><td>3</td><td>位异或“^”</td><td>1^1=0，1^0=1，0^1=1，0^0=0</td><td>异同为 1，相同为 0</td></tr>
<tr><td>4</td><td>左移“<<”</td><td>左移位时右侧补 0</td><td>每移动一位相当于乘以 2</td></tr>
<tr><td>5</td><td>右移“>>”</td><td>右移位时左侧补 0</td><td>每移动一位相当于除以 2</td></tr>
<tr><td>6</td><td>位求反“～”</td><td>按位取反</td><td>必要时左补 0</td></tr>
</table>

位运算的应用举例如下：

```
>>> 1|0                      #位或运算
1
>>> 1|1
1
>>> 2|0
2
>>> 2|5                      #二进制 010 和 101 执行位或运算=111，即返回 7
7

>>> 1&2                      #二进制 01 和 10 执行逻辑与运算=00，即返回 0
0
>>> 1&1
1

>>> 8>>2                     #右移 2 位相当于 8/2/2=2，如同除法
2

>>> 7^3                      #二进制 111 和 011 异或运算=100，即返回 4
4

>>> ～7                      #二进制数 0111 执行位求反=1000，即返回 8
-8
>>> 7～                      #运算符位置不对，抛出错误提示
SyntaxError: invalid syntax
>>> ～1                      #二进制 01 执行位求反=10，返回 2
-2
>>> ～3                      #二进制 011 执行位求反=100，返回十进制数 4
-4
```

提示： Python 中单目运算符“～”，即按位取反运算，涉及数的原码、反码和补码，还涉及机器的位数是 16 位，还是 32 位，还是 64 位等。对于初学者，这里总结一个简单的规律，即～按位取反的计算规则为 $\sim n = -(n+1)$，如 $\sim 7 = -(7+1) = -8$。

2.2.5　集合运算符

Python 中有四个集合运算符“&”、“|”、“-”、“^”，分别对应集合交集运算、集合并集运算、集合差集运算和集合异或集运算。

应用举例如下：

```
>>> {1,2,3,4}&{2,4,5,7}                #集合交集运算，返回相同元素
{2, 4}
>>> {1,2,3,4}|{2,4,5,7}                #集合并集运算，返回全部元素，消除重复元素
{1, 2, 3, 4, 5, 7}
>>> {1,2,3,4}-{2,4,5,7}                #集合差集运算，返回操作数 1 中去除操作数 2 中{1,3}
{1, 3}                                 #相同元素剩余的元素组成的集合
>>> {1,2,3,4}^{2,4,5,7}                #集合异或集运算，去除两边相同元素
{1, 3, 5, 7}
```

提示：在有些教材中集合异或集运算“^”也称为对称差集运算。在对集合做运算时不会影响原来的集合，而是返回一个运算结果。

2.2.6　成员测试运算符和同一性测试运算符

1) 成员测试运算符“in”

Python 成员测试运算符用于测试给定值是否为序列中的成员，如字符串、列表或元组。有以下两个成员测试运算符。

(1) in：如果在指定的序列中找到一个变量的值，则返回 True，否则返回 False。

(2) not in：如果在指定的序列中找不到变量的值，则返回 True，否则返回 False。

```
>>> 5 in [1,2,3,4,5]                   #in 运算，返回 True
True
>>> 7 not in [1,2,3,4,5]               #7 不属于列表的元素，返回 True
True
>>> 'qust' in 'abcqusabct'             #字符串字串测试
False
>>> for i in range(1,11):              #使用 for 循环进行成员遍历测试
    print(i,end='  ')
2  3  4  5  6  7  8  9  10             #横向输出结果
>>> for i in range(1,11):              #变换一下输出格式
    print('i'+str(i)+"=",i,end=',')

i1= 1,i2= 2,i3= 3,i4= 4,i5= 5,i6= 6,i7= 7,i8= 8,i9= 9,i10= 10,
```

2) 同一性测试运算符“is”

“is”是 Python 同一性测试运算符，用来判断两个对象是不是同一个对象，通过 id() 函数取对象地址进行判断，如果两个对象是同一个对象，则两者具有相同的地址。Python 会缓存一些小的整数，以及只包含字母、数字以及下划线的字符串。在面对这些值时，is 判断为 True，举例如下。

数值的同一性测试：

```
>>> x=10
>>> y=10
>>> x is y                        #x 和 y 指向同一个内存地址
True
>>> id(x)                         #通过地址对比确定 x 和 y 是同一个对象
1579314480
>>> id(y)
1579314480

>>> a=789
>>> b=789
>>> a is b                        #通过地址对比确定 a 和 b 不是同一个对象
False
>>> id(a)
2730224520496
>>> id(b)
2730226581424
```

字符串的同一性测试：

```
>>> c='qust'
>>> d='qust'
>>> c is d
True

>>> str1="QingDaoQustQingDaoQustQingDaoQustQingDao\
QustQingDaoQustQingDaoQust"
>>> str2="QingDaoQustQingDaoQustQingDaoQustQingDaoQustQing\
DaoQustQingDaoQust"
>>> str1 is str2                  #对于很长的字符串也是如此
True

>>> x1="qing dao"
>>> x2="qing dao"
>>> x1 is x2                      #包含空格，不支持
False
>>> x1 is not x2
True

>>> 6 is not 9                    #not 的计算结果只能是 True 或 False 之一
True
>>> 6 is 9
False
```

2.2.7　逻辑运算符

Python 中常用的逻辑运算符有 and、or 和 not，分别表示逻辑与、逻辑或和逻辑非运算，逻辑运算符常用来实现条件表达式满足复杂条件的需要，其中 and 和 or 连接多个表达式时

只需计算必须计算的值，即 and 运算和 or 运算具有惰性求值的特点，对于 and 运算，只要一个对象有 False，后面的就不需要运算了，结果必定为 False；对于 or 运算，只要有一个对象为 True，后面的运算就不需要进行了，结果必定为 True。

逻辑运算的惰性求值举例如下：

```
>>> 7>8 and x>9           #惰性求值，因为 7>8 为 False，所以 and 后面就不需要求值了
False
>>> 8>6 and x>9           #x 没有定义，因为 8>6 为 True，所以需要继续计算 and 后的表达式
NameError: name 'x' is not defined
>>> x=10
>>> 8>6 and x>9
True
>>> 7>8 or x>9            #10>9，返回 True
True
>>> 7>8 or y>9            #y 没有定义，抛出异常
NameError: name 'y' is not defined
>>> 8>7 or y>9            #惰性求值，不需要求 or 后面的表达式，返回 True
True
```

逻辑非运算举例如下：

```
>>> not 9                 #逻辑非运算，9 相当于 True
False
>>> not 0                 #0 相当于 False
True
>>> not -1
False
>>> not 1
False

>>> not k                 #k 没有定义，抛出异常
NameError: name 'k' is not defined
>>> x=2
>>> not x
False
>>> not(7>8)              #逻辑和关系复合运算，括号优先
True
```

提示：在程序设计时要灵活掌握惰性求值的特点和方法，合理安排不同条件的先后顺序，不仅能优化程序，而且能够提高程序的运行速度。

2.2.8 运算符“@”

矩阵乘法运算是从 Python 3.5 版本开始新增加的一个运算(@)，因为 Python 没有内置的矩阵类型，所以该运算需要导入扩展库 NumPy 后才能使用。另外，@符号也表示已经定义了修饰器。

```
>>> a=numpy.eye(4)*3                #生成二维矩阵，eye()函数用于生成单位矩阵
>>> a
array([[3., 0., 0., 0.],
       [0., 3., 0., 0.],
       [0., 0., 3., 0.],
       [0., 0., 0., 3.]])

>>> b=numpy.ones(4)                 #生成一维矩阵
>>> b
array([1., 1., 1., 1.])
>>> c=b@a                           #矩阵乘法运算
>>> c
array([3., 3., 3., 3.])

>>> a[2,0]=6                        #修改矩阵 a 中的元素的值
>>> a                               #返回 a
array([[3., 0., 0., 0.],
       [0., 3., 0., 0.],
       [6., 0., 3., 0.],            #元素已经被修改了
       [0., 0., 0., 3.]])
```

说明：

(1) 与线性代数中矩阵乘法的定义相同，即用 np.dot(A, B) 表示，对二维矩阵，计算真正意义上的矩阵乘积，对于一维矩阵，只是计算两者的内积。

(2) 建议使用别名 import numpy as np 导入模块，对应操作就可以使用别名，如 np.ones(3)，这样简单灵活，养成好习惯，有益于提高程序设计水平。

2.2.9 复合类型运算

Python 拥有大量的复合运算，一般可以划分为两大类型：复合赋值运算和特殊复合运算。

1) 复合赋值运算

Python 中一些运算符和赋值运算符(=)组合起来，形成复合赋值运算符，如-=、+=、*=、/=、//=、^=等。例如：

```
>>> x=6
>>> x+=10                       #等价于 x=x+10=16
>>> x
16
>>> x%=4                        #等价于 x=x%4=0
>>> x
0

>>> y=3
>>> y*=5                        #等价于 y=y*5=15
>>> y
15
```

```
>>> z=5
>>> z=3
>>> z**=3                              #等价于 z=z**3=3³=27
>>> z
27
```

2) 特殊复合运算

两个特殊运算符是“++”和“—”运算符，严格来说，Python 不支持“++”和“—”运算，实际上这两个复合运算有着特别的含义。例如：

```
>>> x=6
>>> x++
SyntaxError: invalid syntax        #Python 不支持后缀++运算，语法错误
>>> ++x                            #等价于+(+x)，取正
6
>>> --x                            #等价于-(-x)，负负得正
6
>>> x--
SyntaxError: invalid syntax        #Python 不支持后缀--运算，语法错误
>>> x
6

>>> y=--x
>>> y
6
>>> y=---x                         #等价于-(-(-x))，三负得负
>>> y
-6
>>> x
6
>>> y=7-+10                        #等价于 y=(7-(+10))=-3
>>> y
-3
```

从上面的例子可以看出，这两个特殊复合运算符的作用有限，只是在特别的场合使用，建议在程序设计过程中尽量少用，以免产生混淆。

2.3 Python 内置函数(一)

Python 内置函数(built-in functions，BIF)非常丰富，也是 Python 强大功能的体现，内置函数是内置对象类型之一，这些内置对象都封装在内置模块__builtins__之中，不需要额外导入任何模块即可直接使用，具有非常快的运行速度，推荐优先使用。

1) 内置函数和对象的查看

使用内置函数 dir()可以查看所有内置函数和内置对象：

```
>>> dir(__builtins__)                    #内置函数dir()勘察内置函数和对象
['ArithmeticError','AssertionError','AttributeError','BaseException','BlockingIOError','BrokenPipeError','BufferError','BytesWarning','ChildProcessError','ConnectionAbortedError','ConnectionError','ConnectionRefusedError','ConnectionResetError','DeprecationWarning','EOFError','Ellipsis','EnvironmentError','Exception','False','FileExistsError','FileNotFoundError','FloatingPointError','FutureWarning','GeneratorExit','IOError','ImportError','ImportWarning','IndentationError','IndexError','InterruptedError','IsADirectoryError','KeyError','KeyboardInterrupt','LookupError','MemoryError','ModuleNotFoundError','NameError','None','NotADirectoryError','NotImplemented','NotImplementedError','OSError','OverflowError','PendingDeprecationWarning','PermissionError','ProcessLookupError','RecursionError','ReferenceError','ResourceWarning','RuntimeError','RuntimeWarning','StopAsyncIteration','StopIteration','SyntaxError','SyntaxWarning','SystemError','SystemExit','TabError','TimeoutError','True','TypeError','UnboundLocalError','UnicodeDecodeError','UnicodeEncodeError','UnicodeError','UnicodeTranslateError','UnicodeWarning','UserWarning','ValueError','Warning','WindowsError','ZeroDivisionError','__build_class__','__debug__','__doc__','__import__','__loader__','__name__','__package__','__spec__','abs','all','any','ascii','bin','bool','bytearray','bytes','callable','chr','classmethod','compile','complex','copyright','credits','delattr','dict','dir','divmod','enumerate','eval','exec','exit','filter','float','format','frozenset','getattr','globals','hasattr','hash','help','hex','id','input','int','isinstance','issubclass','iter','len','license','list','locals','map','max','memoryview','min','next','object','oct','open','ord','pow','print','property','quit','range','repr','reversed','round','set','setattr','slice','sorted','staticmethod','str','sum','super','tuple','type','vars','zip']
```

dir()函数用于查看指定模块中包含的所有成员或者指定对象类型所支持的操作。

help()函数用于返回指定模块或函数的说明文档。Python 内置函数数量多、涉及面广，在学习过程中如果遇到不熟悉的，请及时使用内置函数 help()查看使用报告，如 help('math')的功能是返回 math 模块的所有文档，help('abs')的功能是返回内置函数 abs()的功能说明。

```
>>> help('abs')                          #查看内置函数abs()的功能说明
Help on built-in function abs in module builtins:
abs(x, /)
    Return the absolute value of the argument.  #返回一个数值的绝对值

>>> a=-9
>>> abs(a)                               #求绝对值
9
>>> abs(3+4j)                            #返回复数的模
5.0
```

2) 内置函数的语法

内置函数的语法归纳起来有以下五种形式。

(1) 内置函数名()：内置函数无参数。

(2) 内置函数名([参数 1])：内置函数有一个可选参数。

(3) 内置函数名(参数 1)：内置函数只有一个必选参数。

(4) 内置函数名(参数 1,参数 2,…,参数 n)：内置函数有一个以上参数。

(5) 内置函数名([参数 1,] 参数 2 [,参数 n])：内置函数存在可选参数。

Python 中常用的内置函数很多，每一个内置函数名后面是一对圆括号，无论是否有参数，这对圆括号都不能省去，内置函数多个参数之间用逗号分隔，内置函数参数中方括号[ ]中的参数可以省略。表 2.4 是 Python 常用内置函数及其功能说明。

表 2.4　Python 常用内置函数及其功能说明

序号	内置函数	功能说明
1	abs(a)	返回数字 a 的绝对值或复数 a 的模
2	bool(x)	x 与 True 等价则返回 True，否则返回 False
3	all(可迭代对象)	可迭代对象中所有元素等价于 True 则返回 True，否则返回 False；空可迭代对象则返回 True
4	any(可迭代对象)	可迭代对象中只存在一个元素等价于 True 则返回 True，所有元素均不等价于 True 以及空可迭代对象返回值均为 False
5	ascii(对象)	对象转换为 ASCII 码表示形式
6	ord(a)	返回一个字符 a 的 Unicode 编码
7	chr(a)	返回 Unicode 编码为 a 的对应字符
8	str(对象)	把对象转换为字符串
9	eval(expression[,globals[,locals]])	返回表达式计算结果。参数 expression 表示表达式；globals 表示变量作用域，全局命名空间，如果被提供，则必须是一个字典对象；locals 表示变量作用域，局部命名空间，如果被提供，可以是任何映射对象
10	int(a [,base])	返回实数、高精度数或分数的整数部分。参数 a 表示字符串或数字；base 表示进制数，默认十进制
11	float(a)	把字符串或者整数转换为浮点数并返回
12	bytes(a)	把对象 a 转换为字节串表示形式
13	bin(a)	把整数 a 转换为二进制串表示形式
14	hex(a)	把整数 a 转换为十六进制串
15	oct(a)	把整数 a 转换为八进制串
16	input(提示信息)	根据提示信息，接收键盘输入的内容，返回字符串表示形式
17	print(print(*objects, sep=' ', end='\n', file=sys.stdout, flush=False))	用于打印输出。参数 objects 表示复数，表示可以一次输出多个对象。输出多个对象时，需要用逗号分隔；sep 表示用来间隔多个对象，默认值是一个空格；end 表示用来设定以什么结尾。默认值是换行符 \n，也可以换成其他字符串；file 表示要写入的文件对象；flush 表示输出是否被缓存通常决定于 file，但如果 flush 关键字参数为 True，会被强制刷新 返回值：无
18	Callable(对象)	测试对象是否可以调用。类、函数以及包含__call__()方法的类的对象可以调用
19	Complex(实部[,虚部])	返回复数
20	max(对象 1,…,对象 n)	返回多个值或者包含有限个元素的可迭代对象中所有元素的最大值
21	min(对象 1,…,对象 n)	返回多个值或者包含有限个元素的可迭代对象中所有元素的最小值
22	len(对象)	返回对象中包含元素的个数。对象包括元组、列表、集合、字典、字符串以及 range 对象，但是不适用于具有惰性求值的生成器对象和 map()、zip()等迭代对象
23	dir([对象])	返回对象或模块的成员列表，dir()无参数时返回当前作用域的所有对象和模块的成员列表

续表

序号	内置函数	功能说明
24	divmod (*a*,*b*)	实现 *a* 除以 *b*，然后返回整商与余数的元组。如果两个参数 *a*、*b* 都是整数，那么会采用整数除法，结果相当于 (*a*//*b*, *a* % *b*)。如果 *a* 或 *b* 是浮点数，相当于 (math.floor (*a*/*b*) , *a*%*b*)
25	exec (*a*)	exec () 函数执行指定的 Python 代码；exec () 函数接收大量代码块，而 eval () 函数仅接收单个表达式
26	exit (*a*)	退出当前解释器环境
27	globals ()	返回包含当前作用域内全局变量及其值的字典
28	frozenset ([*x*])	创建不可变的集合对象
29	filter (function,seq)	filter () 用于过滤序列，过滤掉不符合条件的元素，返回由符合条件 (为 True) 元素组成的新的迭代器对象
30	hash (*x*)	返回对象 *x* 的哈希值，如果 *x* 不可哈希则抛出异常提示
31	help (obj)	返回对象 obj 的帮助信息
32	id (obj)	返回对象 obj 的内存地址
33	isinstance (object, classinfo)	其中参数 object 表示实例对象；classinfo 表示可以是直接或间接类名、基本类型或者由它们组成的元组。该函数的返回值是，如果对象的类型与参数二的类型 (classinfo) 相同则返回 True，否则返回 False
34	list ([*x*])	转换为列表对象
35	set ([*x*])	转换为集合对象
36	tuple ([*x*])	转换为元组对象
37	dict ([*x*])	转换为字典对象
38	locals ()	返回包含当前作用域内局部变量及其值的字典
39	map (function,iterable1,...iterable*n*)	其中参数 function 为函数，iterable 为一个或多个序列。函数返回值为迭代器对象
40	next (iterable[,default])	返回迭代器对象的下一个元素，iterable 是可迭代对象，default 用于设置在没有下一个元素时返回该默认值
41	open (file[,mode])	以指定模式打开文件，并返回文件对象
42	pow (*x*,*y*,*z*=none)	返回 *x* 的 *y* 次方，=*x****y*%*z*
43	quit ()	退出当前解释器环境
44	range ([start],end [,step])	返回左闭右开的区间的 range 对象
45	reversed (seq)	返回对象中所有元素逆序后的迭代器对象
46	round (*x* [,小数位数])	对 *x* 四舍五入求值，不指定小数位数，则取整
47	sorted (iterable,key=None, reverse=False)	返回排序后的列表，iterable 为要排序的序列或迭代对象，key 用于指定排序规则或关键字，reverse 指定升序或降序
48	sum (*x*,start=0)	返回序列 *x* 中元素之和，start 为起始值
49	type (obj)	返回对象的类型
50	zip ([iterable,…])	zip () 函数用于将可迭代的对象作为参数，将对象中对应的元素打包成一个个元组，然后返回由这些元组组成的列表。如果各个迭代器的元素个数不一致，则返回列表长度与最短的对象相同

2.3.1　求值函数 eval ()

内置函数 eval () 用来对字符串求值，具有一定的类型转换功能，该函数的功能与使用归纳起来有以下几个方面。

(1) 直接对数字组成的字符串求值。

(2) 对数字组成的字符串表达式运算求值。

(3)不能对 0 开头的数字字符串求值。

(4)执行对内置函数 compile()编译的代码对象求值。

通过以下例子学习内置函数 eval()的使用方法。

```
>>> eval("35+45")                    #表达式计算求值
80
>>> eval("99")                       #直接转换
99

>>> eval("099")                      #不支持以 0 开头的数字
SyntaxError: invalid token
>>> eval("abc")                      #不支持字母字符串求值
NameError: name 'abc' is not defined

>>> eval(b"15+25")
40
>>> eval(compile('print("s=",25+35)','test1.txt','exec'))
                                     #支持 compile()代码对象求值
s= 60
```

提示： 内置函数 eval()用途非常广泛，但本身不支持对非数字字符串的安全检查，即存在安全漏洞，在使用中要确保转换对象符合数字的规范，要注意区分与 int()等内置函数之间的差别。

2.3.2　基本输入/输出函数

程序设计过程中，输入和输出是极其重要的，Python 的基本输入函数是 input()，该函数用来接收用户的键盘输入；基本输出函数是 print()，该函数用来将数据以指定的格式输出到标准控制台设备(如显示器)或者文件对象。规则如下：

(1)对于 input()，不论用户输入什么内容，其返回值一律作为字符串，在需要时可以使用内置函数把用户输入的内容转换为用户所需要的类型，如 eval()函数、int()函数或者 float()函数等，语法格式或者常用形式有：

```
①input()                             #无参数，无提示信息
②input('请输入:')                     #有提示信息
③x= input('请输入:')                  #赋值输入
④x=eval( input('请输入:'))            #转换赋值输入
```

(2)print()内置函数用于输出信息到标准控制台(con)或者指定文件上，其语法格式为：

```
print([value1 ,value2,…,sep=' ',end='\n',file=sys.stdout,flush=False])
```

方括号中是可选项，说明 print()函数里面可以无参数，print()可以多个值连续输出，用逗号分隔，sep 参数用于输出数据之间的分隔符，分隔符一般用空格或者其他常用的分隔符号；end 参数一般是结束符，常用结束符是回车符'\n'；file 参数用于指定输出位置，默认为标准控制台，还可以重定向输出到指定文件中。

```
>>> x=input("请输入：")
```

```
请输入: 67
>>> print(type(x))                          #input()函数默认的输入字符串类型对象
<class 'str'>
>>> x=eval(input("请输入: "))               #使用 eval()函数对字符串求值
请输入: 67
>>> print(type(x))                          #x 是 int 类型
<class 'int'>

>>> y=input("请输入: ")
请输入: 89
>>> int(y)
89
>>> type(y)
<class 'str'>
>>> y=int(y)                                #转换为整型
>>> type(y)
<class 'int'>

>>> z=input("请输入: ")
请输入: "'hello Qust'"                      #双引号"加单引号'
>>> type(z)
<class 'str'>
>>> z1=eval(z)                              #eval()对字符串求值
>>> z1
"'hello Qust'"
>>> type(z1)
<class 'str'>
>>> z2=int(z)                               #无法对该字符串转换为整型，抛出异常提示
ValueError: invalid literal for int() with base 10: '"\'hello Qust\'"'
```

print()可以设置分隔符控制输出格式：

```
>>> print(1,2,3,4,5,sep=' ')                        #分隔符为空格
1 2 3 4 5
>>> with open('test1.text','a+') as fp1:            #打开文件
    print('Hello Qust!',file=fp1)                   #重定向文件，将内容输出到文本文件中

>>> for i in range(1,11):                           #利用循环输出，修改 end 参数，每个输
                                                     出后不换行
    print(i,end=' * ')

1 * 2 * 3 * 4 * 5 * 6 * 7 * 8 * 9 * 10 *
```

注意：eval()和 input()结合使用时，对于输入字母、数字或者字母和数字混合组成的字符串求值，需要加上双引号或者单引号，否则系统报错，举例如下。

```
>>> z=input("请输入: ")
请输入: 'qust'                              #输入时要加引号
>>> eval(z)                                 #求值
```

```
'qust'
>>> z=input("请输入：")
请输入："'qust'"
>>> eval(z)
"'qust'"

>>> z=input("请输入：")
请输入："123abc"
>>> z1=eval(z)
>>> z1
'123abc'
>>> type(z1)
<class 'str'>

>>> z=input("请输入：")
请输入：qust                          #不加引号
>>> z1=eval(z)                        #不加引号，求值就报错
NameError: name 'qust' is not defined
```

2.3.3 常用类型转换与判断函数

类型转换和类型判断函数是 Python 中使用频率较高的内置函数，主要有不同数制之间的转换、数值与字符串的转换、字符与 Unicode 码的相互转换，以及数据转换为列表、元组、字典、集合等；判断函数有 type()函数和 isinstance()函数。

1. 类型转换类函数

1)数制转换内置函数

数制转换内置函数主要有 bin()、oct()和 hex()，这三个函数的参数均为整数，功能分别是把该整数转换为二进制、八进制和十六进制形式。

```
>>> x=78
>>> bin(x)                            #转换为二进制字符串形式
'0b1001110'

>>> oct(x)                            #转换为八进制字符串形式
'0o116'

>>> hex(x)                            #转换为十六进制字符串形式
'0x4e'
>>> y=hex(x)
>>> type(y)                           #返回字符串类型
<class 'str'>
```

2)数字转换为整数和数字转换为实数的内置函数

Python 中把其他形式的数字转换为整数的内置函数是 int()，转换为实数的内置函数是 float()，生成复数的内置函数是 complex()。

```
>>> int('66')                       #字符串数字直接转换为整数数值
66
>>> int('6.71')                     #不支持实数形式的字符串转换，报错
ValueError: invalid literal for int() with base 10: '6.71'
>>> int(5/3)                        #支持除法表达式计算取整
1
>>> int(-4.7)                       #不支持四舍五入功能
-4
>>> int(-4.1)
-4
>>> int(4.2)
4
#使用标准库函数
>>> from fractions import Fraction,Decimal        #导入模块
>>> x=Fraction(9,4)                               #分数形式
>>> x
Fraction(9, 4)
>>> int(x)                                        #取整
2
>>> y=Decimal(10/3)                               #高精度实数
>>> y
Decimal('3.333333333333333481363069950020872056484222412109375')
>>> int(y)                                        #把高精度实数取整
3
```

另外，int()内置函数可以把 *X* 进制数转换为十进制数，语法格式是：

```
int(X 进制数形式,[X])                    #转换为十进制
```

举例如下：

```
>>> int('0b1010',2)             #把二进制数转换为十进制
10
>>> int(bin(10),2)              #二进制与十进制之间的转换
10
>>> int('0xA',16)               #十六进制转换为十进制，非十进制数，第二个参数必须指定
10

>>> int('0b1111',0)             #第二个参数为 0 表示隐含的进制
15
>>> int('ob1111')               #第二个参数不能省略
ValueError: invalid literal for int() with base 10: 'ob1111'
>>> int('ob1111',16)            #第二个参数与第一个参数隐含类型要一致
ValueError: invalid literal for int() with base 16: 'ob1111'
```

float()内置函数的功能是把其他类型的数据转换为实数；complex()内置函数可以用来生成复数。例如：

```
>>> float("6.6")                        #把数字字符串转换为对象实数
6.6
>>> float(6)                            #把整数转换为实数
6.0

>>> float('abc')                        #不支持把普通字符串转换为实数
ValueError: could not convert string to float: 'abc'
>>> -float('inf')                       #无穷小，负无穷大即为无穷小
-inf
>>> complex('inf')                      #实部为无穷大的复数
(inf+0j)
```

说明：float('inf')表示正无穷，–float('inf')或 float('–inf') 表示负无穷，其中，inf 均可以写成 Inf。

```
>>> complex(5,7),complex(7)                #生成复数
((5+7j), (7+0j))
>>> complex('NaN'),complex("nan")          #复数实部为非数字
((nan+0j), (nan+0j))
```

说明：Python 中的 NaN 或者 nan 表示 Not A Number，NaN 是浮点数的一个值，代表“不是数”。

用法：float("NaN")、complex("nan")或 cmath.NaN。例如：

```
>>> x=float("nan")                          #赋值
>>> x==float("nan")                         #判断左右是否相等
False
>>> x>=float("nan"),x<=float("nan")         #比较大小
(False, False)

>>> complex(5,7),complex(7)                 #生成复数
((5+7j), (7+0j))
>>> complex('NaN'),complex("nan")           #生成复数
((nan+0j), (nan+0j))
```

2. 字符与 Unicode 码的相互转换

有一对功能相反的内置函数，它们是 chr()和 ord()，chr()返回 Unicode 编码所对应的字符；ord()则返回单个字符的 Unicode 编码。

```
>>> chr(97)                                   #返回对应的字符
'a'
>>> ord("A")                                  #返回 Unicode 编码
65
>>> ord("任"),ord("志"),ord("考")             #返回 Unicode 编码
(20219, 24535, 32771)

>>> chr("x"+2)                                #抛出异常
TypeError: must be str, not int
```

```
>>> chr(ord("x")+2)                                 #返回字符 x 之后 2 位的字符 z
'z'
>>> chr(ord("x")-1)                                 #返回字符 x 之前 1 位的字符 w
'w'
>>> " ".join(map(chr,(20219, 24535, 32771)))        #输出字符，连接为字符串
'任 志 考'
```

另外，内置函数 str()用于直接把任意类型的数据转换为字符串类型。例如：

```
>>> str([1,2,3,4,5])                                #把列表转换为字符串
'[1, 2, 3, 4, 5]'
>>> str(456789)
'456789'
>>> str((1,2,3,4))                                  #把元组转换为字符串
'(1, 2, 3, 4)'
>>> str({1:'q',2:'i',3:'n',4:'g'})                  #把字典转换为字符串
"{1: 'q', 2: 'i', 3: 'n', 4: 'g'}"
```

3. 内置类 bytes 和 ascii

1) bytes 类

在 Python 中内置类 bytes 用于生成字节串，也可以把指定对象转换为特定编码的字节串。字节串的构造函数有以下几种。

(1) bytes() 生成一个空的字节串，等同于 b''。

(2) bytes(整型可迭代对象)用可迭代对象初始化一个字节串，不能超过 255。

(3) bytes(整数 *n*) 生成 *n* 个值为零的字节串。

(4) bytes(字符串, encoding='utf-8') 用字符串的转换编码生成一个字节串。

举例如下：

```
>>> bytes()                           #生成空字节串
b''
>>> bytes(7)                          #数字转换为字节串
b'\x00\x00\x00\x00\x00\x00\x00'
>>> a=bytes(list(range(1,11)))        #列表转换为字节串
>>> a
b'\x01\x02\x03\x04\x05\x06\x07\x08\t\n'
>>> type(a)                           #测试类型
<class 'bytes'>

>>> b=bytes("任志考","utf-8")          #以 utf-8 码转换为字节串
>>> b
b'\xe4\xbb\xbb\xe5\xbf\x97\xe8\x80\x83'
>>> type(b)
<class 'bytes'>                       #字节串类型
>>> b1=str(b,'utf-8')                 #字节串转换为字符串
>>> b1,type(b1)                       #输出字符串和其类型
('任志考', <class 'str'>)
```

说明：decode()和 encode()方法也可以实现字节码的相关转换操作。例如：

```
>>> x="青岛科技大学"
>>> x1=x.encode('gbk')                #gbk 标准字节串编码，等价于 bytes(x)
>>> x2=x.encode('utf-8')              #utf-8 标准字节串编码
>>> x1
b'\xc7\xe0\xb5\xba\xbf\xc6\xbc\xbc\xb4\xf3\xd1\xa7'
>>> x2
b'\xe9\x9d\x92\xe5\xb2\x9b\xe7\xa7\x91\xe6\x8a\x80\xe5\xa4\xa7\xe5\xad\xa6'
>>> y1=x1.decode('gbk')               #等价于 str()进行转换
>>> y2=x2.decode('utf-8')             #等价于 str()进行转换
>>> y1,y2                             #输出结果
('青岛科技大学', '青岛科技大学')
```

提示：bytes()与 str()的区别以及字节串的其他应用操作，在此不再赘述，读者可以自行实验分析，观察结果。

2) ascii 类

内置类 ascii 用于把对象转换为 ASCII 编码表示形式，还可以使用转义字符来表示特定的字符。ascii()函数返回任何对象(字符串、元组、列表等)的可读版本，ascii()函数会将所有非 ascii 字符替换为转义字符。

```
>>> name=input("Please input your name:")       #键盘输入姓名
Please input your name:任志考
>>> x=ascii(name)                               #ascii 编码
>>> x                                           #输出编码
"'\\u4efb\\u5fd7\\u8003'"
>>> eval(_)                                     #对当前编码求值，注意格式
'任志考'
>>> eval(x)                                     #对 x 求值
'任志考'
```

4. 数据转换列表、元组、集合、字典

内置函数 list()、tuple()、dict()、set()、frozenset()用于把其他类型的数据转换为列表、元组、可变集合和不可变集合对象，也可以用于创建空列表、元组、字典和集合对象。

举例如下：

```
>>> x="abcd"
>>> list(x)                           #把字符串转换为列表
['a', 'b', 'c', 'd']
>>> tuple(x)                          #把字符串转换为元组
('a', 'b', 'c', 'd')
>>> set(x)                            #把字符串转换为集合，可变集合
{'a', 'b', 'c', 'd'}

>>> y=zip("abcde","12345")            #创建 zip 对象
>>> type(y)
<class 'zip'>
```

```
>>> dict(y)                                #创建字典
{'a': '1', 'b': '2', 'c': '3', 'd': '4', 'e': '5'}

>>> z=set("aabbcddeeff")                   #创建可变集合，自动去除重复字符
>>> z
{'b', 'e', 'c', 'a', 'd', 'f'}
>>> z.add("w")                             #z 为可变集合，可以添加元素
>>> z
{'b', 'e', 'c', 'w', 'a', 'd', 'f'}
>>> z1=frozenset("aabbcddeeff")            #创建不可变集合，自动去除重复字符"
>>> z1
frozenset({'b', 'e', 'c', 'a', 'd', 'f'})
>>> z1.add("w")                            #z1 为不可变集合，不可以添加元素
AttributeError: 'frozenset' object has no attribute 'add'
```

5. 类型判断内置函数 type()和 isinstance()

Python 的 type()函数有两个用法，当只有一个参数的时候返回对象的类型；当有三个参数的时候返回一个类对象。

1) type()函数的语法形式

(1) type(object)：一个参数时，type()返回一个对象的数据类型。

(2) type(name,bases,dict)：三个参数时，name 为类名，bases 为父类的元组，dict 为类的属性方法和值组成的键值对，功能是创建一个类。

```
>>> x=tuple(list(range(10)))                  #创建元组
>>> type(x)
<class 'tuple'>                               #元组类型
>>> x
(0, 1, 2, 3, 4, 5, 6, 7, 8, 9)
>>> type("Qust")
<class 'str'>

>>> type({99}) in (list,tuple,dict,set) #判断{99}是否为 list, tuple, dict, set
  的实例
True
>>> type({99}) in (list,tuple,dict)       #判断{99}是否为 list, tuple, dict 的实例
False
>>> type((99)) in (list,tuple,dict)       #判断{99}是否为 list, tuple, dict 的实例
False
>>> type((99,)) in (list,tuple,dict)      #判断(99,)是否为 list, tuple, dict 的实例
True
```

2) isinstance()函数的语法形式

isinstance()函数的功能是判断一个对象是否来自一个已知类型，语法格式如下：

```
isinstance(object, classinfo)
```

其中，参数 object 为实例对象；classinfo 可以是直接或间接类名、基本类型或者由它们组成的元组。

该函数的返回值是：如果对象的类型与参数二的类型(classinfo)相同则返回 True，否则返回 False。例如：

```
>>> isinstance('q',str)                        #判断'q'是否为 str 类型的实例
True
>>> isinstance(7,int)                          #判断 7 是否为 int 类型的实例
True
>>> isinstance([7,9],list)                     #判断[7,9]是否为 list 列表类型的实例
True
```

2.3.4　最大值、最小值与求和函数

在 Python 中，sum()、max()和 min()三个内置函数分别用于计算元组、列表或者其他有限个元素的可迭代对象中所有元素值之和、最大值和最小值。sum()函数默认支持包含数值型元素的序列或其他可迭代对象，max()和 min()要求元素之间大小可以比较，否则抛出异常。

```
>>> x=list(range(17))                          #创建列表
>>> sum(x),max(x),min(x)                       #返回求和值、最大值和最小值
(136, 16, 0)
>>> sum(range(1,11),100)
155

>>> max(['q','u','s','t'])
'u'
>>> y=[1,3,2,'q',6,'u','s','t',9]              #元素为不同类型
>>> max(y)                                     #抛出异常提示，元素相互之间无法比较
TypeError: '>' not supported between instances of 'str' and 'int'
```

2.4　Python 内置函数(二)

2.4.1　排序函数

数据的排序是常用的操作，排序包括升序排序和降序排序，在 Python 中默认是升序排序，常用于排序的内置函数有 sorted()和 reversed()。

1) sorted()函数

sorted()函数可以对列表、集合、元组、字典以及其他可迭代对象进行排序并返回新列表。

(1)语法格式。

```
sorted(迭代对象，key=None，reverse=False)
```

其中，参数 key 指定排序依据或规则；reverse 指定升序或降序，reverse=True 则降序，reverse=False 则升序，默认 reverse=False，即 sorted()函数默认是升序排序。

(2) 应用举例。

```
>>> d={"qingdao":100,"weifang":90,"yantai":95}
>>> sorted(d)                           #默认就是根据字典的 key 排序
['qingdao', 'weifang', 'yantai']
>>> sorted(d.keys())                    #依据字典的 key 值升序
['qingdao', 'weifang', 'yantai']
>>> sorted(d.keys(),reverse=True)       #降序
['yantai', 'weifang', 'qingdao']
>>> sorted(d.values())                  #依据字典的值 value 排序，默认升序
[90, 95, 100]
```

2) reversed () 函数

reversed()属于 Python 内置的反转函数，将一个可迭代对象的元素序列颠倒过来，以迭代器的形式返回，可以通过 for 循环获取结果。需要注意与列表对象属性方法 reverse()的区分。

(1) 语法格式。

```
reversed(seq)
```

其中，参数 seq 为要转换的序列，可以是元组 tuple、字符串 string、列表 list 或区域 range。

(2) 应用举例。

```
>>> seqstring="qingdao"                             #字符串
>>> reversed(seqstring)
<reversed object at 0x0000023F91F486A0>             #返回迭代器对象
>>> list(reversed(seqstring))                       #输出列表，逆序
['o', 'a', 'd', 'g', 'n', 'i', 'q']

>>> seqtuple=('q','i','n','g')                      #元组
>>> reversed(seqtuple)
<reversed object at 0x0000023F91F486A0>
>>> list(reversed(seqtuple))                        #输出列表
['g', 'n', 'i', 'q']

>>> >>> seqRange = range(1, 9)                      #数值区域 1~8
>>> list(reversed(seqRange))                        #输出列表
[8, 7, 6, 5, 4, 3, 2, 1]
>>> seqList = [1, 2, 4, 3, 5]
>>> list(reversed(seqList))                         #列表元素颠倒过来
[5, 3, 4, 2, 1]
```

2.4.2　map()、zip()、filter()、reduce()函数

1) map () 函数

map()根据提供的函数对指定序列做映射，即把一个函数 function 依次映射到序列或迭代器对象的每个元素上，并返回一个可迭代的 map 对象作为结果，map 对象中每个元素是原序列中元素经过函数 function 处理后的结果。

(1)语法格式。

```
map(function, iterable1,…, iterablen)
```

其中，参数 function 为函数，参数 iterable 为一个或多个序列对象。Python 2.x 返回值为列表，Python 3.x 返回值为迭代器。

(2)应用举例。

```
>>> y=map(str,"abcde")                 #把字符串中元素转换为字符
>>> list(y)                            #输出列表
['a', 'b', 'c', 'd', 'e']
>>> def jiecheng(n):                   #定义一个求阶乘的函数 jiecheng()
        s=1
        for i in range(1,n+1):
            s=s*i
        return s

>>> jiecheng(5)                        #调用函数求 5 的阶乘
120
>>> map(jiecheng,[1,2,3,4,5])          #map()函数返回迭代器对象
<map object at 0x0000024C018EA278>
>>> list(map(jiecheng,[1,2,3,4,5])) #输出列表，结果是分别对 1、2、3、4、5 的阶乘
[1, 2, 6, 24, 120]
>>> x=map(lambda x: x ** 2, [1, 2, 3, 4, 5])   #使用 lambda 表达式(匿名函数)
>>> x
<map object at 0x0000024C01934550>
>>> list(x)                            #输出列表，与上面函数求阶乘相同
[1, 4, 9, 16, 25]
```

2)zip()函数

zip()函数用于将可迭代的对象作为参数，将对象中对应的元素打包成一个个元组，然后返回由这些元组组成的列表。如果各个迭代器的元素个数不一致，则返回列表长度与最短的对象相同。在 Python 3.x 中为了减少内存占用，zip()函数返回的是一个对象，如果需要把该对象展示为列表，需手动 list()转换。

(1)语法格式。

```
zip([iterable,…])
```

其中，参数 iterable 为一个或多个迭代器，返回值为元组列表。

(2)应用举例。

```
>>> x=[1,2,3]                          #定义列表 x,y,z
>>> y=[4,5,6]
>>> z=[4,5,6,7,8,9]
>>> zip1=zip(x,y)                      #打包 x 和 y
>>> zip1
<zip object at 0x0000024C01940F08>
>>> list(zip1)                         #输出列表，元素是元组
[(1, 4), (2, 5), (3, 6)]
```

```
>>> zip2=zip(x,z)
>>> zip2
<zip object at 0x0000024C019E9448>
>>> list(zip2)                    #长度与最短列表相同，超出部分丢弃
[(1, 4), (2, 5), (3, 6)]
>>> list(zip2)                    #zip 对象只能遍历一次
[]
```

zip 对象是可迭代的，如下所示：

```
>>> i=1
>>> for item in zip("qingdao",[1,2,3,4,5,6,7,8,9]):    #for 输出可迭代对象
        print("第"+str(i)+"个元素(元组): ",item)
        i=i+1
```

按回车键输出结果为：

```
第 1 个元素(元组): ('q', 1)
第 2 个元素(元组): ('i', 2)
第 3 个元素(元组): ('n', 3)
第 4 个元素(元组): ('g', 4)
第 5 个元素(元组): ('d', 5)
第 6 个元素(元组): ('a', 6)
第 7 个元素(元组): ('o', 7)
```

3) filter()函数

filter()用于过滤序列，过滤掉不符合条件的元素，返回由符合条件的(为 True)元素组成的新的迭代器对象。

(1)语法格式。

```
filter(function, iterable)
```

其中，参数 function 为被判断函数对象；参数 iterable 为可迭代对象(序列)，序列的每个元素作为参数传递给函数进行判断，然后返回 True 或 False，最后将返回 True 的元素放到新列表(可迭代对象)中。

(2)应用举例。

```
>>> def isodd(n):                 #定义判断是否为奇数的函数
        return n%2==1
>>> list1=range(1,21)             #定义序列，也可以定义列表 list1=list(range(1,2))
>>> newlist1=filter(isodd,list1)    #返回 filter 对象
>>> newlist1
<filter object at 0x0000024C018D85F8>
>>> list(newlist1)                #输出 filter 对象对应的列表
[1, 3, 5, 7, 9, 11, 13, 15, 17, 19]
>>> list1                         #原来序列 list1 没有发生改变
range(1, 21)
```

使用列表推导式也可以实现上面的功能：

```
>>> [x for x in list1 if x%2==1]                #列表推导式
[1, 3, 5, 7, 9, 11, 13, 15, 17, 19]
```

使用 lambda 表达式实现相同的功能：

```
>>> list(filter(lambda x:x%2==1,list1))         #lambda 表达式(匿名函数)
[1, 3, 5, 7, 9, 11, 13, 15, 17, 19]
```

4) reduce()函数

Python 3.x 中，reduce()函数已经不是内置函数，而是标准库 functools 中的函数，使用前需要先导入标准库，该函数将一个数据集合(列表、元组等)中的所有数据进行下列操作：用传给 reduce 中的函数 function(有两个参数)先对集合中的第 1、2 个元素进行操作，得到的结果再与第三个数据用 function 函数运算，最后得到一个结果。

(1) 语法格式。

```
reduce(function, iterable[, initializer])
```

其中，参数 function 为一个函数或者 lambda 表达式，并且有两个参数；iterable 为可迭代对象，initializer 为可选项，表示初始参数，该函数的返回值为该函数的计算结果。

(2) 应用举例。

```
>>> from functools import reduce                #导入标准库
>>> def add(x,y):                               #定义加法函数 add
        return x+y

>>> seq1=list(range(1,101))                     #定义列表 seq1
>>> reduce(add,seq1)                            #使用 reduce()函数求累加和
5050                                            #返回值，等同于 1～100 累加和
```

也可以使用 lambda 表达式，如下：

```
>>> reduce(lambda x,y:x+y,seq1)                 #使用匿名函数 lambda 表达式
5050
```

说明：对于 reduce()函数，iterable 是一个数据集合(元组、列表等)，上面例子的操作先将列表里的第 1、2 个参数代入函数执行，再将执行结果和第 3 个参数传入函数执行……最终得到最后一个结果。

例如，reduce(lambda x, y: x + y,[1,2,3,4])执行步骤如下：

①先将 1、2 传入：1+2 = 3。

②再将 3、3 传入：3+3 = 6。

③再将 6、4 传入：6+4 = 10。

④最终结果为：10。

另外，标准库 operator 提供了大量运算，可以单独使用，也可以和 reduce()函数结合使用。例如：

```
>>> from functools import reduce
>>> import operator                             #导入标准库 operator
>>> operator.add(3,9)                           #add()方法，加法运算
```

```
12
>>> operator.concat("Qing","Dao")          #字符串连接运算
'QingDao'

>>> list1=list(range(1,11))
>>> reduce(operator.add,list1)             #累加和，与 operator 标准库结合使用
55
>>> list2=[1,3,5,7,9]
>>> reduce(operator.mul,list2)             #累乘运算，即求 1*3*5*7*9
945
```

2.4.3　range()函数、enumerate()函数

1) range()函数

range()函数是 Python 中一个非常常用的内置函数，准确地说，也是一个类，该函数表示一个区间范围，是一个半开半闭的区间[start,end)，即左闭右开区间，步长为 step。

(1)语法格式。

```
range([start], stop[, step])
```

其中，参数 start 表示计数从 start 开始，默认是从 0 开始，例如，range(5)等价于 range(0,5)；参数 stop 表示计数到 stop 结束，但不包括 stop，如 range(0,5)是[0,1,2,3,4]，没有 5；参数 step 表示步长，默认为 1，如 range(0,5)等价于 range(0,5,1)。

(2)应用举例。

```
>>> x=range(10)                       #表示区间 0～9，即[0,10)
>>> x
range(0, 10)
>>> list(x)                           #转换为列表
[0, 1, 2, 3, 4, 5, 6, 7, 8, 9]

>>> sum(range(1,11))                  #求 1～10 的累加和
55
>>> sum(range(1,101))                 #求 1～100 的累加和
5050
```

使用循环语句求累加和：

```
>>> s=0
>>> for i in range(1,101):            #控制循环次数
        s=s+I                         #求 1～100 的累加和

>>> s                                 #输出求和结果
5050

>>> list(range(10,1,-1))              #步长为-1
[10, 9, 8, 7, 6, 5, 4, 3, 2]
```

2) enumerate()函数

enumerate()用于将一个可迭代的数据对象(如列表、元组或字符串)组合为一个索引序列

(元组形式)，同时列出数据下标和数据，一般用在 for 循环当中。

(1)语法格式。

```
enumerate(sequence, [start=0])
```

其中，参数 sequence 为一个序列、迭代器或其他支持迭代对象；参数 start 为可选项，表示下标起始位置。该函数的返回值为 enumerate(枚举)对象。

(2)应用举例。

```
>>> str1=["Qingdao","Jinan","Yantai","Weifang","Zibo"]      #定义列表
>>> list(enumerate(str1,1))                              #枚举列表元素，下标从 1 开始
[(1, 'Qingdao'), (2, 'Jinan'), (3, 'Yantai'), (4, 'Weifang'), (5, 'Zibo')]
>>> for index,value in enumerate(range(100,110),1):#枚举 range 对象中的元素
        print("第"+str(index)+"个：",(index,value),end="\n")   #输出元素(元组)
```

输出结果如下：

```
第 1 个： (1, 100)
第 2 个： (2, 101)
第 3 个： (3, 102)
第 4 个： (4, 103)
第 5 个： (5, 104)
第 6 个： (6, 105)
第 7 个： (7, 106)
第 8 个： (8, 107)
第 9 个： (9, 108)
第 10 个： (10, 109)
```

本章小结

本章主要介绍 Python 程序设计的基础知识，对于初学者非常重要，在学习过程中要循序渐进，不要求一次性完全掌握，在学习中利用反馈学习方法可以更好地学习程序设计技术。本章中的所有举例均在 IDLE 环境中调试运行，初学者可以对照输入运行。

(1)对象是 Python 的元素，Python 中一切皆为对象。

(2)在 Python 中不仅变量值可以变化，而且变量的类型也可以随时发生改变，灵活性进一步增强。

(3)Python 定义了 6 组标准数据类型，分别是：数字(Number)、字符串(String)、列表(List)、元组(Tuple)、集合(Sets)、字典(Dictionary)。

(4)Python 变量名以及其他标识符命名必须以字母或者下划线开头，并且不能包括空格或者标点符号，也不能使用关键字命名，在命名中要避免使用内置对象、标准库或扩展库名称作为变量名或标识符。

(5)要区分 Python 内置函数和标准库函数，内置函数可以直接使用，标准库函数使用前需要预先导入该标准库。

(6)区分 Python 2.x 和 Python 3.x 在函数定义操作上的差异。

本 章 习 题

一、填空题

1．Python 对象包括两大类：内置对象和________。
2．元组的最外边界定符是________，元素之间用________分隔。
3．Python 中所有界定符号与标点符号都必须是________符号。
4．Python 中字符串定界符有________种。
5．Python 中关键字 None 表示的含义是________。
6．以 3 为实部、4 为虚部，Python 复数的表达形式为________或________。
7．已知 $x=3$，那么执行语句 x += 6 之后，x 的值为________。
8．表达式[1, 2, 3]*3 的执行结果为________。
9．假设 n 为整数，那么表达式 n&1 == n%2 的值为________。
10．表达式 int(4**0.5) 的值为________。
11．Python 内置函数________用来返回数值型序列中所有元素之和。
12．表达式 list(range(50, 60, 3)) 的值为________。

二、简答题

1．Python 常量有哪些？
2．Python 运算符主要包括哪六类？

第 3 章　Python 序列对象

3.1　Python 序列概述

Python 中一切皆为对象，其中序列对象则是一组非常重要的对象集合，也是极具 Python 特色的内置对象，类似于其他高级语言（如 C++、C#或者 Java 语言）中数组等数据结构，Python 中没有明确的数组类型。

在 Python 中，常用的序列包括列表、字典、元组、集合等，另外大部分可迭代对象也支持类似于序列的用法，所以序列在 Python 程序设计中使用灵活、用途广泛，是非常重要的学习内容。Python 序列对象的分类如图 3.1 所示。

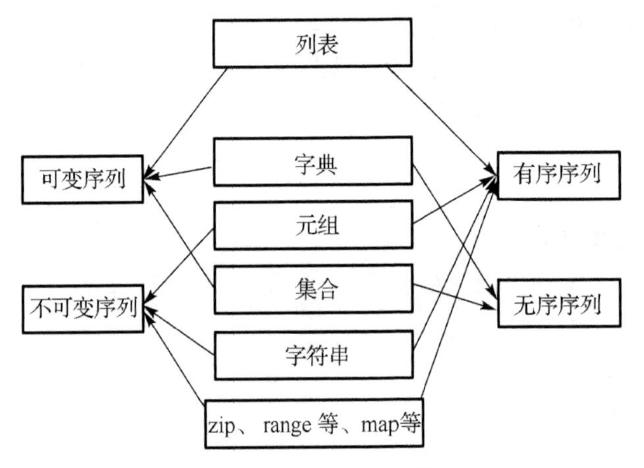

图 3.1　Python 序列对象的分类

Python 中序列可以划分为有序序列和无序序列，还可以划分为可变序列和不可变序列。Python 序列具体划分如下。

(1) 有序序列：列表、元组、字符串以及 zip/range/map 等对象。

(2) 无序序列：字典、集合。

(3) 可变序列：列表、字典、集合。

(4) 不可变序列：元组、字符串、zip/range/map 等对象。

千里之行，始于足下；涓涓细流，汇成大海。学习 Python 也是如此，很多程序员的大量实践表明，学习好基本数据结构，熟练掌握其主要用法，就能够更加灵活有效地解决各种实际问题。本章通过一些案例驱动来学习列表、元组、字典和集合等几种基本数据结构的用法，另外还学习 range 对象、zip 对象、可迭代对象、列表解析式和切片等应用。同时，在实际学习实践的过程中，要不断培养良好的程序设计习惯。

3.2　Python List：列表

列表(List)是 Python 中重要的数据结构，是可变有序序列之一，列表实质上包含若干个对象元素且连续地存储在内存空间里。列表的一个主要特点就是当列表增加或删除元素时，列表对象自动进行内存的扩展或收缩，从而确保相邻元素之间的紧凑性，即列表具有存储无缝隙的特点。列表的这个内存自动管理功能减少了程序员的负担，增加了系统的可靠性。另外，插入和删除列表的非尾部元素时会涉及列表中大量元素的移动操作，这严重影响效率，所以一般情况下尽可能从列表尾部进行元素的追加与删除操作。

列表形式上用一对方括号[ ]来界定，元素放在界定符[ ]中，元素之间用半角逗号“,”来分隔，Python 中列表元素的类型可以各不相同，能够同时包含实数、整数、字符串等元素，也可以包含列表、元组、字典、函数以及其他任意对象，其灵活性非常高，应用非常广。空列表用一对方括号[]表示(没有任何元素)，下面是一些合法的列表对象：

```
[]                                          #空列表
[1,2,3,5,6,7,8,9,10]                        #元素是数字，用逗号分隔
['QUST', '青岛科技大学', '青岛科大']        #元素是字符串
['青岛科技大学', 1953, 2000, 5]             #列表元素可以类型不同
[['Name1', 25, 6], ['name2', 56, 17]]       #列表元素是子列表，列表的嵌套
```

Python 中变量不是直接存储值，而是存储值的引用或内存地址，这也是 Python 中变量可以随时改变类型的重要原因。Python 列表中的元素同样也是值的引用，因此列表中的元素类型可以是不同的。列表使用起来灵活方便，但是对系统的开销较大、负担重，在实际的程序开发中要避免过多使用列表。

3.2.1　列表的操作

列表的操作主要包括创建列表、删除列表以及列表元素的访问等。

1) 创建列表

创建一个列表最基本的方法有两种，最简单的方法是直接使用赋值符号“=”给列表变量赋值就可以创建一个新列表；另外也可以使用内置函数 list()创建列表，举例如下。

(1)用赋值符号直接创建列表。使用赋值符号给变量赋值，就可以创建一个列表，举例如下：

```
>>>a_list=[]                                #创建一个空列表
>>>a_list=[1,2,3,4,5]                       #创建一个非空列表
>>> a_list=[a,b,c,d]                        #不能用未定义的变量作为列表元素
NameError: name 'a' is not defined
```

(2)用 list()函数创建列表。使用 Python 内置函数 list()将元组、字符串、字典、集合、range 对象或者其他可迭代对象转换为列表，间接地创建了一个列表。

```
>>> a_list=list("hello QUST!")                    #使用 list 函数将字符串转换为列表
>>> a_list
['h', 'e', 'l', 'l', 'o', ' ', 'Q', 'U', 'S', 'T', '!']

>>>list({7,8,9})                                  #将集合转换为列表
[8, 9, 7]                                         #不是想象的[7,8,9]，集合是无序序列
>>> list({'q':113,'u':117,'s':115,'t':116})               #字典的键 key 转换为列表
 ['q', 'u', 's', 't']
>>> list({'q':113,'u':117,'s':115,'t':116}.values())#字典的值 value 转换为列表
[113, 117, 115, 116]
>>> list({'q':113,'u':117,'s':115,'t':116}.items())#字典“键:值”对转换为列表
[('q', 113), ('u', 117), ('s', 115), ('t', 116)]

>>> list(range(1,10))                                     #将 range 对象转换为列表
[1, 2, 3, 4, 5, 6, 7, 8, 9]                               #左闭右开区间的数
>>> list(range(1,10,1))                                   #步长为 1，范围为 1～9
[1, 2, 3, 4, 5, 6, 7, 8, 9]
>>> list(range(1,10,2))                                   #数字为 1～9，步长为 2
[1, 3, 5, 7, 9]
>>> list(('q','u','s','t'))                               #将元组转换为列表
['q', 'u', 's', 't']
```

注意：字典转换为列表存在**键**、**值**以及**键:值对**三种形式，要注意区分。

2) 删除(释放)列表

当一个列表完成历史使命时，需要释放其占用的空间，在 Python 中可使用 del 命令将其删除(释放)，这一规律适应于所有的 Python 对象的删除。

```
>>> a_list=list(range(1,10))                      #创建列表
>>> a_list
[1, 2, 3, 4, 5, 6, 7, 8, 9]
>>> del a_list                                    #删除列表对象 a_list
>>> a_list                                        #删除后，再访问则抛出异常提示
NameError: name 'a_list' is not defined
>>> a_list=list("Qingdao")                        #可以重新创建该列表
>>> a_list
['Q', 'i', 'n', 'g', 'd', 'a', 'o']
```

3) 列表元素的访问

在实际程序设计中，经常需要访问某一个列表元素，列表元素的访问非常简单，如同数组一样，使用下标可以访问列表中的指定元素，列表的下标默认是从 0 开始的。由于 Python 列表是双向索引的，所以列表下标还可以为负数，当下标为负数时表示倒序访问，倒序访问列表的下标从-1 开始类推，倒数第一的元素下标为-1。表 3.1 是列表的双向索引示意，注意箭头的指向。

表3.1　列表的双向下标

序号	列表a的元素	q	u	s	t
1	下标　→	0	1	2	3
2	逆向下标　←	–4	–3	–2	–1

举例如下：

```
>>> a=list('qust')              #创建列表对象
>>> a
['q', 'u', 's', 't']
>>> a[0]                        #下标为0的元素，第一个元素
'q'
>>> a[-1]                       #下标为-1的元素,逆序访问
't'
>>> a[-4]                       #逆序访问，参照表3.1的示意
'q'
#使用下标访问列表元素，下标不能越界
>>> a[9]                        #超出下标范围，报错
IndexError: list index out of range
```

3.2.2　列表操作的常用方法

Python中序列的很多操作是通用的或者类似的，不同类型的序列又有自己独特的方法或者支持一些特有的运算符和内置函数。列表对象常用的方法归纳起来有11种，如表3.2所示(表中例子设定列表对象为x)。

表3.2　列表对象的常用方法

序号	列表方法	注释/范例
1	x.append(a)	单个元素追加操作：将元素a追加到列表x的尾部
2	x.extend(L)	整个列表的追加：将列表L所有元素追加到列表x的尾部
3	x.insert(index,a)	在列表x的index位置插入元素a：该位置后面所有元素均后移，并且索引值加1。分两种特殊情况： (1)如果index>0并且index>列表x的长度，则在尾部追加元素a (2)如果index<0并且index<列表长度的相反数，则在列表x的头部插入元素a

4	x.clear()	保留列表对象，但清空列表x中所有元素。
		>>> x=[1,2,3,4,5,6]
		>>> x
		[1, 2, 3, 4, 5, 6]
		>>> x.clear()　　　　#删除了所有列表元素
		>>> x
		[]　　　　#返回空列表

5	x.remove(a)	只删除列表对象x的第一个值为a的元素，第一个元素a之后所有元素前移并且索引值减1，如果列表中不存在元素a则抛出异常提示。
		>>> x=[1,2,3,4,5,6,2,7]
		>>> x.remove(2)　　　　#删除第一个元素2
		>>> x
		[1, 3, 4, 5, 6, 2, 7]

续表

序号	列表方法	注释/范例

6	x.pop([index])	删除并且返回下标 index 的元素，如果 index 没有指定，则默认为–1，弹出最后一个元素。如果弹出中间位置的元素，则索引减 1，设表长为 L，index 如果不在$[-L, L)$区间则抛出异常。
		>>> x=[1,2,3,4,5,6]
		>>> x.pop(3)　　　　#弹出 index=3 的元素
		4
		>>> x　　　　#输出删除元素后的列表
		[1, 2, 3, 5, 6]

7	x.index(a)	返回列表中第一个值为 a 的元素的索引，如果不存在值为 a 的元素，则抛出异常。
		>>> x=list(range(1,11))　　　　#创建列表
		>>> x
		[1, 2, 3, 4, 5, 6, 7, 8, 9, 10]
		>>> x.index(5)　　　　#元素值为 5 的索引值=4
		4
		>>> x.index(11)　　　　#没有元素为 11 的值，抛出异常
		ValueError: 11 is not in list

8	x.count(a)	返回元素 a 在列表中出现的次数。
		>>> x=list("qustqingdaoqust")　　　　#创建列表
		>>> x
		['q', 'u', 's', 't', 'q', 'i', 'n', 'g', 'd', 'a', 'o', 'q', 'u', 's', 't']
		>>> x.count('s')　　　　#字符 s 在列表中出现 2 次
		2

9	x.reverse()	对列表所有元素进行原地逆序操作。
		>>> x=list(range(10))
		>>> x
		[0, 1, 2, 3, 4, 5, 6, 7, 8, 9]
		>>> x.reverse()
		>>> x
		[9, 8, 7, 6, 5, 4, 3, 2, 1, 0]

10	x.copy()	返回列表的浅拷贝。
		>>> x=list(range(11))
		>>> y=x.copy()　　　　#浅拷贝，生成新的列表 y
		>>> y
		[0, 1, 2, 3, 4, 5, 6, 7, 8, 9, 10]
		>>> x[1]=88　　　　#修改列表 x 索引 1 位置的元素
		>>> x
		[0, 88, 2, 3, 4, 5, 6, 7, 8, 9, 10]
		>>> y　　　　#列表 y 没有变化
		[0, 1, 2, 3, 4, 5, 6, 7, 8, 9, 10]

11	x.sort()	格式：sort(key=None，reverse=False)
		对列表所有元素原地排序，key 指定排序规则，reverse 为 True 表示降序，False 表示升序。
		>>> x=[23,6,2,17,8,9,7,11,22,5]
		>>> x.sort(key=None,reverse=False)　　　　#升序排序
		>>> x　　　　#输出排序后的列表
		[2, 5, 6, 7, 8, 9, 11, 17, 22, 23]

1)添加列表元素的方法

在实际应用中需要向列表对象中添加元素，实现这种功能的列表方法有 append()、insert()和 extend()三种。

(1) append()方法向列表对象尾部追加一个元素。

(2) insert()方法在列表对象任意指定位置插入对象。

(3) extend()方法用于把另外一个列表对象的所有元素追加至当前列表的尾部。

这三种方法的共同特点就是属于“原地操作”，即不会影响到列表对象本身在内存中的地址，在实际的程序开发中需要有灵活性，例如，在长队列的首部或中间位置插入元素时效率是很低的，如果要在队列首部插入元素，可以先在队列尾部添加元素，然后使用reverse()方法翻转列表，这样可以提高效率，总之具体问题要具体对待，灵活处理。举例如下：

```
>>> a=['u','s']                              #创建列表 a
>>> id(a)                                    #查看列表对象 a 的内存地址
1804075647816
>>> a.append('t')                            #尾部追加元素
>>> a
['u', 's', 't']

>>> a.insert(0,'q')                          #在指定位置插入元素'q'
>>> a
['q', 'u', 's', 't']

>>> a.extend(['C','h','i','n','a']) #在尾部追加多个元素
>>> a
['q', 'u', 's', 't', 'C', 'h', 'i', 'n', 'a']
>>> id(a)                                    #查看列表对象 a 的内存地址(没有变化)
1804075647816                                #列表 a 的地址没有改变，原地操作地址不变
```

2)删除列表元素的方法

删除列表对象中的某一个元素，可以用pop()、remove()、clear()这三个方法。另外del命令也可以删除列表指定位置上的元素。

(1)pop()方法。pop()方法用于删除并返回指定位置(默认是最后一个)的元素，如果指定位置不符合规则就抛出异常提示，对一个空列表调用pop()方法也会抛出异常。

```
>>> a1=[]                                    #空列表
>>> a1.pop()                                 #对空列表调用 pop()则抛出异常
IndexError: pop from empty list
>>> a2=['q','u','s','t']
>>> a2.pop()                                 #弹出并返回尾部元素't'
't'
>>> a2
['q', 'u', 's']
>>> a2.pop(0)                                #弹出并返回指定位置元素'q'
'q'
>>> a2                                       #输出新结果
['u', 's']
```

(2)remove()方法。remove()方法的作用是删除列表对象中第一个值与指定值相等的那个元素，如果不存在该元素则抛出异常。

```
>>> x=['q','u','s','t']
>>> x.remove('s')                            #删除指定值为's'的元素
>>> x
['q', 'u', 't']
>>> x.remove('k')                            #删除不存在的元素 k，抛出异常提示
```

```
ValueError: list.remove(x): x not in list

>>> del x[1]                              #删除指定位置上的元素(下标为 1)
>>> x
['q', 't']
```

(3) clear()方法。clear()方法用于一次性清空列表对象中的所有元素，但没有删除该列表对象，返回的是一个空列表。

```
>>> x=['q','u','s','t']
>>> x.clear()                             #清空列表中所有元素
>>> x
[]                                        #返回空列表
```

(4) del 命令。del 命令删除列表中指定位置的元素，释放(删除)变量的引用，命令格式为：

```
del  列表名(k)
```

其中，参数 *k* 为列表中某个元素的位置数，列表的位置数从 0 开始。

举例如下：

```
>>> x=list(range(10))                     #适用 range 对象生成列表
>>> x
[0, 1, 2, 3, 4, 5, 6, 7, 8, 9]
>>> del x[5]                              #删除指定位置的元素
>>> x
[0, 1, 2, 3, 4, 6, 7, 8, 9]

>>> a=9
>>> del a                                 #删除了变量 a 的引用
>>> a
NameError: name 'a' is not defined

>>> b=[1,2,3,4,5,6]
>>> del b[2]                              #删除列表元素
>>> b
[1, 2, 4, 5, 6]
>>> del b                                 #删除列表对象本身
>>> b
NameError: name 'b' is not defined
```

pop()、remove()、clear()这三个方法属于原地操作，不会影响列表对象原来的内存地址。del 命令删除列表指定位置元素的操作同样也属于原地操作。

注意：在实际程序设计中应该尽量避免在列表中间位置插入或者删除元素，因为列表对象具有自动内存扩展和收缩功能，插入或删除元素操作效率低，而且会引起列表中间位置后面元素索引的变化。

3) 计数和位置方法

统计列表元素的出现次数以及确定某一个元素在列表的位置是常见的操作，在 Python 中统计列表中指定元素的出现次数可以使用 count() 方法，如果指定元素不存在则返回 0；使用 index() 方法则返回指定元素在列表中首次出现的位置，如果指定的元素不存在，则抛出异常提示。

(1) count() 方法。

```
>>> a=[6,7,1,1,1,8,9]
>>> a.count(1)                          #返回元素 1 的次数=3
3
>>> a.count(5)                          #列表中没有元素 5，故计数为 0，不抛出异常
0
```

(2) index() 方法。

```
>>> a=[6,7,1,1,1,8,9]
>>> a.index(1)                          #元素 1 首次出现的位置(位置从 0 开始)
2                                       #位置从 0 开始，位置 2 就是第三个元素
>>> a.index(5)                          #元素 5 不存在，抛出异常提示
ValueError: 5 is not in list
```

学习 Python 语言就是为了更好地进行程序设计，在实际的开发过程中，需要防止因意外情况导致程序崩溃，列表对象的很多方法在特殊情况下会抛出异常信息，为了避免因为异常而导致程序系统停止或者崩溃，程序设计需要异常处理和容错技术，常用的处理方法有两种。

(1) 使用异常处理结构模式。

(2) 使用条件判断选择相应处理来确保列表存在指定元素后再安全调用相关方法。

有关异常处理技术以及容错技术，本书不作介绍，有兴趣的读者可以查阅相关资料。

4) 列表的 copy() 方法和 copy() 函数

列表的拷贝可以分为赋值、浅拷贝和深拷贝三种情况。

(1) 赋值。把一个列表变量 x 赋值给另外一个列表变量 y ($y=x$)，这样 x 和 y 都指向一个列表对象，对其中一个列表的任何修改都会在另外一个列表变量得到体现，即相互影响。

```
>>> a=[1,2,3,4,5]                       #直接赋值
>>> b=[1,2,3,4,5]                       #把同一个列表对象赋值给另一个变量
>>> c=a                                 #间接赋值
>>> id(a),id(b),id(c)                   #列表 a 和 c 地址相同
(1903077207560, 1903077207752, 1903077207560)

>>> a.append(9)                         #添加列表 a 元素
>>> a
[1, 2, 3, 4, 5, 9]
>>> b                                   #列表 b 不变
[1, 2, 3, 4, 5]
>>> c                                   #列表 c 发生变化，a 和 c 同步
[1, 2, 3, 4, 5, 9]
```

(2) 浅拷贝。列表的拷贝可以用列表对象的 copy() 方法、切片方法、标准库 copy 中的 copy()

函数来实现，这些方法或函数都是返回对象的浅拷贝；而标准库 copy 中的 deepcopy()函数是返回对象的深拷贝。

浅拷贝是指生成一个新的列表，并把原列表中的所有元素的引用都复制到新的列表中。如果原列表中只包含整数、实数、复数等基本数据类型或者元组和字符串等不可变类型的数据，浅拷贝操作没有遗留什么问题；但需要注意的是如果原列表中嵌套了子列表之类的可变数据类型，由于浅拷贝只是把嵌套的子列表的引用复制到新的列表中，所以修改任何一个都会影响另外一个。举例如下：

```
>>> a=[1,2,3,4,5,[7,8,9]]                    #列表中嵌套子列表
>>> b=a.copy()                               #使用 copy()方法，浅拷贝
>>> b
[1, 2, 3, 4, 5, [7, 8, 9]]
>>> b[5].append(10)                          #尾部添加元素，观察结果
>>> b
[1, 2, 3, 4, 5, [7, 8, 9, 10]]               #b 添加元素后会影响到 a
>>> a
[1, 2, 3, 4, 5, [7, 8, 9, 10]]               #影响到原列表 a 了
```

(3)深拷贝。深拷贝是指对原列表中的元素进行递归操作，所谓递归操作就是把原列表中嵌套的元素全部复制到新的列表中，即深拷贝将会把所有数据重新创建一遍，对嵌套的子列表不再是复制引用，而是把里面的数据完全拷贝过来，新列表和原列表是互相独立的，修改任何一个都不会影响另外一个，深拷贝是完完整整地拷贝，彻底地拷贝。

```
>>> import copy                              #导入 copy 库
>>> a=[1,2,3,4,5,[7,8,9]]                    #创建列表
>>> b=copy.deepcopy(a)                       #使用 deepcopy()函数完成深拷贝
>>> b
[1, 2, 3, 4, 5, [7, 8, 9]]

>>> b[5].append(10)                          #添加元素，不会影响到原列表 a
>>> b
[1, 2, 3, 4, 5, [7, 8, 9, 10]]
>>> a                                        #原列表 a 没有变化
[1, 2, 3, 4, 5, [7, 8, 9]]
```

提示：无论列表的浅拷贝还是深拷贝，与列表对象的直接赋值均是不一样的，即把一个列表分别赋值给两个或多个不同的变量时，这些变量是互相独立的，修改任一个都不会影响另外一个，举例说明如下：

```
>>> a=[1,2,3,[4,5,6]]                        #把同一个列表对象赋值给两个变量 a 和 b
>>> b=[1,2,3,[4,5,6]]
>>> b[3].append(77)                          #b 添加元素
>>> b
[1, 2, 3, [4, 5, 6, 77]]
>>> a
[1, 2, 3, [4, 5, 6]]                         #a 没有变化
```

5)列表元素的排序方法和逆序方法

排序和逆序是序列操作的常用方法，列表对象的排序方法是 sort()，该方法按照指定的规则对所有元素进行排序，默认规则是从小到大升序排列，从大到小的降序需要用参数 reverse=True 来设定；reverse()方法用于将列表所有元素逆序或翻转。

```
>>> a=[1,2,3,4,5,6]                          #创建列表
>>> import random                            #导入 random 模块
>>> random.shuffle(a)                        #列表 a 的元素随机乱序
>>> a
[4, 1, 6, 3, 2, 5]                           #列表 a 元素乱序
>>> a.sort()                                 #列表 a 的元素升序排列，默认升序
>>> a
[1, 2, 3, 4, 5, 6]
>>> a.sort(reverse=True)                     #列表 a 的元素降序排列
>>> a
[6, 5, 4, 3, 2, 1]
reverse()方法举例如下：
>>> a=[5,6,3,1,78,32,45,8,9,66]
>>> a.reverse()                              #列表 a 的所有元素翻转
>>> a
[66, 9, 8, 45, 32, 78, 1, 3, 6, 5]
```

注意：初学者需要注意的是，列表的 sort()和 reverse()方法是原地操作，没有返回值，所谓“原地”，意思就是用处理后的数据替换原来的数据，列表的首地址不变，列表中元素原来的顺序发生变化。如果不希望列表元素原来的顺序丢失，可以用前面介绍的 Python 内置函数 sorted()和 reversed()，内置函数 sorted()返回排序后的新列表，原列表不动。初学者需要注意区分 sort()方法和 sorted()函数的区别。

3.2.3　支持列表对象操作的运算符

在 Python 中，　支持列表对象操作的运算符共有三个，它们分别是加法运算符“+”、乘法运算符“*”和成员测试运算符“in”。

1. 加法运算符“+”

加法运算符可以实现两个列表的连接，即具有增加列表元素的功能，但是这个列表的加法运算效率很低，原因是需要返回新列表，而不是简单的原地操作，涉及大量元素的复制。相对比而言，使用复合赋值运算(+=)实现列表追加元素则属于原地操作，不需要返回新的列表，效率非常高(与 append()方法一样)。举例如下：

```
>>> x=[1,2,3]
>>> y=[4,5,6]
>>> z=x+y                                 #列表的加法运算(连接两个列表)
>>> z
[1, 2, 3, 4, 5, 6]

>>> a=[7,8,9]
```

```
>>> id(a)                              #列表 a 的地址
2406782472072
>>> a=a+[10]                           #相当于 a+=[10]，列表的加法运算(连接两个列表)
>>> id(a)                              #列表 a 地址发生变化
2406782480904
>>> a+=[11]                            #列表 a 的复合赋值运算
>>> id(a)                              #列表 a 地址没有发生变化
2406782480904
>>> a
[7, 8, 9, 10, 11]
>>> id(a)
2406782480904                          #列表 a 地址没有发生变化
```

2. 乘法运算符“*”

乘法运算符“*”的作用是把列表 a 和一个整数 *n* 相乘(序列的重复)，返回一个新的列表 s，从而也能实现列表元素的增加。该运算符也适用于元组和字符串对象的操作，该运算也是非原地操作。同样，复合运算“*=”属于原地操作。

```
>>> a=[4,5,6]
>>> id(a)
2406782471304
>>> a=a*3                              #非原地操作，效率低
>>> a
[4, 5, 6, 4, 5, 6, 4, 5, 6]
>>> id(a)                              #地址发生变化
2406782411976

>>> a*=3                               #原地操作
>>> a
[4, 5, 6, 4, 5, 6, 4, 5, 6, 4, 5, 6, 4, 5, 6, 4, 5, 6, 4, 5, 6, 4, 5, 6, 4,
5, 6]
>>> id(a)                              #复合操作不改变地址
2406782411976

>>> b=[1,2,3]
>>> id(b)
2406782471048
>>> b*=0                               #重复操作 0 次，清空列表，原地操作
>>> b
[]
>>> id(b)                              #地址没有发生变化
2406782471048
```

3. 成员测试运算符“in”

该运算符用于测试一个列表中是否包含某个指定元素，如果包含该元素，则返回 True，否则返回 False，该运算的查询时间 $T=t*l$(l 是列表长度，t 是单位时间)，随着列表长度线性增加，该操作符用于集合也是如此。

```
>>> x=[4,5,6,7,8,9]
>>> len(x)
6
>>> 5 in x                              #5 是列表 x 中的元素
True
>>> 55 in x                             #55 不是列表 x 的元素
False

>>> y=list(range(99**3))
>>> len(y)
970299
>>> 898989 in y
True                                    #返回 True
```

in 运算符的查询时间与列表长度成正比，上例中列表 x 的长度为 6，列表 y 的长度为 970299，很明显在 y 中的查询时间大大高于在 x 中的查询时间。

3.2.4　列表的函数操作与列表解析式

列表对象除了创建、删除和元素访问等基本操作和列表自身的方法之外，还有内置函数对列表的操作、列表解析式以及切片等操作和应用。

1. 内置函数对列表的操作

Python 中有一些内置函数涉及对列表的相关操作，主要有 min()、max()、sum()、len()、zip()、map()、reduce()和 filter()等，下面分别对这些内置函数进行介绍和学习。

1) min()和 max()函数

顾名思义，这两个函数分别为求列表对象中最小元素值和最大元素值函数。

举例如下：

```
>>> x=[2,56,7,8,3,32,26]
>>> min(x)                                  #求列表元素最小值
2
>>> max(x)                                  #求列表元素最大值
56

>>> y=list(range(1,20,2))
>>> y
[1, 3, 5, 7, 9, 11, 13, 15, 17, 19]
>>> min(y)                                  #列表元素最小值
1
>>> print("max=",max(y))                    #格式化输出列表元素最大值
max= 19
```

2) sum()和 len()函数

sum()函数是求和函数，可以求列表对象中所有元素之和，len()函数求列表的长度，即列表元素的个数，举例如下：

```
>>> x=[1,2,3,4,5,6]
>>> len(x)                          #列表的长度，即元素个数
6
>>> sum(x)                          #列表所有元素的和
21
>>> sum(list(range(1,101)))         #使用 sum()求 1～100 的累加和
5050
```

3) zip()函数

内置函数 zip()的功能非常强大，可以和其他函数组合使用，在 Python 程序设计中应用非常广泛，初学者需要在学习过程中逐步积累经验。zip()函数用于将多个列表中的元素重新组合为元组并且返回包含这些元组元素的 zip 对象。

```
>>> x=[1,2,3,4,5,6]
>>> list(zip(x,['a']*6))        #列表元素重新组合为新的元素(元组)
[(1, 'a'), (2, 'a'), (3, 'a'), (4, 'a'), (5, 'a'), (6, 'a')]
>>> x=[1,2,3,4,5,6]
>>> list(zip(x,['a']*7))        #以列表 x 元素个数为基准，超过长度无效
[(1, 'a'), (2, 'a'), (3, 'a'), (4, 'a'), (5, 'a'), (6, 'a')]
>>> x                           #原列表不发生改变
[1, 2, 3, 4, 5, 6]

>>> list(zip(range(10)))        #zip 函数可以用于迭代对象或者一个序列，元素是元组
[(0,), (1,), (2,), (3,), (4,), (5,), (6,), (7,), (8,), (9,)]
>>> list(zip('abcd'))           #zip 函数作用于一个字符串形成列表，元素是元组
[('a',), ('b',), ('c',), ('d',)]
>>> list(zip('qust',[1,2,3]))   #多重列表重新组合
[('q', 1), ('u', 2), ('s', 3)]
```

4) map()函数、reduce()函数和 filter()函数

在 Python 中 map()、reduce()和 filter()是 Python 函数式程序设计的重要体现，初学者一定要结合后序章节的学习，掌握这些函数的应用，逐步提高自己的程序设计水平。

(1) map()函数。内置函数 map()是映射函数，其作用突出，用法灵活多样，主要作用是依次把函数映射到序列或者迭代器对象的每个元素上。举例如下：

```
>>> list(map(int,"123456"))            #使用 map()函数创建列表
[1, 2, 3, 4, 5, 6]

>>> def addl(k):                       #自定义函数 addl
      return k+5

>>> list(map(addl,[1,2,3,4,5,6]))      #使用 map()函数调用函数 addl 创建列表
[6, 7, 8, 9, 10, 11]
```

```
>>> x=list(range(6))
>>> x
[0, 1, 2, 3, 4, 5]
>>> y=list(range(10,16))
>>> y
[10, 11, 12, 13, 14, 15]

>>> def add2(m,n):                                        #自定义函数 add2
      return m+n

>>> list(map(add2,x,y))                                   #调用函数add2()创建列表
[10, 12, 14, 16, 18, 20]
>>> [add2(m,n) for m,n in zip(range(6),range(6,12))]      #创建列表
[6, 8, 10, 12, 14, 16]
```

说明：这部分内容有点难度，需要反复翻看和验证才能融会贯通。

(2) reduce()函数。在 Python 2.x 中 reduce()是内置函数，Python 3.x 及其以上版本中，reduce()是标准库 functools 的函数，需要先导入模块，然后才能使用，需要注意区分。该函数可以将一个或两个参数的函数以累积方式从左到右依次作用于一个序列或迭代器对象中的所有元素上。举例如下：

```
>>> from functools import reduce          #导入标准库模块
>>> x=list(range(1,11))                   #创建列表
>>> x
[1, 2, 3, 4, 5, 6, 7, 8, 9, 10]

>>> reduce(lambda m,n:m+n,x)              #reduce 使用 lambda 表达式求和
55                                        #相当于用循环求 1~10 的累加和
>>> sum(list(range(1,11)))                #这个是用 sum()求列表元素值之和
55

>>> def add1(m,n):                        #自定义函数
    return m+n

>>> reduce(add1,x)                        #reduce 使用自定义函数求列表元素值之和
55
```

使用 reduce()函数和 lambda 表达式(匿名函数)的组合能够起到意想不到的作用，在学习过程中要努力学会使用这种组合，促进 Python 程序设计水平的进一步提高。

(3) filter()函数。filter()函数是一个内置函数，不需要导入任何模块即可使用，该函数的作用是将一个单参数函数作用于一个序列之上，依次对照单参数函数判断序列中每一个元素，如果值为 True，则返回这些符合条件元素的 filter 对象(相当于条件过滤)。

```
>>> def digit1(m):                            #自定义函数
    return m.isdigit()                        #测试元素是不是数字
```

```
>>> s=['1','abc','25','&','9']
>>> filter(digit1,s)                          #返回 filter 对象
<filter object at 0x000002305F6B5160>
>>> list(filter(digit1,s))                    #把 filter 对象转换为列表对象
['1', '25', '9']
>>> s
['1', 'abc', '25', '&', '9']                  #原列表 s 值没有变化

>>> [ m for m in s if m.isdigit()]            #使用列表解析式实现 filter()函数功能
['1', '25', '9']

>>> list(filter(lambda m:m.isdigit(),s))      #使用 lambda 表达式实现相同功能
['1', '25', '9']
```

5) enumerate()函数

内置函数 enumerate()用于将一个可遍历的数据对象(如列表、元组或字符串)组合为一个索引序列，同时列出数据和数据下标，常用在 for 循环结构中来实现特定的功能，请看下面的例子。

enumerate()函数的语法格式如下：

```
enumerate(sequence, [start=0])
```

参数说明：

(1) sequence：表示一个序列、迭代器或其他支持迭代对象。

(2) start：为序列下标起始位置。

返回值：返回 enumerate(枚举)对象。

```
>>> x=[1,2,3,4,5]                          #创建列表
>>> enumerate(x)                           #枚举列表元素，返回 enumerate 对象
<enumerate object at 0x000002305F684CA8>
>>> list(enumerate(x))                     #转换列表、元组或集合
[(0, 1), (1, 2), (2, 3), (3, 4), (4, 5)]
                                           #enumerate()函数在 for 循环语句中的应用
>>> list1=['q','u','s','t']
>>> for i,x in enumerate(list1):              #枚举出所有对象，然后输出
        print('第'+str(i+1)+'个元素=：',x)
```

输出结果如下：

```
第 1 个元素=： q
第 2 个元素=： u
第 3 个元素=： s
第 4 个元素=： t
```

说明：上面的例子是 enumerate()函数在循环语句中的妙用，这里列出来可能初学者不太明白，随着后续章节的学习，会进一步加深理解，提高自己的程序设计水平。

6) any () 和 all () 函数

any () 函数用于测试列表中是否有等价于 True 的元素，有则返回 True，否则返回 False；all () 函数用于测试列表中是否所有元素都等价于 True，如果所有元素都等价于 True，则返回 True，否则返回 False。举例如下：

```
>>> x=[2,0,1,3,5,4,7]
>>> all(x)                                   #测试是否所有元素都等价于 True
False                                        #元素 0 不等价于 True，所以返回 False
>>> y=list(range(1,11))
>>> all(y)                                   #所有元素都等价于 True
True

>>> any(x)                                   #所有元素都等价于 True
True
>>> any(y)                                   #所有元素都等价于 True
True
```

2. 列表解析式

Python 程序设计中使用了很多新的技术，而且有着鲜明的特色，列表解析式就是其中之一，列表解析式也称为列表推导式，其主要功能是使用列表解析式对列表或者其他可迭代对象中的元素进行遍历、过滤或计算，并快速生成符合特定需求的新列表，其主要特点有以下几点。

(1) 代码简洁，可读性强。

(2) Python 内部具有对列表解析式的自动优化，运行速度快。

(3) 是 Python 推荐使用的程序设计技术之一。

列表解析式在逻辑上相当于一个循环语句(for 循环)，形式上更加简洁，列表解析式的完整语法格式为：

```
[表达式 for 表达式 1   in   序列 1   [if 条件表达式 1]
        for 表达式 2   in   序列 2   [if 条件表达式 2]
        for 表达式 3   in   序列 3   [if 条件表达式 3]
                 …
        for 表达式 n   in   序列 n   [if 条件表达式 n] ]
```

列表解析式完整语法格式较为复杂，初学者可以首先掌握列表解析式下面常用的简单格式就可以，该格式如下：

```
[表达式 for 迭代变量 in 序列或可迭代对象  [if 条件表达式] ]
```

上述格式中，[if 条件表达式]是可选项，根据实际需求选择使用，也可以省略。通过列表解析式的简单语法格式，可以看出它和高级语言的 for 循环语句存在关联。实际应用中，除去 [if 条件表达式] 部分，其余各部分的含义以及执行顺序和 for 循环是完全一样的(表达式其实就是 for 循环中的循环体部分)，即它的执行顺序如下：

```
for 迭代变量 in 序列或可迭代对象:
    表达式
```

初学者通常认为列表解析式只是对 for 循环语句的格式做了一下简单有效的变形，并用中括号[ ]括起来而已，其实不然，列表解析式的最终功能是将循环过程中计算该表达式得到的一系列值组成一个新列表，即列表解析式的目标是建立一个新列表，举例如下：

```
>>> list1=[x+x for x in range(1,11)]         #列表解析式，表达式是 x+x
>>> list1                                    #range(1,11)相当于序列[1,2,3,4,5,
                                              6,7,8,9,10]
[2, 4, 6, 8, 10, 12, 14, 16, 18, 20]         #返回一个新的列表
```

上面的列表解析式的作用相当于下面的循环语句：

```
>>> list1=[]                                 #定义空列表
>>> for x in range(1,11):                    #for 循环
        list1.append(x+x)                    #循环体

>>> list1                                    #输出结果与列表解析式一样
[2, 4, 6, 8, 10, 12, 14, 16, 18, 20]
```

再看下面一个例子：

```
>>> str1=['qingdao','weifang','yantai']      #创建列表 str1
>>> list2=[x.upper() for x in str1]          #列表解析式，upper()函数是转换为大写
>>> list2                                    #输出新列表 list2
['QINGDAO', 'WEIFANG', 'YANTAI']             #字符全部大写的新列表
```

上面的列表解析式等价于下面的循环语句：

```
>>> list2=[]
>>> for x in str1:                               #用 for 循环语句实现
        list2.append(x.upper())

>>> list2                                        #输出新列表
['QINGDAO', 'WEIFANG', 'YANTAI']
>>> list2=list(map(lambda x: x.upper(),str1))    #等价于 lambda 表达式应用
>>> list2
['QINGDAO', 'WEIFANG', 'YANTAI']
>>> str1                                         #所有操作对 str1 没有影响
['qingdao', 'weifang', 'yantai']
```

上面的列表解析式还可以等价于：

```
>> list2=list(map(str.upper,str1))   #这里 str.upper 是固定格式，表示字符串转换为
                                     #大写格式
>>> list2                            #输出结果，依然相同
['QINGDAO', 'WEIFANG', 'YANTAI']
```

说明：列表解析式的应用非常广泛，功能也很强大，也是 Python 中的学习难点之一，只有在漫长的实践过程中才能领会，才能游刃有余，后面将结合其他章节内容学习列表解析式的应用。

3. 列表的切片操作

Python 程序设计过程中，经常会遇到从某个对象中抽取部分值的情况，切片操作正是专门用于完成这一操作的有力武器。虽然切片操作的基本语法比较简单，但如果不彻底搞清楚内在逻辑，也极容易产生错误，而且这种错误有时隐蔽得比较深，难以察觉。

切片如同列表解析式一样，也是 Python 序列的重要操作之一，适用于列表、字符串和 range 对象，但是其应用最广泛的就是列表的切片操作，该操作功能非常强大，归纳起来有以下几点。

(1) 截取列表中符合条件的部分，并将截取部分作为一个新的列表。

(2) 通过切片操作可以为列表对象添加元素。

(3) 通过切片操作可以修改或删除列表中部分元素。

Python 可切片对象的索引方式包括正索引和负索引两部分，如表 3.3 所示。

表 3.3　列表切片的索引与方向

列表	以列表 x=[1,2,3,4,5,6,7,8,9,10]为例									
方向	→从左向右						从右向左←			
正索引	0	1	2	3	4	5	6	7	8	9
负索引	–10	–9	–8	–7	–6	–5	–4	–3	–2	–1
值	1	2	3	4	5	6	7	8	9	10
位置	↑									↑
	起点									终点

切片的语法形式如下：

```
Object[start : end : step]
```

其中，包括三个参数，形式上这三个参数都是用冒号(:)分隔的，关于这三个参数的说明如下。

start：表示起始索引(包含该索引本身)，即切片开始的位置，默认值为 0；该参数省略时，表示从对象“端点”开始取值，至于是从“起点”还是从“终点”开始，则由 step 参数的正负决定，step 为正从“起点”开始，为负从“终点”开始。

end：表示终止索引，为切片截止之前的位置，但不包括 end 这个位置，默认值为列表长度；该参数省略时，表示一直取到数据“端点”，至于是到“起点”还是到“终点”，同样由 step 参数的正负决定，step 为正时到“终点”，为负时到“起点”。

step：为切片的步长值，正负数均可，其绝对值大小决定了切取数据时的步长，而正负号决定了切取方向，正表示从左往右取值，负表示从右往左取值。当 step 省略时，默认值为 1，即从左往右以增量 1 取值。对于初学者，切取方向非常重要，一定要牢牢掌握。

这三个参数值为默认值时均可以省略。

1) 使用切片获取列表的部分元素

切片对列表的操作可以获取列表中满足条件的部分元素且生成一个新列表，切片操作具有较强的鲁棒性，不会因为下标越界而抛出异常，而是在列表尾部截断或者返回一个空列表。比较起来，使用索引作为下标访问列表元素的方法越界时会抛出异常。

```
>>> list1=list(range(1,11))
```

```
>>> list1
[1, 2, 3, 4, 5, 6, 7, 8, 9, 10]
>>> list1[::-1]                         #返回列表 list1 的逆序新列表
[10, 9, 8, 7, 6, 5, 4, 3, 2, 1]
>>> list1                               #原列表 list1 没有变化
[1, 2, 3, 4, 5, 6, 7, 8, 9, 10]
>>> list2=list1[1::3]                   #列表起始位为 0，切片起始位为 1，步长为 3
>>> list2                               #隔两个取一个元素
[2, 5, 8]
>>> list3=list1[1::2]                   #列表起始位为 0，切片起始位为 1，步长为 2
>>> list3                               #隔一个取一个，获取奇数位的元素
 [2, 4, 6, 8, 10]
>>> list4=list1[::2]                    #从 0 位开始，隔一个取一个，获取偶数位的元素
>>> list4
[1, 3, 5, 7, 9]

>>> list1[0:15]                         #list1 的长度为 10，切片结束位置大于列表长度时
[1, 2, 3, 4, 5, 6, 7, 8, 9, 10]         #从列表尾部截断，不返回异常
>>> list1[15:20]                        #切片位置越界，返回空列表
[]
>>> len(list1)                          #列表长度为 10
10
>>> list1[11]                           #越界抛出异常
IndexError: list index out of range
>>> list1[11:]                          #越界不抛出异常，返回空列表
[]

>>> list1[-11:3]                        #切片进行阶段处理
[1, 2, 3]
>>> list1[4:-10:-1]                     #位置 4 在-10 的右侧，-1 则表示反向切片
[5, 4, 3, 2]
>>> list1[3:-6]                         #位置 3 在-6 的左侧，正向切片
[4]
>>> list1[3:-5]
[4, 5]

>>> list1[::]                           #返回元列表所有元素的新列表
[1, 2, 3, 4, 5, 6, 7, 8, 9, 10]
```

2)切片对列表元素的操作

切片对列表元素的操作主要包括添加(增加)元素、替换和修改元素和删除元素等。

(1)添加列表元素。

```
>>> l1=[1,2,3,4,5,6]
>>> len(l1)                             #返回列表长度
6
>>> l1[6:]=[7]                          #在列表尾部添加元素，相当于 l1[len(l1):]=[7]
>>> l1
```

```
[1, 2, 3, 4, 5, 6, 7]
>>> l1[:0]=[0]                        #在列表头部添加元素
>>> l1
[0, 1, 2, 3, 4, 5, 6, 7]

>>> l1[5:5]=[55]                      #在列表中间位置插入元素
>>> l1
[0, 1, 2, 3, 4, 55, 5, 6, 7]
```

(2)替换和修改列表元素。

```
>>> a1=[1,2,3,4,5,6]
>>> a1[:4]=[11,22,33,44]              #列表前四项替换
>>> a1
[11, 22, 33, 44, 5, 6]                #前四项被替换
>>> a1[:1]=[111]                      #列表第一项替换
>>> a1
[111, 22, 33, 44, 5, 6]

>>> a1[2:2]=[222]*2                   #增加列表元素
>>> a1
[111, 22, 222, 222, 33, 44, 5, 6]
>>> a1[::2]=[99]*(len(a1)//2)         #替换列表元素，这个例子中列表长度必须为偶数
>>> a1
[99, 22, 99, 222, 99, 44, 99, 6]      #偶数项 0，2，4，6 元素被替换为 99
```

(3)删除列表元素。

```
>>> b1=[1,2,3,4,5,6]
>>> del b1[:4]                        #删除列表元素，前四个元素被删除了
>>> b1
[5, 6]
>>> del b1                            #删除列表对象
>>> b1                                #因为列表已经被删除了，所以抛出异常提示
NameError: name 'b1' is not defined
```

3)切片操作返回列表的浅拷贝

```
>>> a1=[1,2,3,4,5]
>>> b1=[1,2,3,4,5]
>>> id(a1),id(b1)                     #a1 与 b1 不是指向同一个内存
(1531281313736, 1531241422344)        #指向不同的地址
>>> a1 is b1                          #两个列表不是同一个对象
False

>>> c1=[1,2,3,4,5]
>>> d1=c1                             #c1 赋值给 d1
>>> id(c1),id(d1)                     #a1 与 b1 指向同一个内存
(1531281416520, 1531281416520)        #a1 与 b1 地址相同
```

```
>>> c1 is d1                                  #两个列表是同一个对象
True

>>> b1[2]=22                                  #修改 b1，a1 不变
>>> a1
[1, 2, 3, 4, 5]
>>> b1
[1, 2, 22, 4, 5]

>>> c1[3]=33                                  #修改 c1，d1 也同步改变
>>> c1
[1, 2, 3, 33, 5]
>>> d1                                        #d1 也同步改变
[1, 2, 3, 33, 5]
```

切片操作的例子很多，需要慢慢理解和领会。在学习过程中，应多实践练习，一边看书思考，一边在 IDLE 环境下操作练习，这样可以加深对每个例子的理解。只有多练习才会融会贯通。

3.3 元组：轻型列表

元组是 Python 序列对象的一种，通常又称为轻量级的列表，众所周知，列表是一种功能强大的序列，缺点是操作负担较重，影响了系统的运行效率。元组就是一种特殊的列表，其表现形式是用一对圆括号()存放元素，元素之间也是用逗号“,”来分隔，记住：如果元组只有一个元素，后面也必须有一个逗号。

3.3.1 元组的创建与元素的访问

1)赋值创建元组

Python 元组的赋值创建有两种方法可以使用，分别是直接赋值创建元组和间接赋值创建元组，具体操作方法如下。

(1)直接赋值创建元组：把一个元组对象直接赋值给一个变量，则创建了一个元组。举例如下：

```
>>> x=(1,2,3,4,5)                             #赋值给变量 x，直接创建一个元组
>>> type(x)                                   #查看 x 类型
<class 'tuple'>
>>> x                                         #查看元组 x 的结果
 (1, 2, 3, 4, 5)
```

创建一个空元组，有两种方法：

```
>>>x=()                                       #创建空元组方法一
>>>y=tuple()                                  #创建空元组方法二
>>> x
()                                            #空元组
```

```
>>> y
()                                          #空元组
>>> type(x), type(y)
<class 'tuple'>    <class 'tuple'>          #元组类型
```

(2)间接赋值创建元组：先直接赋值创建一个元组，然后通过变量赋值，把已经创建好的元组赋值给一个变量，举例如下：

```
>>> x=(1,2,3,4,5)                           #直接创建元组
>>> id(x)
1903077038920
>>> y=x                                     #间接创建了元组 y
>>> y
(1, 2, 3, 4, 5)
>>> id(y)                                   #元组 y 和 x 的地址相同
1903077038920
>>> z=(9,)                                  #创建只有一个元素的元组，注意后面的逗号
>>> z
(9,)
```

2)将其他迭代对象转换为元组

在 Python 中，除了赋值创建元组之外，还可以将一些迭代对象转换为元组，也是创建元组的一种常用方法。例如：

```
>>>tuple(range(10))                         #把迭代对象 range(10)转换为元组
(0,1,2,3,4,5,6,7,8,9)
```

说明：上面的两大类方法广义上都是直接创建元组，除此之外，很多内置函数的返回值也是包含元组的可迭代对象，同样可以创建元组。

3)通过内置函数的返回值创建元组

有些内置函数的返回值是包含了若干元组的可迭代对象，因此通过内置函数的返回值也可以创建元组，如 zip()和 enumerate()等。

```
>>> x=list(zip(range(1,10),'abcdefghij'))          #列表对象中包含元组
>>> x                                              #列表 x 中元素均是元组
[(1, 'a'), (2, 'b'), (3, 'c'), (4, 'd'), (5, 'e'), (6, 'f'), (7, 'g'), (8, 'h'),
(9, 'i')]
>>> type(x)                                        #x 是列表
<class 'list'>

>>> y=tuple(list(zip(range(1,10),'abcdefghij')))   #创建元组
>>> y
((1, 'a'), (2, 'b'), (3, 'c'), (4, 'd'), (5, 'e'), (6, 'f'), (7, 'g'), (8, 'h'),
(9, 'i'))
>>> type(y)                                        #y 是元组
<class 'tuple'>

>>> x=list(enumerate(range(3)))
```

```
>>> x
[(0, 0), (1, 1), (2, 2)]
>>> y=tuple(list(enumerate(range(3))))
>>> y                              #y 是元组
((0, 0), (1, 1), (2, 2))
```

4)元组的下标与元素访问

元组的下标是从 0 开始的，如果元组中只有一个元素，则必须在最后增加一个逗号，如(7,)。

```
>>>x=(1,2,3,4,5,6,7,8,9)          #创建元组
>>>type(x)                         #使用 type()函数查看变量的类型
<class 'tuple'>                    #x 的类型是元组
>>>x[0]                            #元组元素下标从 0 开始，使用[]和下标访问元组元素
1

>>>x=(6)                           #注意：缺少逗号就不是元组，这样数值如同 x=6 一样
>>>x
6
>>>x=(6,)                          #创建单元素元组，后面的逗号不可缺少
>>>x
(6,)                               #如果元组对象中只有一个元素，必须在元素后面加上一个逗号
```

3.3.2 列表与元组的比较

列表是动态数组，是可变序列，可以重设长度改变其内部元素的个数。

元组是静态数组，是不可变序列，且其内部数据一旦创建便无法改变，元组缓存于 Python 运行时环境，这意味着每次使用元组时无须去访问内核分配内存。

1)列表和元组均属于有序序列

列表和元组都支持使用双向索引访问其中的元素，都可以使用方法 count()和 index()来计数元素个数和获取元素的索引，均可以使用+、+=、*、in 等运算符进行相关操作，也可以使用 filter()、map()、len()等内置函数进行操作，但是列表和元组在内部实现上存在很大差异。

2)元组属于不可变序列

元组不可以直接修改元组中元素的值，也无法为元组增加或删除元素，因此元组也称为“常量列表”。元组没有提供 append()、insert()、extend()、remove()、pop()等操作方法，也不支持 del 的删除元素操作，只能用 del 命令删除整个元组。元组支持切片操作，可以通过切片访问元组的元素，而不能通过切片增加、修改或删除元组的元素。

3)元组访问速度比列表快

由于 Python 内部实现对元组做了大量优化，因此访问速度更快。在一些场合下如果仅仅需要一些常量值供遍历或类似用途，不需要对元素做修改，这种场合最好用元组，如此程序代码更加安全。元组是不可变序列，因此可以作为字典中的键，也可以作为集合的元素。

4)元组可以作为集合的元素，也可以作为字典的键

列表是可变序列，元组是不可变序列，因此元组与整数、字符串一样，可作为集合的元素，也可以作为字典的键，列表不能作为字典的键，也不能作为集合的元素。

5) 可哈希性

元组、数字和字符串是可哈希的，列表是不可哈希的。内置函数 hash() 可以用来测试对象是否可以哈希，如果对象不可以哈希则抛出异常提示。

列表和元组既有共同点，也有不同点，在实际使用时要注意区别不同场合使用，尽量发挥各自的优点，提高程序的运行效率。

知识点拓展：

(1) 什么是可哈希 (hashable)？

简单地说，可哈希的数据类型，即不可变的数据结构(字符串、元组、对象集)。

(2) 哈希有什么作用？

它是一个将大体量数据转化为很小数据的过程，甚至可以仅仅是一个数字，以便我们在固定的时间复杂度下查询它，所以，哈希对高效的算法和数据结构很重要。

(3) 什么是不可哈希 (unhashable)？

同理，不可哈希的数据类型，即可变的数据结构(如字典、列表、集合)，举例说明如下：

```
>>> x=[1,2,3,4,5]                          #创建列表
>>> type(x)
<class 'list'>
>>> hash(x)                                #列表不可哈希，抛出异常
TypeError: unhashable type: 'list'

>>> y=(1,2,3,4,5)                          #创建元组
>>> type(y)
<class 'tuple'>
>>> hash(y)                                #元组(以及数字、字符串)可以哈希
8315274433719620810
```

3.3.3　生成器表达式

生成器表达式 (generator expression) 也称为生成器推导式，在表现形式上生成器表达式使用圆括号 () 作为界定符，生成器表达式的结果也是一个生成器对象。有关生成器表达式与列表解析式的区别如表 3.4 所示。

表 3.4　生成器表达式与列表解析式的区别

生成器表达式/列表解析式	界定符	结果(返回值)	适用场合
生成器表达式	圆括号 ()	生成器对象	大数据处理
列表解析式	方括号 [ ]	一个新的列表	一般数据处理

生成器表达式是按需计算的(或称惰性求值、延迟计算)，即在需要的时候才计算该值，而列表解析式是立即返回值。生成器是一个迭代器，也是可迭代对象。

生成器对象类似于迭代器对象，具有惰性求值的特点，只在需要时才生成新的元素，比列表解析式占用空间小，并且具有更高的效率，适合用于大数据处理领域。

1) 生成器表达式的语法

生成器表达式的语法格式：

```
(返回值 for 元素 in 可迭代对象 if 条件)
```

生成器表达式的语法类似于列表解析式，只是把其中的中括号[]换成小括号()了，它返回的是一个可迭代的生成器对象。

2) 生成器表达式应用举例

当创建一个生成器对象的时候，可以将该对象转换为列表或者元组，对生成器对象的遍历以及元素的访问归纳以下几点：

① 用 for 循环语句对生成器对象进行遍历；

② 用内置函数 next() 对生成器对象进行遍历；

③ 用__next__() 方法对生成器对象进行遍历；

④ 生成器对象只能从前向后正向访问元素；

⑤ 不支持用下标访问其中的元素；

⑥ 当所有元素访问结束后，如果需要重新访问其中元素，必须**重新**创建生成器对象；

⑦ zip()、map()、filter()、enumerate()等 Python 对象也具有同样的特点，另外 yield 语句的函数也可以创建生成器对象。

(1) 创建生成器对象。使用直接赋值法创建生成器对象，生成器对象具有一次性特点，即生成器对象被遍历过之后，就没有元素了，称为空对象，无法直接进行第二次遍历。举例如下：

```
    >>> g1=((i+1)**2 for i in range(20))                #创建生成器对象 g1
    >>> g1
    <generator object <genexpr> at 0x000001D0E7D824C0> #g1 的结果
    >>> list(g1)                                        #将生成器对象 g1 转换为列表
    [1, 4, 9, 16, 25, 36, 49, 64, 81, 100, 121, 144, 169, 196, 225, 256, 289, 324,
361, 400]
    >>> tuple(g1)                   #将生成器对象 g1 转换为元组
    ()                              #因为生成器对象已经遍历完了，没有元素了，所以生成空元组

    >>> g1=((i+1)**2 for i in range(20))                #重新生成生成器对象
    >>> tuple(g1)                                       #将生成器对象 g1 转换为元组
    (1, 4, 9, 16, 25, 36, 49, 64, 81, 100, 121, 144, 169, 196, 225, 256, 289, 324,
361, 400)
    >>> tuple(g1)
    ()                                                  #已经遍历过了，再次遍历返回
                                                         空元组
```

(2) 获取对象元素。使用生成对象的__next__() 方法或者内置函数 next() 可以实时获取对象中的元素，它是按顺序获取元素的，无法随机获取元素。

```
    >>> g1=((i+1)**2 for i in range(20))        #创建生成器对象
    >>> tuple(g1)                               #转换为元组
    (1, 4, 9, 16, 25, 36, 49, 64, 81, 100, 121, 144, 169, 196, 225, 256, 289, 324,
361, 400)
    >>> tuple(g1)                               #生成器对象已经遍历完了，没有对象了
    ()                                     #返回空元组
```

```
>>> g1=((i+1)**2 for i in range(20))
>>> g1.__next__()                          #使用生成器对象的__next__()方法获取元素
1
>>> g1.__next__()
4
>>> next(g1)                               #使用内置函数next()获取元素
9
>>> tuple(g1)                              #返回剩下的元素，元素1，4，9已经遍历过了
(16, 25, 36, 49, 64, 81, 100, 121, 144, 169, 196, 225, 256, 289, 324, 361, 400)
>>> list(g1)                               #所有元素都被遍历过了，返回空列表
[]
```

(3)遍历生成器对象的元素。如果需要访问生成器对象中的某一个元素，可以使用循环语句遍历生成器对象中的每一个元素。

```
>>> g1=((i+1)**2 for i in range(20))      #创建生成器对象
>>> for element in g1:                     #使用循环语句遍历元素
    print(element,end="  ")                #使用空格分隔
```

按回车键执行结果如下：

```
1  4  9  16  25  36  49  64  81  100  121  144  169  196  225  256
289  324  361  400
```

不管用哪种方法遍历生成器对象，该对象只能遍历一次，再次遍历该对象，无返回值，因此如果需要在此使用该对象，需要重新创建。

3.4 键与值的映射：字典

字典(Dictionary)是一个大家都比较熟悉的名词，从小学开始就需要查阅字典，Python的字典和平时汉语字典的字典含义存在较大区别。汉语字典是多对一、多对多的关系。而Python字典是一对一的关系，Python字典是无序可变序列对象，形式上是由若干“键:值”(key:value)对组成的元素组成的，是一种映射对应关系，这种关系也称为关联数组。字典元素之间也是用逗号分隔的，所有元素包含在一对大括号{}之中。

Python字典中的键是查询关键字，键是唯一的，不允许重复，字典中的值则可以多次重复，键可以是整数、实数、复数、字符串、元组等Python中任意不可变以及可哈希的数据，但是集合、列表、字典或其他可变类型数据不可以作为字典的键。

3.4.1 字典的创建

字典对象的创建可以有多种方法，归纳起来有以下几种。

1)使用赋值符号直接创建字典

使用赋值运算符“=”把字典赋值给一个变量，即可以直接创建一个字典对象。举例如下：

```
>>> d1={1:"q",2:"i",3:"n",4:"g",5:"d",6:"a",7:"o"} #赋值给变量 d1，创建字典
>>> type(d1)                                      #测试类型
<class 'dict'>
>>> d1
{1: 'q', 2: 'i', 3: 'n', 4: 'g', 5: 'd', 6: 'a', 7: 'o'}

>>> list(d1)                                      #用字典的键创建列表
[1, 2, 3, 4, 5, 6, 7]
>>> list(d1.values())                             #用字典的值创建列表
['q', 'i', 'n', 'g', 'd', 'a', 'o']
```

2) 使用内置函数 dict() 创建字典

```
>>> keys=[1,2,3,4,5,6,7]
>>> values=list("qingdao")                           #把字符串转为列表
>>> values
['q', 'i', 'n', 'g', 'd', 'a', 'o']
>>> d2=dict(zip(keys,values))                        #内置函数 dict 创建字典
>>> d2
{1: 'q', 2: 'i', 3: 'n', 4: 'g', 5: 'd', 6: 'a', 7: 'o'}
>>> type(d2)                                         #返回字典类型
<class 'dict'>

>>> d2=dict(stuid="2020010101",stuname="Wangdashan")  #依据"键:值"对创建
>>> d2                                               #字典由学号和姓名组成对
{'stuid': '2020010101', 'stuname': 'Wangdashan'}
```

下面的例子是创建值为空(None)的字典：

```
>>> a1=["stuid","stuname","sex","score"]    #创建列表
>>> d3=dict.fromkeys(a1)                    #创建值为空 None 的字典
>>> d3
{'stuid': None, 'stuname': None, 'sex': None, 'score': None}    #值为空
```

3.4.2　字典与字典元素的操作

1) 字典元素的访问

Python 字典是“键:值”对的集合，每个元素都表示一种映射关系或对应关系，键是唯一的，因此可根据提供的键作为下标访问字典中该键对应的元素的值，如果字典中不存在这个键，系统则抛出异常。

```
>>> adict={'name':'renzhikao','age':52,'sex':'male','score':[99,98,100]}
>>> adict['name']
'renzhikao'
>>> adict['tel']                         #没有 tel 这个键，所以抛出异常
KeyError: 'tel'
```

为了使程序具有更高的健壮性，避免程序运行时引发异常导致系统崩溃，在使用字典下标(键)访问字典元素时，可以使用条件语句或者其他异常处理结构来完善优化程序结构。

```
>>> if 'tel' in adict:                    #使用条件语句判定是否存在指定的"键"
        print(adict['tel'])
    else:                                 #不存在则立即输出提示，而不是自动抛出异常
        print("不存在'tel'这个键")
```

按回车键运行结果如下：

```
不存在'tel'这个键
```

另外，字典对象的 get()方法用来返回指定键所对应的元素的值。语法格式如下：

```
xdict.get(keys[, info])
```

其中，xdict 为字典对象，keys 为键，info 为当键 keys 不存在时的提示信息，info 为可选项。

例如：

```
>>> adict={'name':'renzhikao','age':52,'sex':'male','score':[99,98,100]}
                                          #创建字典
>>> adict.get('age')                      #get()方法取键对应的值
52
>>> adict.get('address','该元素键不存在！')  #键不存在时给出提示信息
'该元素键不存在！'                           #键 address 不存在
```

2)添加字典元素

可以使用下标在字典对象尾部追加字典元素(有时候是无顺序添加，使用字典不需要太关注元素的顺序)，也可以使用 update()方法和 setdefault()方法给字典添加新的元素。

```
>>> d1={1:"q",2:"i",3:"n",4:"g",5:"d",6:"a",7:"o"}
>>> d1[8]="laoshanqu"                     #添加新的元素
>>> d1
{1: 'q', 2: 'i', 3: 'n', 4: 'g', 5: 'd', 6: 'a', 7: 'o', 8: 'laoshanqu'}
d1[0]="科大信息学院"                        #添加新元素，有时候顺序不固定
>>> d1
{1: 'q', 2: 'i', 3: 'n', 4: 'g', 5: 'd', 6: 'a', 7: 'o', 8: 'laoshanqu', 0:
'科大信息学院'}
```

字典对象的 setdefault()方法可以查询返回指定键对应的值，如果字典中不存在该键，则添加一个新元素，该键对应的值默认为 None。接着上面的内容举例说明如下：

```
>>> d1.setdefault(1)                      #查询取某一个键对应的值
'q'
>>> d1.setdefault(99)                     #键 99 不存在，则添加新元素
>>> d1
{1: 'q', 2: 'i', 3: 'n', 4: 'g', 5: 'd', 6: 'a', 7: 'o', 8: 'laoshanqu',
0: '科大信息学院', 99: None}
```

3)修改字典元素

字典元素的修改时只能修改键：值对中的值，可以先通过键定位，然后修改对应的值，也可以通过 update()方法修改字典元素的值。记住一点，即字典元素的键是无法修改的，如果必须修改某一个键，只能先删除该键对应的字典元素，然后添加新的元素，实质上起到了

修改某个字典元素键的功能。

```
>>> d1={1:"q",2:"i",3:"n",4:"g",5:"d",6:"a",7:"o"}
>>> d1[1]="shandong q"                  #修改键为 1 的现有字典元素的值
>>> d1
{1: 'shandong q', 2: 'i', 3: 'n', 4: 'g', 5: 'd', 6: 'a', 7: 'o'}
```

字典对象的 update()方法可以同时修改元素或添加新的元素。

```
>>> d2={1:"a",2:"b",3:"k",4:"d"}
>>> d2
{1: 'a', 2: 'b', 3: 'k', 4: 'd'}

>>> d2.items()                          #返回所有元素
dict_items([(1, 'a'), (2, 'b'), (3, 'k'), (4, 'd')])
>>> d2
{1: 'a', 2: 'b', 3: 'k', 4: 'd'}

>>> d2.update({3:"c",5:"e"})            #修改键为 3 的值，添加键为 5 的新元素
>>> d2
{1: 'a', 2: 'b', 3: 'c', 4: 'd', 5: 'e'}
```

4)删除字典元素

删除字典中的元素可以使用 del 命令和字典对象方法，主要有 pop()、popitem()和 clear()等方法，其中 pop()方法和 popitem()方法可以弹出并删除指定的字典元素；clear()方法则用于清空字典中的所有元素。

(1)使用 del 命令删除字典元素。

```
>>> y={1:'q',2:'u',3:'s',4:'t'}
>>> y
{1: 'q', 2: 'u', 3: 's', 4: 't'}
>>> del y[3]                            #删除指定键对应的元素
>>> y
{1: 'q', 2: 'u', 4: 't'}
```

(2)字典对象的 pop()方法和 popitem()方法。字典对象的 pop()方法和 popitem()方法可以弹出并删除指定的元素。

```
>>> x=dict()                            #创建空字典
>>> x['name']='QUST'                    #添加元素
>>> x['address']='songling road'        #添加元素
>>> x['age']='60'                       #添加元素
>>> x
{'name': 'QUST', 'address': 'songling road', 'age': '60'}

>>> x.pop('address')                    #弹出键对应的字典元素
'songling road'
```

```
>>> x.popitem()                    #弹出顶端元素
('age', '60')
>>> x
{'name': 'QUST'}
```

注意：字典对象的 pop()方法与列表对象的 pop()方法的作用完全不同，请注意区分比较，不要混淆。

(3) 字典对象的 clear()方法。

clear()方法用来清除字典中的所有数据，因为是原地操作，所以返回值为 None(也可以理解为没有返回值)。

```
>>> d1= {'key':'value'}            #创建字典
>>> a=d1                           #引用字典 d1
>>> a
{'key': 'value'}
>>> d1.clear()                     #清空字典中所有元素
>>> d1,a                           #当原字典被引用时，想清空原字典中的元素，用
                                    clear()方法
({}, {})                           #a 字典中的元素也同时被清除了
```

3.4.3　与字典有关的类

Python 标准库中提供了很多扩展功能，极大地提高了程序设计的效率。这里主要介绍 Python 标准库 connections 中 OrderedDict 类、defaultdict 类和 Counter 类的功能与应用。

1) OrderedDict 类

Python 内置字典对象是无序的，如果需要一个可以记住元素插入顺序的字典，即创建一个有序的字典对象可以使用 collections.OrderedDict 来实现。例如：

```
>>> import collections as coll     #导入标准库，命名别名为 coll
>>> a=coll.OrderedDict()           #创建有序空字典
>>> a
OrderedDict()

>>> a[1]='q'                       #添加元素
>>> a[2]='u'
>>> a[3]='s'
>>> a[4]='t'
>>> a
OrderedDict([(1, 'q'), (2, 'u'), (3, 's'), (4, 't')])#有序的字典对象
>>> type(a)
<class 'collections.OrderedDict'>
```

2) defaultdict 类

在 Python 中遍历一个字符串并统计出字符出现频次有多种方法，其中，使用 collections 模块的 defaultdict 类也可以统计字符出现频次。

```
>>> x="jkfajksdhasjkdasahjkasjk"    #创建字符串
>>> from collections import defaultdict     #从标准库中导入模块
>>> fres=defaultdict(int)                   #创建defaultdict对象，所有值默认为0
>>> fres
defaultdict(<class 'int'>, {})
>>> for item in x:                          #循环遍历统计每个字符个数
        fres[item]+=1

>>> fres.items()                            #输出字符对应出现个数
dict_items([('j', 5), ('k', 5), ('f', 1), ('a', 5), ('s', 4), ('d', 2), ('h', 2)])
```

创建 defaultdict 对象时，传递的参数表示字典中值的类型，除了上面代码演示的 int 类型，还可以是任意合法的 Python 类型，例如：

```
>>> from collections import defaultdict
>>> fres1=defaultdict(list)              #创建defaultdict对象，所有值默认为列表list
>>> fres1
defaultdict(<class 'list'>, {})

>>> fres1['name'].append('青岛科技大学')  #可直接为字典fres添加元素
>>> fres1['name'].append('青岛大学')
>>> fres1['score'].append(99)
>>> fres1['score'].append(88)
>>> fres1                                #输出字典，值为列表对象 ，字典值为列表
defaultdict(<class 'list'>, {'name': ['青岛科技大学', '青岛大学'], 'score': [99, 88]})
```

3) Counter 类

collections 模块 Counter 类可以快速实现对频次的统计，可以查找出现次数最多的元素，并且可以提供更多其他的功能。

```
>>>from collections import Counter          #导入模块
>>> x="jkfajksdhasjkdasahjkasjk"            #字符串数值
>>> fres=Counter(x)                         #创建Counter类型对象
>>> fres
Counter({'j': 5, 'k': 5, 'a': 5, 's': 4, 'd': 2, 'h': 2, 'f': 1})
>>> type(fres)
<class 'collections.Counter'>
>>> fres.items()                            #返回字典类的键值对
dict_items([('j', 5), ('k', 5), ('f', 1), ('a', 5), ('s', 4), ('d', 2), ('h', 2)])
>>> type(fres.items())                      #判断类型
<class 'dict_items'>
>>> fres.most_common(1)                     #返回出现次数最多的一个字符及其频率
[('j', 5)]
>>> fres.most_common(3)                     #返回出现次数最多的前3个字符及其频率
[('j', 5), ('k', 5), ('a', 5)]
```

3.5 无法重复的元素：集合

3.5.1 集合基础知识

集合是Python中的无序序列对象之一，定界符为一对大括号{}，字典的定界符也是一对大括号，但元素是键值对，要注意区分。集合元素之间用逗号分隔，同一个集合内的每一个元素都是唯一的，元素之间不允许重复。集合的元素遵循以下规则。

(1)集合中的元素可以包含数字、字符串、元组等不可变类型(或者说可哈希)的数据。

(2)集合中的元素不可能包含列表、字典和集合等可变类型的数据。

为了判定哪些对象可以作为集合的元素，Python提供了一个内置函数hash()，该函数可以用来计算一个对象的哈希值，凡是无法计算哈希值而抛出异常的对象均不能作为集合的元素，同理也不能作为字典对象的键。

1)创建集合对象

(1)直接赋值创建集合对象。如下所示：

```
>>> set1={1,2,3,4,5}                    #创建集合对象
>>> type(set1)                          #测试类型
<class 'set'>
>>> set2=set1                           #创建集合对象
>>> set2
{1, 2, 3, 4, 5}
>>> id(set1),id(set2)                   #两个集合地址相同
(2590404073736, 2590404073736)
```

(2)使用函数set()创建集合。使用内置函数set()可以将列表、元组、字符串或range()等其他可迭代对象转换为集合，即间接创建了集合，在转换过程中重复的元素只保留一个。如果原来的序列或者可迭代对象中存在不可哈希的值，set()函数则无法将其转为集合，抛出异常提示。

```
>>> set1=set(range(1,11))               #创建集合，使用range对象
>>> set1
{1, 2, 3, 4, 5, 6, 7, 8, 9, 10}
>>> set2=set(zip("abcd"))               #创建集合
>>> set2
{('c',), ('b',), ('d',), ('a',)}        #集合元素是元组，注意这种形式
>>> set3=set([1,2,3,4,5,6,3,2])         #把列表对象转化为集合，去掉重复元素，消除冗余
>>> set3
{1, 2, 3, 4, 5, 6}
```

(3)使用集合解析式生成集合。除了使用上述两种方法创建集合对象之外，还可以使用集合解析式快速创建集合，集合解析式又称为集合推导式，界定符为大括号{ }，应用举例如下：

```
>>> set2={str(i) for i in range(1,11)}                  #集合解析式创建集合
>>> set2
```

```
{'1', '4', '3', '5', '2', '8', '7', '6', '10', '9'}    #range 对象中的元素以字符串形式创建集合
>>> set3={int(i) for i in range(1,11)}                  #以整数形式创建集合
>>> set3
{1, 2, 3, 4, 5, 6, 7, 8, 9, 10}
```

2) 删除集合对象

当一个集合使用完成之后，可以删除该集合，释放内存空间。Python 中可以使用 del 命令删除整个集合，举例如下：

```
>>> set4=set([1,2,3,4,5,6,3,2])          #创建集合
>>> type(set4),id(set4)
(<class 'set'>, 2590404072392)           #返回类型和地址
>>> del set4                             #用 del 命令删除集合
>>> set4                                 #删除集合后则无法访问
NameError: name 'set4' is not defined
```

注意：删除集合和后面要介绍的删除集合中的元素之间有区别，不要混淆概念。

3.5.2 集合的操作和运算

集合对象的操作主要包括增加集合元素和删除集合元素；集合运算则主要有集合的基本运算(集合的交集、并集和差集等)和内置函数对集合的运算两大类。

1) 增加集合元素

对于一个已经存在的集合对象，可以使用集合对象的 add() 方法增加新的集合元素(如果该元素已经存在则忽略它)，还可以使用 update() 方法合并其他集合中的元素到当前集合之中。

```
>>> s1={1,2,3,4,5,6,7,8}                 #创建集合
>>> s2={'q','u','t'}                     #创建集合
>>> s1,s2                                #输出集合
({1, 2, 3, 4, 5, 6, 7, 8}, {'q', 't', 'u'})
>>> s1.add(9)                            #添加集合元素
>>> s2.add('t')                          #元素 t 已经存在，则忽略它
>>> s1,s2
({1, 2, 3, 4, 5, 6, 7, 8, 9}, {'q', 't', 'u'})
>>> s1.add(6)                            #添加集合元素，出现重复则放弃
>>> s1
{1, 2, 3, 4, 5, 6, 7, 8, 9}
#下面用 update()方法添加集合元素
>>> s1={1,2,3}
>>> s2={3,4,5,6}
>>> s1.update(s2)                        #集合合并更新，自动去除冗余
>>> s1,s2
({1, 2, 3, 4, 5, 6}, {3, 4, 5, 6})
```

2) 删除集合元素

删除集合元素可以使用集合对象的 pop() 方法、remove() 方法、discard() 方法和 clear() 方法，这四种方法的主要功能和区别如下。

(1) pop() 方法。集合对象的 pop() 方法随机删除并返回集合中的一个元素，对于空集合则抛出异常。

(2) remove() 方法。集合对象的 remove() 方法删除集合中的指定元素，如果指定元素不存在则抛出异常。

(3) discard() 方法。discard() 方法从集合中删除一个特定元素，如果该元素不存在则忽略该操作，不抛出异常。

(4) clear() 方法。clear() 方法清空集合中的所有元素，保留空集合。

有关删除集合元素的操作举例如下：

```
>>> s1={1, 2, 3, 4, 5, 6}                    #创建集合
>>> s1.remove(6)                             #删除集合元素 6
>>> s1
{1, 2, 3, 4, 5}

>>> s1.discard(6)                            #删除集合元素 6，不存在则忽略此操作
>>> s1.remove(6)                             #删除集合元素 6，不存在则抛出异常
KeyError: 6

>>> s1.clear()                               #清空集合元素
>>> s1                                       #返回空集合
set()
```

3) 集合运算

(1) 集合的基本运算。Python 集合支持数学意义上的交集、并集和差集等传统基本运算；也支持大小比较、包含关系和真子集测试等运算。除了四个 (&、|、–、^) 基本运算符分别对应集合交集运算、集合并集运算、集合差集运算和集合异或集运算之外，还可以用集合对象的方法来实现集合的基本运算，例如：

```
>>> aset=set(list(range(1,11)))              #创建集合
>>> bset={1,3,5,7,88,99}

>>> aset|bset                                #并集运算
{1, 2, 3, 4, 5, 6, 7, 8, 9, 10, 99, 88}
>>> aset.union(bset)                         #使用方法实现并集运算
{1, 2, 3, 4, 5, 6, 7, 8, 9, 10, 99, 88}

>>> aset&bset                                #交集运算
{1, 3, 5, 7}
>>> aset.intersection(bset)                  #使用方法实现交集运算
{1, 3, 5, 7}

>>> aset-bset                                #集合差集运算
{2, 4, 6, 8, 9, 10}
>>> aset.difference(bset)                    #使用方法实现集合差集运算
{2, 4, 6, 8, 9, 10}
```

```
>>> aset ^ bset                                #集合的异或运算
{2, 99, 4, 6, 8, 9, 10, 88}
>>> aset.symmetric_difference(bset)            #使用方法实现集合的异或运算
{2, 99, 4, 6, 8, 9, 10, 88}
```

下面是集合关系比较、包含关系和真子集测试等操作：

```
>>> a1={'a','b','c','d'}
>>> a2={'c','d'}
>>> a1>a2                                      #比较集合大小/包含关系
True
>>> a2<a1                                      #a2 是 a1 的真子集
True

>>> a3={'a','b','c','e'}
>>> a2<a3
False
>>> a2>a3
False
>>> a2.issubset(a1)                            #测试 a2 是否为 a1 的子集，成立
True
>>> a2.issubset(a3)                            #测试是否为子集，不成立
False
```

注意：关系运算符>、>=、<、<=用于集合运算时候仅表示集合之间的包含关系，而不是比较集合中元素的大小关系。对于两个集合 *A* 和 *B*，如果 *A*>*B* 不成立，并不表示 *A*<=*B* 一定成立，注意不要混淆。

(2) 内置函数对于集合的运算。Python 内置函数 len()、max()、min()、sum()、sorted()、map()、filter()和 enumerate()等也可以适用于集合运算，第 2 章介绍内置函数的时候也有举例。下面用几个例子介绍一下。

```
>>> a={'a','b','c','d'}                        #创建字符集合
>>> len(a)                                     #集合长度
4
>>> min(a)                                     #返回集合最小值
'a'
>>> max(a)                                     #返回集合最大值
'd'

>>> b=set([1,2,3,4,5])                         #用函数 set 创建集合
>>> b
{1, 2, 3, 4, 5}
>>> sum(b)                                     #集合元素求和
15
>>> c={2,5,78,3,21,45,9,88}
>>> sorted(c)                                  #排序，默认升序
[2, 3, 5, 9, 21, 45, 78, 88]
```

```
>>> d=set(zip(range(1,11)))              #创建集合，元素是元组
>>> d
{(1,), (2,), (8,), (3,), (9,), (4,), (10,), (5,), (6,), (7,)}

>>> e=set(range(1,11))                   #创建集合
>>> e
{1, 2, 3, 4, 5, 6, 7, 8, 9, 10}
>>> enumerate(e)                         #枚举集合元素，返回 enumerate 对象
<enumerate object at 0x0000011D464A4F30>
>>> set(enumerate(e))                    #enumerate 对象转换为集合
{(0, 1), (1, 2), (7, 8), (6, 7), (4, 5), (5, 6), (8, 9), (9, 10), (2, 3), (3, 4)}
```

3.5.3　集合与内置函数

Python 中有一些内置函数可以用于对集合对象进行操作，完成不同的任务要求，表 3.5 列出了这些内置函数。

表 3.5　常用操作集合的内置函数

序号	函数	功能描述
1	all()	如果集合对象中的所有元素都是 True(或者集合为空)，则返回 True
2	any()	如果集合对象中的所有元素都是 True，则返回 True；如果集合为空，则返回 False
3	enumerate()	返回一个枚举对象，其中包含了集合对象中所有元素的索引和值(配对)
4	len()	返回集合对象的长度(元素个数)
5	max()	返回集合对象中的最大项
6	min()	返回集合对象中的最小项
7	sorted()	从集合对象中的元素返回新的排序列表(不排序集合本身)
8	sum()	返回集合对象的所有元素之和

3.5.4　集合的应用案例

无论对于初学者还是较为熟练的程序员，编写代码都是一门艺术，好的代码本身就是一种艺术享受，编写代码时要准确地实现要求的功能，还要考虑代码本身的特点，尽可能编写出优化的代码，即找到一种更快、更好的方法实现指定的功能。

案例 3-1　将随机生成的不重复的数分别采用 append（）方法和 add()方法存入列表和集合中，判断两者之间的操作效率。

```
import random                            #导入相应模块
import time
#使用列表来生成 number 个介于 start 和 end 之间的不重复随机数
def RandomNumbers1(number, start, end):
    data = []
    while True:
        element = random.randint(start, end)
        if element not in data:
            data.append(element)
```

```
        if len(data) == number:
            break
        return data
#使用集合来生成 number 个介于 start 和 end 之间的不重复随机数
def RandomNumbers2(number, start, end):
    data = set()
    while True:
    data.add(random.randint(start, end))
    if len(data) == number:
    break
    return data

start = time.time()                 #取系统目前时间
for i in range(1000):               #存放在列表中
    RandomNumbers1(1000, 1, 10000)

print('List-Time used1:', time.time()-start)
start = time.time()
for i in range(1000):               #存放在集合中
    RandomNumbers2(1000, 1, 10000)

print('Set-Time used2:', time.time()-start)
```

运行结果如下：

```
List-Time used1: 10.520775556564331
Set-Time used2: 1.6932282447814941
```

从上面的运行结果可以看出，append 方法对空列表追加元素的效率远不及 add 方法使用集合存放随机数。

3.6　序列的封包和解包

3.6.1　序列封包

序列封包(sequence packing)是把多个值赋给一个变量时，Python 会自动地把多个值封装成元组，称为序列封包，举例如下：

```
>>> a=1,2,3,4                       #序列封包
>>> type(a)                         #封包为元组
<class 'tuple'>
>>> print(a)                        #输出元组
(1, 2, 3, 4)
>>> b=1,2,[3,4],5
>>> b                               #序列封包为元组
(1, 2, [3, 4], 5)

>>> x,y,*z=a                        #把元组 a 分别解包赋值给 x、y 和*z
```

```
>>> x,y,z
(1, 2, [3, 4])                       #剩下的均封包为列表赋值给 z
>>> type(x),type(y),type(z)
(<class 'int'>, <class 'int'>, <class 'list'>)
```

3.6.2　序列解包

序列解包(sequence unpacking)是把一个序列(列表、元组、字符串等)直接赋给多个变量，此时会把序列中的各个元素依次赋值给每个变量，但是元素的个数需要和变量个数相同，这称为序列解包。

应用程序的实际开发过程中，Python 的序列解包是一个常用和重要的功能，复杂的功能可以用非常简洁的形式完成，极大地提高了代码的可读性，减少了程序员的代码输入量。

1)序列解包并对多个变量赋值

```
>>> a,b,c=10,11,12                   #序列解包给多变量赋值
>>> a,b,c
(10, 11, 12)
>>> a,b,*c=1,2,3,4                   #最后一个变量获取剩余部分
>>> a,b,c
(1, 2, [3, 4])                       #剩下部分保存在列表中
>>> a,b,c=range(10,13)               #range 对象解包给多变量赋值
>>> a,b,c
(10, 11, 12)
>>> a,b,c=map(str,range(20,23)) #迭代对象序列解包赋值
>>> a,b,c
('20', '21', '22')
```

注意：在解包时也可以只解出部分变量，剩下的使用列表变量保存。为了使用这种解包方式，Python 允许在左边被赋值的变量之前添加“*”，那么该变量就代表一个列表，可以保存多个集合元素，如上例所示。

2)序列解包遍历多个序列

序列解包可以同时遍历多个序列，下面的例子就是使用序列解包同时遍历两个集合。

```
>>> x=set('qingdao')                 #创建集合
>>> y=set('helloQD')                 #创建集合
>>> x
{'a', 'd', 'o', 'g', 'n', 'q', 'i'}
>>> y
{'D', 'o', 'e', 'Q', 'l', 'h'}

>>> for keys,values in zip(x,y):#序列解包遍历多个序列
    print("keys:",keys," values:",values)
```

输出结果如下：

```
keys: a  values: D
keys: d  values: o
keys: o  values: e
```

```
keys: g  values: Q
keys: n  values: l
keys: q  values: h
```

3) 应用举例

有字符串 s= 'ABCDEFGH'，要输出下列倒三角形格式，分析其特点，用 Python 程序设计输出下面的形状图案。

```
A ['B', 'C', 'D', 'E', 'F', 'G', 'H']
B ['C', 'D', 'E', 'F', 'G', 'H']
C ['D', 'E', 'F', 'G', 'H']
D ['E', 'F', 'G', 'H']
E ['F', 'G', 'H']
F ['G', 'H']
G ['H']
H []
```

从上述图案可以看出，每次取出第一个字母作为首字母，依次再取剩下字母中的第一个字母作为首字母，把字符串拆成列表，放置在后面，最终输出一个三角形图案。这个例子可以使用序列解包来处理，代码非常简单，如下所示：

```
>>> s="abcdefgh"                    #创建字符串
>>> while s:                        #while 循环
    a,*s=s                          #序列解包
    print(a,s)
```

用序列解包的方法在赋值时无疑更方便、更简洁、更好理解、适用性更强，因此推荐多使用序列解包来解决程序设计中遇到的具体问题，这种程序设计方法和技术值得推荐。

本 章 小 结

Python 的序列对象包括列表、元组、字典、集合以及字符串等，序列对象的操作与应用是 Python 的一个亮点，只有在不断学习和实践中才能准确、灵活地掌握其精髓，起到画龙点睛的作用。

(1) 序列对象按照可变性可分为可变序列和不可变序列；按照顺序性可分为有序序列和无序序列。

(2) 字典是键与值的一一对应关系，字典的键不允许重复，且必须是不可变数据类型。

(3) 集合是无序序列，除了集合作为序列的一种运算之外，集合本身还有交、并、差等运算，这与列表、元组和字典不同。

(4) 列表的存储空间是有序连续的，因此在增加和删除元素时，列表对象自动进行内存管理(扩展和收缩)，确保相邻元素之间没有缝隙，为了减少列表运算的复杂性，尽量从列表的尾部进行元素的删除或追加操作。

(5) 切片操作在列表操作中具有强大的功能。

(6) 关键字 in 可以用于列表或其他可迭代对象中对其余元素进行遍历。

本 章 习 题

一、填空题

1．Python 中序列可以划分为可变序列和________。

2．列表的下标默认是从________开始的。

3．列表对象中添加元素方法的共同特点是________。

4．________方法用于清空列表对象中所有元素，但没有删除该列表，返回的是空列表。

5．统计列表中指定元素出现的次数可以使用 count()方法，如果指定元素不存在则返回________。

6．列表的拷贝可以划分为赋值拷贝、________和深拷贝三种情况。

7．表达式 list(map(lambda x: len(x), ['a', 'bb', 'ccc'])) 的值为________。

8．表和元组都支持使用________向索引访问其中的元素，都可以使用方法 count()和 index()来计数元素个数和获取元素的索引。

9．字典中多个元素之间使用________分隔开，每个元素的键与值之间使用________分隔开。

10．字典元素可以通过键定位修改对应的值，也可以通过________方法修改字典元素的值。

二、简答题

1．列表的操作主要包括哪些内容？

2．列表对象中添加元素有哪三种方法？

3．请比较列表与元组。

第 4 章　Python 程序结构

4.1　程序控制结构

Python 程序控制结构有三种：①顺序结构；②选择结构(分支结构)；③循环结构。

什么情况下用顺序结构、选择结构和循环结构呢？请看下面的引例。

引例： 在现实生活中，经常碰到按时间顺序完成一系列行为的事件。例如，每天从早晨起床去学校这段时间，需要做如下动作或行为：闹铃响→起床→准备早餐→吃早餐→洗漱→换衣服→出家门，如图 4.1 所示。

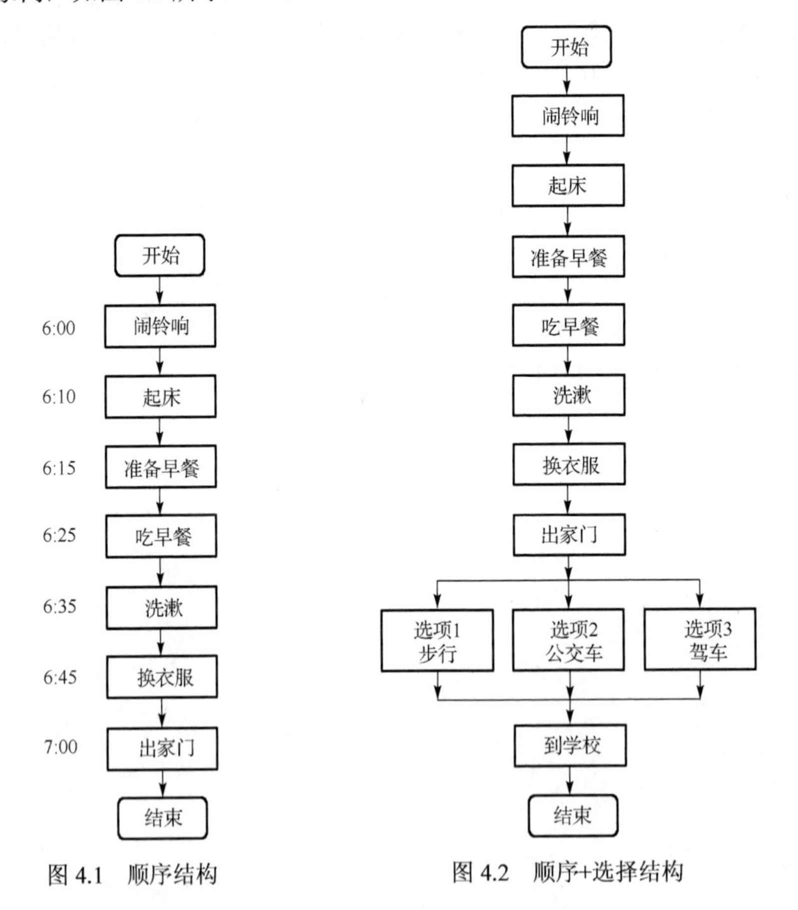

图 4.1　顺序结构　　　图 4.2　顺序+选择结构

出家门后需要选择去学校的交通工具，有三种选择，构成一个选择结构，如图 4.2 所示。如果第二天会重复上述动作，将用循环结构来完成，如图 4.3 所示。

顺序结构就是程序按照自上而下的顺序一条接着一条执行程序结构。

如果将选择结构看成一条语句，程序执行的总趋势依然是自上而下按顺序执行，从这个角度来说，它也是顺序结构，如图 4.4 所示。一个程序可能包含多个选择结构或循环结构，但是程序执行的总趋势是按顺序向下执行的。

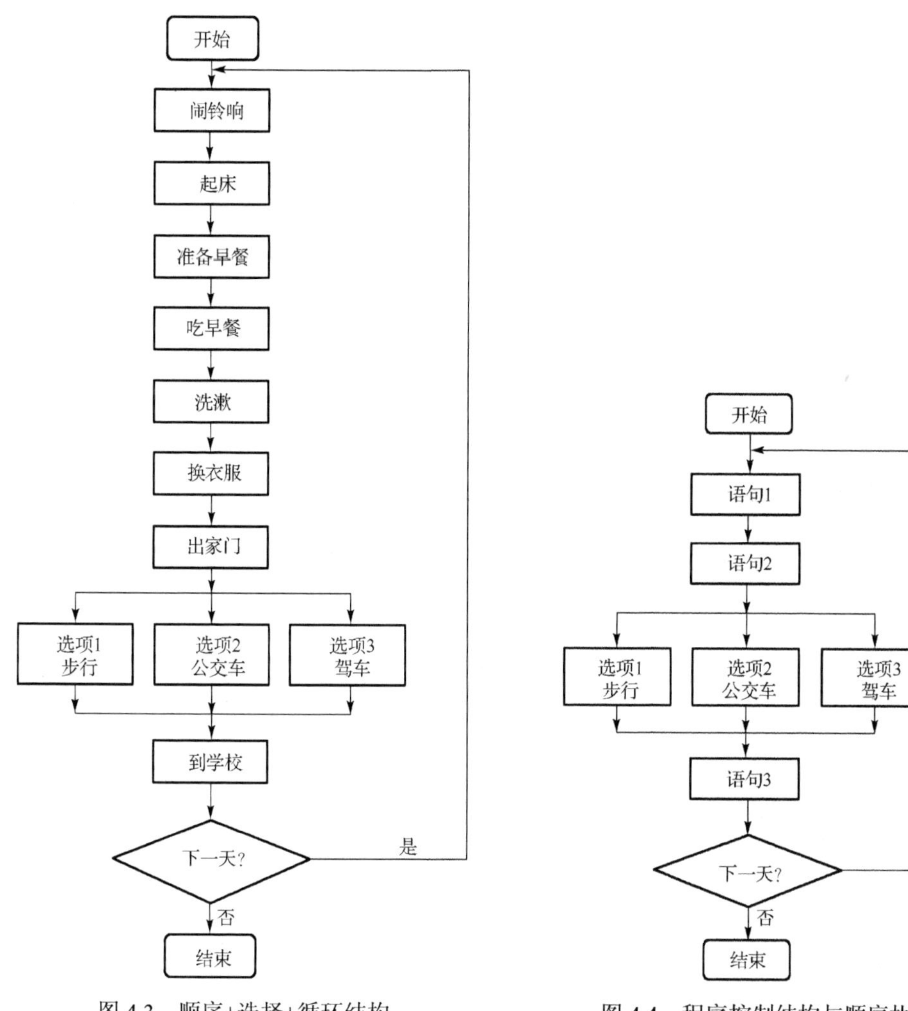

图 4.3　顺序+选择+循环结构　　图 4.4　程序控制结构与顺序执行

4.2　条件表达式

选择(分支)结构和循环结构需要通过判断条件表达式的值来确定下一步的执行路径(或流程)，因此了解和掌握条件表达式及其用法是非常重要的。

条件表达式包括关系表达式、逻辑表达式和其他混合条件表达式，如图 4.5 所示。从狭义上说，条件表达式的值只有两个：True 和 False，但是在 Python 中，条件表达式的值除了 True 和 False 之外，还有其他等价的值，例如，整数 0 或者浮点数 0.0 等、空值 None、空列表、空元组、空字符串等都与 False 等价，在使用时应加以注意。

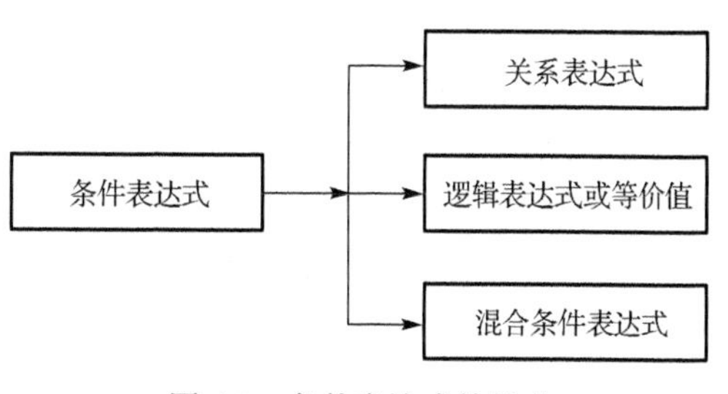

图 4.5　条件表达式的组成

4.2.1 关系表达式

关系表达式是最常见的条件表达式之一。

常用的关系运算符共有六个，分别是>(大于)、<(小于)、>=(大于等于)、<=(小于等于)、==(等于)、!=(不等于)。

例如：

```
>>> 1!=7>8                    #等价于 1! =7 and 7>8
False
>>> 6>7>8 , 6>7 and 7>8       #连用>，等价于 6>7 and 7>8，效果一样
(False, False)
>>> 9>3>1, 9>3>4
(True, False)
>>> print(25>6>2)             #也可以用 print()输出运算结果
True
```

由上面的例子可以看出，Python 关系运算符可以连续使用，这一点和其他高级语言有所不同，但这符合人们日常的习惯方式，增加了程序的可读性，还可以减少程序的代码量。但在使用关系运算符时，需要注意如下两点。

1)赋值运算符不能使用

Python 中，条件表达式中不允许使用赋值运算符“=”，防止和关系运算符的等于“==”发生混淆，如果在条件表达式中使用赋值运算符“=”系统将抛出异常提示。例如：

```
>>> x=8
>>>if (x=8):                  #不允许使用赋值符号“=”
SyntaxError: invalid syntax   #抛出异常，提示语法错误

>>> if (x==8):                # “==”为关系运算符等于
    print("正确！")
                              #回车输出结果
正确!
```

2)惰性计算

关系运算符具有惰性计算的特点，指仅在真正需要执行的时候才计算表达式的值，而不是必须计算关系表达式中的每一个表达式。充分利用其特性可以获得很多便利。

```
>>>5>8>x                      #5>8 为 False，后面的 x 就不需要计算了，结果就是 False
False                         #惰性求值
```

4.2.2 逻辑表达式

在 Python 中，逻辑表达式是由操作数与逻辑运算符构成的，逻辑运算符有 and、or、not，分别表示“与”“或”“非”三种逻辑运算，类似于集合中的“交集”“并集”“补集”的概念。逻辑运算基本规则如表 4.1 所示。

逻辑运算的特点如下。

(1) “与”运算(and)和“或”运算(or)具有短路求值或惰性求值的特点，可能不会对所

有表达式进行求值，只要明确得出结果，就提前结束计算，即只计算必须计算的表达式的值。

例如，条件表达式 if *x* and *y* 中，在 *x* 为 False 的情况下，*y* 表达式的值将不再计算，结果是 False；而对于 if *x* or *y*，当 *x* 的值为 True 时，结果直接返回 True，不再计算 *y* 的值。

(2) 由多个条件组成的条件表达式中，如果能预测事件发生的概率，则可以根据惰性求值特点来组织顺序、优化执行顺序，有利于提高程序的执行效率。

表 4.1　逻辑运算基本规则

A	B	and	or	not A
True	True	True	True	False
True	False	False	True	False
False	False	False	False	True
False	True	False	True	True

例如，在 and 逻辑表达式中，将表达式为真的小概率(可能性很小)条件放在前面，或者在 or 逻辑表达式中，将表达式为真的大概率条件放在前面，免去不必要的计算，从而提高计算性能。

例如，if *a* and *b*，其中，*a* 有 90%可能是 True，*b* 有 50%为 True，那么，写成 if *b* and *a* 会快一点。

4.2.3　混合条件表达式

由常量、变量、表达式、关系运算符、逻辑运算符等组成的复合表达式称为混合条件表达式。

例如，当 $a = 10$，$b = 2$ 时，有下面两个混合条件表达式：

```
(1)not a != b and a>b or b<a
(2)a>b and (a+b)<(a-b) or not True
```

上面两个都是比较简单的混合条件表达式，均是由逻辑运算和关系运算组合起来的条件，在实际程序设计中混合条件表达式的用途非常广泛，例如，要选择出一个班级中性别为女，年龄不超过 22 岁，或者考试总成绩大于等于 300 的所有人员，应该使用下面的混合条件表达式：

```
(总成绩>=300)or ((性别=="女")and (年龄<=22) )
```

这个条件表达式使用了圆括号来表明结构和优先级，这是一个好习惯，这种写法结构清晰，增加了代码的可读性，值得推荐。

混合条件表达式需要按照运算符的优先级顺序进行运算，如表 4.2 所示。

表 4.2　Python 运算符的优先级

运算符说明	Python 运算符	优先级
小括号	()	19
索引运算符	x[index] 或 x[index:index2[:index3]]	17，18
属性引用	x.attribute	16
乘方	**	15

续表

运算符说明	Python 运算符	优先级
按位取反	~	14
符号运算符	+(正号)或 -(负号)	13
乘、除	*、/、//、%	12
加、减	+、-	11
位移	>>	10
按位与	&	9
按位异或	^	8
按位或	|	7
比较运算符	==、!=、>、>=、<、<=	6
is 运算符	is、is not	5
in 运算符	in、not in	4
逻辑非	not	3
逻辑与	and	2
逻辑或	or	1

4.2.4 条件表达式的取值范围

严格来说，条件表达式的值只有 True 和 False 两种逻辑值，但是在 Python 中有一些和 True 或 False 等价的表达式的值，也可以作为判别条件使用，下面列出这些等价值，如表 4.3 所示。

表 4.3 条件表达式的取值范围

条件表达式值	条件表达式的取值范围(等价值)
True	非(False、0、0.0、0j、空字符串、空列表、空元组、空字典、空 range 对象或其他空迭代对象)
False	False、0、0.0、0j、空字符串、空列表、空元组、空字典、空 range 对象或其他空迭代对象

从这个意义上来讲，所有 Python 合法表达式都可以作为条件表达式，包括含有函数调用的表达式，例如(下面的例子中 if 后面是条件表达式，只有值为 True 时才执行后面的语句)：

```
>>> if 99:                              #常量作为条件表达式，99 等价 True
        print("Hello,青岛科技大学！")
Hello,青岛科技大学！                      #输出结果
>>> if None:                            #None 作为条件表达式
        print("Hello,青岛科技大学！")
                                        #None 等价于 False，输出为空
>>> if not None:                        #not None 等价于 True
        print("Hello,青岛科技大学！")
Hello,青岛科技大学！

>>> if abs(-3):                         #函数 abs()作为条件表达式
        print("Hello,青岛科技大学！")
```

```
Hello,青岛科技大学!

>>> a = [4,3, 2,1]                              #使用列表作为条件表达式
>>> if a:
    print(a)
[4, 3, 2, 1]
```

通过上面的例子可以看出，数字 99、abs(−3)和列表[4,3,2,1]等价于 True，所以输出“Hello,青岛科技大学!”和[4,3,2,1]，字符串 None 等价于 False，所以输出为空，not None 等价于 True。在实际使用过程中，注意灵活使用条件表达式的等价值，将收获意想不到的结果。

4.3　选 择 结 构

选择结构是程序设计中主要的控制结构之一，选择结构就是在程序执行过程中根据对条件表达式的不同判定结果而执行不同方向的语句块。不同的高级语言选择结构存在微小的差异，Python 常用的选择结构有如下四种。

(1)单分支选择结构。

(2)双分支选择结构。

(3)多分支选择结构。

(4)嵌套的分支结构。

下面分别学习这几种选择结构的语法表示、结构特点，以及通过实例来掌握这些选择结构的实际应用。

4.3.1　单分支选择结构

1)单分支选择结构的描述

单分支选择结构(简称为单分支结构)是最简单的选择结构，语法表示如下：

```
if <条件表达式>:
    语句组
```

其含义为如果条件表达式成立，就执行语句组，否则程序往下执行，如图 4.6 所示。对于单分支结构有如下几点说明。

(1)<>表示必选项，即必须有条件表达式。

(2)冒号“:”不可缺少，是结构控制符，代表一个语句组的开始。

(3)语句组缩进不能少，通常缩进 4 个空格。

(4)输入代码时要切换到半角符号状态。

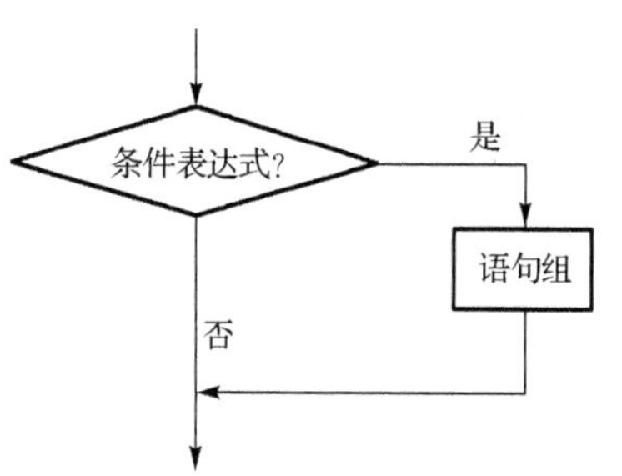

图 4.6　单分支选择结构图

2)应用实例

例 4-1　用户名是 admin 且密码是 123456。如果该用户输入正确，则打印身份验证成功。

代码如下：

```
username = input('请输入用户名: ')                    #输入
password = input('请输入密码: ')
if username == 'admin' and password == '123456':
    print('身份验证成功!')
```

运行结果如下：

```
请输入用户名: admin
请输入密码: 123456
身份验证成功!
```

例 4-2　从键盘中任意输入两个数给 x 和 y，当 $x>y$ 时交换其值。

代码如下：

```
#例 4-2: 从键盘中任意输入两个数并交换其值。
x=input("input x=")
y=input("input y=")
if x>y:
    x,y = y,x                                   #x,y 交换

print("x=",x,"y=",y)
```

运行结果如下：

```
input x=25
input y=19
x= 19 y= 25                                     #x,y 交换了
```

再一次运行：

```
input x=78
input y=97
x= 78 y= 97                                     #x,y 未交换
```

说明：

(1) 该程序一共 4 条语句，if 语句作为独立的一条复合语句。

(2) 当条件表达式为 True 或等价值时，条件满足，语句组被执行，否则不执行。

(3) 语句组可以是一条语句(或一条复合语句)、多条语句，也可以嵌套选择语句、循环语句。

思考题 4-1　上面这个例子，还可以用另外一种方法，请大家学习和领会，代码如下：

```
x = input('Input two number:')
a, b = map(int, x.split())                      #序列解包
if a > b:
    a, b = b, a                                 #交换两个变量的值

print(a, b)
```

运行结果如下：

```
Input two number:89 76                          #输入两个数，中间用空格分隔
a= 76 b= 89
```

再一次运行：

```
Input two number:19 28
a= 19 b= 28
```

说明：“a,b=map(int,x.split())”这句是通过序列解包把 *x* 的数据分隔赋值给两个变量 *a* 和 *b*。请将代码放在 Python 运行环境中运行，并体会这种程序设计方法的好处，只有这样，程序设计水平才会越来越高，对 Python 的领会越来越深刻，使用起来越得心应手。

4.3.2　双分支选择结构

双分支选择结构是选择结构中使用最多的结构，通过条件表达式的判定，在两个执行方向中选择其中一个，在实际中广泛应用。

1) 双分支选择结构语法

```
if  <表达式>:                  #冒号不可省
     语句组 1
else:                         #否则执行语句组 2
     语句组 2
```

当条件表达式为 True 或等价值时，执行语句组 1，否则执行语句组 2，注意 if 和 else 的缩进。该结构如图 4.7 所示。

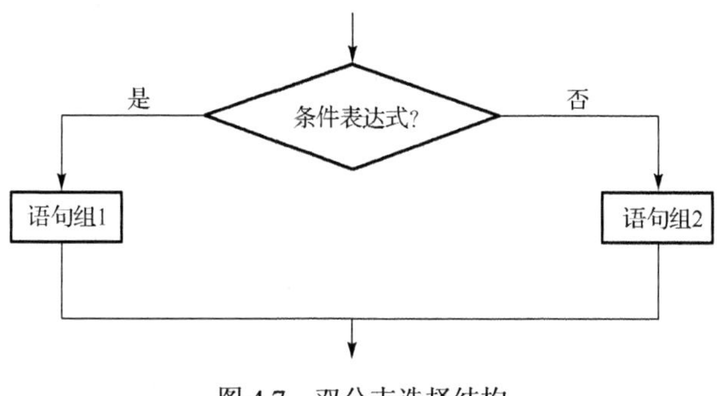

图 4.7　双分支选择结构

将前面的例 4-1 改为：如果用户名和密码输入正确，则打印身份验证成功，否则打印身份验证失败。

```
username = input('请输入用户名: ')
password = input('请输入密码: ')
if username == 'admin' and password == '123456':
    print('身份验证成功!')
else:
    print("校验失败")
```

在现实生活中，利用双分支结构的事例有很多，如电灯的开和关；学生成绩的及格与不及格；游戏结束时得到的分数是进入下一关还是失败退出；淘宝网购买商品时是付款还是未付款；今天的天气是下雨还是不下雨等，都可以用双分支选择结构。

2) 应用实例

例 4-3　已知三角形的三边长 *a*、*b*、*c*，利用海伦公式求该三角形的面积。程序代码如下：

```
#例 4-3 已知三边，利用海伦公式求三角形的面积
a=float(input("输入边长 1: "))
b=float(input("输入边长 2: "))
c=float(input("输入边长 3: "))
if a+b>c and b+c>a and c+a>b:
    s=(a+b+c)/2
    area=(s*(s-a)*(s-b)*(s-c))**0.5
    print("三角形的面积=%.2f" %area)
else:
    print("不能构成三角形")
```

运行结果如下：

```
输入边长 1: 2
输入边长 2: 3
输入边长 3: 5
不能构成三角形
```

再一次运行：

```
输入边长 1: 3
输入边长 2: 5
输入边长 3: 7
三角形的面积=6.50
```

例 4-4 国家法律规定，除节假日外，禁止未成年人进入游戏区，请用 Python 程序来实现。

程序代码如下：

```
age=int(input("请输入当事人的年龄 age="))
if age<18:
    print("你还未成年，不能进入这里！")
else:
    print("OK!你可以进入这里！")
```

运行结果如下：

```
请输入当事人的年龄 age=35
OK!你可以进入这里!
```

再一次运行：

```
请输入当事人的年龄 age=17
你还未成年，不能进入这里!
```

思考题 4-2 从键盘输入一串数字，然后使用内置函数 set()和 map()把数字转换为集合，判断该集合是否是一个已知集合 x 的真子集。

参考代码如下：

```
>>> x=set(range(1,11,2))                    #创建集合 x
>>> x
{1, 3, 5, 7, 9}
>>> y=input("请输入一组数字如 123: ")           #键盘输入数字字符串
```

```
请输入一组数字如 123：135                              #输入 135
>>> y=set(map(int,y))                                   #转换为集合
>>> y
{1, 3, 5}                                               #集合 y

>>> if y < x:                                           #双分支判断
        print("y 是 x 的真子集！")                       #True 输出
else:                                                   #False，否则
        print("y 不是 x 的真子集！")                     #False 输出
y 是 x 的真子集!                                         #y 是 x 的真子集，输出结果
```

说明：这是一个典型的双分支选择结构，是在 IDLE 命令行下输入代码运行的，后面的有些例子将不在命令行下输入操作，而直接列出源程序代码加上注释说明，特此提示。

思考题 4-3　鸡兔同笼问题：从键盘输入鸡、兔的总数和腿的总数，求鸡、兔的实际数量，如果输入数据不正确，给出错误提示，代码如下：

```
#思考题 4-3：鸡兔同笼问题
#设鸡、兔总数为 s,腿总数为 t,兔的个数为 tu
s,t=map(int,input("请输入鸡兔总数和腿总数，之间用空格分隔：").split())
tu=(t-s*2)/2
if int(tu)==abs(tu):
   print('鸡：{0},兔：{1}'.format(int(s-tu),int(tu)))
else:
   print("输入的数据不正确，无解！！")
```

运行结果如下：

```
请输入鸡兔总数和腿总数，之间用空格分隔：25 70
鸡：15,兔：10
请输入鸡兔总数和腿总数，之间用空格分隔：25 75
输入的数据不正确，无解！！
```

说明：这个例子中第一条语句“s,t=map(int,input("请输入鸡腿总数和腿总数，之间用空格分隔：").split())”，split()方法是以空格为界定符分隔的，map()函数是一一映射的意思，即把分隔的数分别赋值给变量 *s* 和 *t*，在学习过程中，像这样的组合语句要多尝试和练习，才能体会到 Python 的精髓，该语句等价于以下 4 条语句：

```
s= input("请输入鸡兔总数：")
t= input("请输入腿总数：")
s=int(s)
t=int(t)
```

拓展：Python 还提供了一个三元运算符，在三元运算中可以嵌套三元运算表达式，实现较为复杂的分支选择结构，其语法为：

```
表达式 1 if 条件 else 表达式 2
```

当条件为 True 或与 True 等价时，返回表达式 1 的值，否则返回表达式 2 的值，该语法结构也具有惰性求值的特点，其结构相当于一个双分支选择结构：

```
if 条件:
    表达式 1
else:
    表达式 2
```

举例如下：

```
>>> x=int(input("请输入一个数: "))          #input 输入一个数，用 int()转为整数
请输入一个数: 5
>>> print("这个数大于 10") if x>10 else print("这个数小于等于 10")   #三元运算
这个数小于等于 10
```

如果在程序设计中能够灵活使用三元结构，将会起到画龙点睛的效果，并且让人耳目一新，而充满艺术美感的程序是程序设计者追求的目标之一。还需要注意的是，在练习范例时，学会分析代码，能够逐步掌握快速发现错误的方法，养成良好的习惯，这种习惯非常有价值，请看下面的例子。

```
>>> x=int(input("请输入一个数: "))
请输入一个数: 9
>>> print(sqrt(x)) if x>=0 else print("这是一个负数! ")
NameError: name 'sqrt' is not defined      #抛出异常，因为没有导入 math 模块
>>> import math                             #导入 math 模块
>>> print(math.sqrt(x)) if x>=0 else print("这是一个负数! ")   #使用三元运算
3.0
>>> x=int(input("请输入一个数: "))
请输入一个数: -9
>>> print(math.sqrt(x)) if x>=0 else print("这是一个负数! ")
这是一个负数!
```

注意：虽然三元运算符支持嵌套使用，可以实现复杂的多分支选择结构的效果，但这样代码的可读性太差，初学者难以理解，所以不建议使用嵌套的三元运算，建议使用多分支选择结构。

4.3.3 多分支选择结构

1)多分支选择结构语法

当要解决的问题在选择上出现多个可能性的时候，虽然使用分支嵌套可以解决，但是可读性较差，例如，当仅仅想将学生的成绩分成及格与不及格时，可以用双分支选择结构，如果要求把成绩划分为 A、B、C、D、E 五个等级，此时就可以用多分支选择结构来解决类似问题。

多分支选择结构的语法结构如下：

```
if   <条件表达式 1>:
         语句组 1
elif <条件表达式 2>:
         语句组 2
elif <条件表达式 3>:
         语句组 3
```

```
…
else:
        语句组 n
```

多分支选择结构的完整逻辑结构如图 4.8 所示。

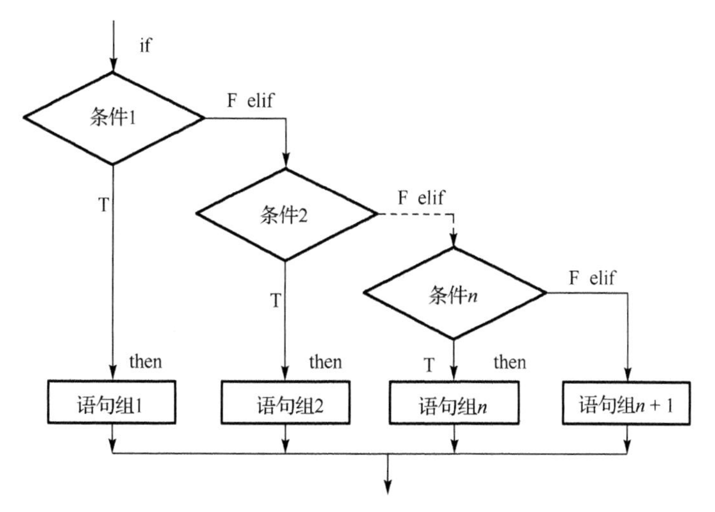

图 4.8　多分支选择结构图

注意：

(1)关键字 elif 是 else if 的缩写，不是 elseif，初学者需要注意区分。

(2)多分支语句中，实行就近判断和执行的原则，一旦条件满足并执行了相应的语句组，则不再继续判断后面的条件和执行语句组。如果条件 1=True，则执行语句组 1，完成后就退出整个选择结构。

2)应用举例

例 4-5　输入学生成绩，判定其成绩等级。

```
score=int(input('input score='))
if score>100:
     print( '错误，分值要小于等于 100')
elif score>=90:
       print( '成绩优秀=A')
elif score>=80:
       print( '成绩良好=B')
elif score>=70:
       print( '成绩中等=C')
elif score>=60:
       print( '成绩及格=D')
elif score>=0:
       print( '成绩不及格=E')
else:
       print( '成绩要>0')
```

运行结果如下：

```
input scroe=70
成绩中等=C
input scroe=90
成绩优秀=A
input scroe=56
成绩不及格=E
input scroe=80
成绩良好=B
input scroe=85
成绩良好=B
input scroe=-78
成绩要>0
```

思考 1： 如果输入的成绩是小数，将会出现错误提示，如何更改？

思考 2： 如何修改程序，无论输入整数成绩还是小数成绩都不会出错呢？请大家利用 evel()函数修改。

4.3.4 分支嵌套结构

在解决复杂的逻辑关系时，单纯的分支选择结构很难完成，因此通过分支嵌套来解决复杂问题是一种选择。分支嵌套直观上说就是在一个分支结构中再嵌入一个或多个分支结构，常用的分支嵌套是二重嵌套，嵌套层次太多会使程序可读性大大下降，一般应用中要避免多层嵌套，分支嵌套结构的语法如下。

1)语法结构

```
if <条件表达式 1>:                              #形式 1
      语句组 1
      if  <条件表达式 2>:
              语句组 2
      else:
              语句组 3
else:
      语句组 4
-------------------------------------------
if <条件表达式 1>:                              #形式 2
if  <条件表达式 2>:
              语句组 1
      else:
              语句组 2
else:
      if  <条件表达式 3>:
              语句组 3
      else:
              语句组 4
```

注意：

(1)代码层次隶属关系。

(2)分支嵌套的多种形式与灵活运用。

(3)严格的缩放和对齐要求，满足逻辑结果的要求，增加程序的可读性。

2)应用举例

例 4-6　改造一下例 4-5，利用嵌套结构实现输入学生成绩，判定其成绩等级。

```
score=eval(input('input score:'))
if score>100:
    print( '错误，分值要小于等于 100')
else:
    if score>=90:
        print( '成绩优秀=A')
    else:
        if score>=80:
            print( '成绩良好=B')
        else:
            if score>=70:
                print( '成绩中等=C')
            else:
                if score>=60:
                    print( '成绩及格=D')
                else:
                    if score>=0:
                        print( '成绩不及格=E')
                    else:
                        print( '成绩要>0')
```

运行结果如下：

```
input scroe:85
成绩良好=B
input scroe:90
成绩优秀=A
input scroe:101
错误，分值要小于等于 100
```

从例 4-6 看出，使用嵌套的选择结构时，一定要控制好缩进量，否则就会造成代码的从属关系混乱和逻辑错误，程序无法正常执行。

例 4-7　将例 4-6 改造一下，使可以无数次循环输入成绩。

```
while 99:                                    #无限循环
    score=eval(input('input score[输入-1 退出]:'))
    if score==-1:
        break                                #退出循环
    else:
        if score>100:
            print( '错误，分值要小于等于 100')
        else:
            if score>=90:
```

```
                print( '成绩优秀=A')
            else:
                if score>=80:
                    print( '成绩良好=B')
                else:
                    if score>=70:
                        print( '成绩中等=C')
                    else:
                        if score>=60:
                            print( '成绩及格=D')
                        else:
                            if score>=0:
                                print( '成绩不及格=E')
                            else:
                                print( '成绩要>0')
```

运行结果如下：

```
input scroe[输入-1 退出]:88
成绩良好=B
input scroe[输入-1 退出]:78
成绩中等=C
input scroe[输入-1 退出]:91
成绩优秀=A
input scroe[输入-1 退出]:109
错误，分值要小于等于 100
input scroe[输入-1 退出]:-39
成绩要>0
input scroe[输入-1 退出]:a88
NameError: name 'a88' is not defined
```

从上面的运行结果可以看出，这个程序可以循环执行，但是当输入非数值数据时就会抛出异常信息。

例 4-8　将例 4-6 进一步改造，尝试学习一种编程技巧。具体代码如下：

```
print("成绩 A:优秀，B:良好，C:中等，D:及格，E:不及格")
while 99:
    degree="DCBAAE"
    score=eval(input('input score[输入-999 退出]:'))
    if (score==-999):
        break
    else:
        if score>100 or score<0:
            print( '错误，分值要小于等于 100,且大于 0')
        else:
            index=(score-60)//10
            if index>=0:
                print("成绩为：",degree[index])
            else:
                print("成绩为：",degree[-1])
```

运行结果如下：

```
成绩 A:优秀，B:良好，C:中等，D:及格，E:不及格
input scroe[输入-999 退出]:98
成绩为： A
input scroe[输入-999 退出]:87
成绩为： B
input scroe[输入-999 退出]:76
成绩为： C
input scroe[输入-999 退出]:65
成绩为： D
input scroe[输入-999 退出]:49
成绩为： E
input scroe[输入-999 退出]:-9
错误，分值要小于等于 100,且大于 0
input scroe[输入-999 退出]:78
成绩为： C
input scroe[输入-999 退出]:101
错误，分值要小于等于 100,且大于 0
input scroe[输入-999 退出]:-999
```

分支选择结构表示形式灵活多样，可以根据逻辑需求选择其中一个分支结构。值得注意的一点是，一般认为在异常处理语句或者循环语句中的 else 子句也可以看作一种特殊的分支结构(这一点与常见的其他高级语言不同)。

4.4 循 环 结 构

循环就是在一定条件下从终点又回到起点，是一种往复运动的方式，在现实世界中，有很多运算可以使用循环结构来解决，循环结构是常用的解决复杂问题的方法。

4.4.1 for 循环和 while 循环

大多数高级语言有三种循环结构，分别是 for 循环、while 循环和 do 循环。在 Python 中主要有 for 循环和 while 循环两种结构，多个循环结构可以嵌套使用，并且可以和选择结构嵌套使用来完成复杂的业务逻辑。如果循环次数预先可以确定一般使用 for 循环，while 循环则一般用于循环次数难以预先确定的场合。

1) for 循环结构

for 循环语句是最常用的循环结构，受到绝大部分程序员的青睐，其语法结构如下：

```
for <取值变量>  in  <序列或者迭代对象> :
      循环体语句组
[else:
      else 子句组]
```

说明：

(1) Python 的 for 循环语句结构与其他高级语言有点区别，注意区分。

(2) 方括号[ ]中 else 子句是可选项。

下面将举例说明 for 循环结构的用法和应用。

2) 应用举例

例 4-9　求 S=1+2+3+…+100 的值，注意区别下面两种形式。

```
#程序 1
s=0
for i in range(1,101):
   s=s+i
else:
   print("1+2+3+…+100=",s)
#程序 2
s=0
for i in range(1,101):
   s=s+i

print("1+2+3+…+100=",s)
```

运行结果如下：

```
1+2+3+…+100= 5050
1+2+3+…+100= 5050
```

说明：

(1) 程序 1 采用 else 子句控制逻辑。

(2) 程序 2 的 print()与 for 语句并列，print()不是 for 语句的语句块。

(3) 编程时一般优先考虑使用 for 循环。

例 4-10　遍历输出字符串中的字符。

```
i=0
for letter in "QingDao":                    #遍历字符串中所有字符
    print("第"+str(i+1)+"个字符：",letter)
    i=i+1
```

运行结果如下：

```
第 1 个字符： Q
第 2 个字符： i
第 3 个字符： n
第 4 个字符： g
第 5 个字符： D
第 6 个字符： a
第 7 个字符： o
```

3) while 循环语句

while 循环的意思就是当满足条件时就执行下面的语句组，否则就退出循环，while 循环的语法结构如下：

```
while <条件表达式> :
      循环体语句组
[else:
      Else 子句语句组]
```

其中，方括号[ ]为可选项，根据需要使用。

下面举例说明 while 循环的使用。用两种形式来求 1～100 的累加和。

方法一：用 while…else 结构。

```
s=i=0
while i<=100:
    s=s+i
    i=i+1
else:                                       #else 子句在循环结束后执行
    print("1+2+3+…+100=",s)
```

方法二：不用 while…else 结构。

```
s=i=0
while i<=100:
    s=s+i
    i=i+1

print("1+2+3+…+100=",s)                     #print 语句与 while 复合语句同级并列
```

上面 while 循环的两种应用形式，效果是一样的，第一种使用了 else 子句，第二种没有使用 else 子句，但是通过缩放来约定逻辑，注意细微的差别。

例 4-11　用 while 循环实现求一个数的阶乘。

```
s=1
n=int(input("输入一个整数: "))              #输入一个数，并转为整数
n=abs(n)                                    #取绝对值
i=1
while n>=1:
    s=s*i
    i=i+1
    n=n-1
else:
    s=0
        print("数"+str(i-1)+"的阶乘=",s)
```

运行结果如下：

```
输入一个整数: 5
数 5 的阶乘= 120
```

再一次运行：

```
输入一个整数: -6
数 6 的阶乘= 720
```

4.4.2　特殊语句 break 与 continue 语句

学过 C 语言或者 C#语言的都知道，在循环结构中有两个特殊功能的语句，即 break 语句和 continue 语句，这两个语句一般通常与分支选择语句或者循环语句结合使用。具体功能如下。

(1) break 语句：一旦 break 语句被执行，将使它所在层次的分支或循环提前结束退出。

(2) continue 语句：continue 语句的作用是提前结束本次循环，含义就是 continue 语句之后的所有语句都不执行，直接返回循环顶端，提前开始下一轮循环。

语法结构如下：

```
for <取值变量>  in  <序列或者迭代对象> :
    语句 1
    语句 2
    if <条件表达式>:
         break/continue          #退出 for 循环或者提前开始下一轮循环
    语句 3
    语句 4
[else:
     else 子句语句组]
```

说明：

(1) 一旦符合条件，如果 break 语句被执行，则退出循环体，结束本层次循环。

(2) 一旦符合条件，如果 continue 语句被执行，则循环体内的语句 3 和语句 4 被忽略，循环直接返回顶端开始新一轮循环。

例 4-12　用 break 语句改造一下上面求 1+2+3+…+100 的程序。

```
s=i=0
while i>=0:
   if i>100:                              #通过 break 来控制循环结束
      break
   s=s+i
   i=i+1

print("1+2+3+…+100=",s)
```

运行结果如下：

```
1+2+3+…+100= 5050
```

例 4-13　输入 10 个数，统计输入正数的个数并输出，使用 continue 语句来控制循环。

```
i=k=0
while i<10:
    n=eval(input("输入第"+str(i+1)+"数="))
    i=i+1
    if n<=0:                    #输入负数提前结束本轮循环，进入下一轮循环
       continue
    k=k+1

print("10 个数中正数的个数=",k)
```

运行结果如下：

```
输入第 1 数=12
输入第 2 数=89
输入第 3 数=-9
输入第 4 数=-56
输入第 5 数=98
输入第 6 数=125
输入第 7 数=-8
输入第 8 数=-56
输入第 9 数=88
输入第 10 数=99
10 个数中正数的个数= 6
```

上面这个程序虽然可以完成要求，但是代码缺乏健壮性，下面进一步改造上述程序，使之功能更加完善，代码如下(要求：增加判断输入的是否是数字，如果不是则提醒再次输入)：

```
i=k=0
while i<10:
    n=input("输入第"+str(i+1)+"数=")
    if not n.replace("-","").isdigit():                    #判断是不是数字
        print("输入的不是数字！请重新输入！")
        continue
    else:
        i=i+1
        if int(n)<=0:
            continue
        k=k+1
print("10 个数中正数的个数=",k)
```

运行结果如下：

```
输入第 1 数=aa
输入的不是数字！请重新输入！
输入第 1 数=-1
输入第 2 数=56
输入第 3 数=99
输入第 4 数=2o
输入的不是数字！请重新输入！
输入第 4 数=23
输入第 5 数=-99
输入第 6 数=-7
输入第 7 数=77
输入第 8 数=21
输入第 9 数=35
输入第 10 数=88
10 个数中正数的个数= 7
```

上面的例子说明写好一个程序不是一件容易的事，程序的健壮性是非常重要的事，初学者通过比较会得到启发。

4.4.3　循环代码的优化

代码的执行涉及时间复杂度和空间复杂度，时间复杂度反映代码的执行时间，空间复杂度涉及代码的存储空间大小，在有些场合代码的优化还要考虑到代码自身的简洁度。另外，在嵌入式系统或者 DSP 系统中，代码遵循一定规则要求的优化非常必要。本书作者考虑的优化侧重代码的简洁性，增加代码的可读性。循环代码的优化一般遵循的原则有以下几条。

1)减少循环的嵌套层数

适当使用循环嵌套，可以使程序结构清晰、代码简洁，但是有可能增加系统运行的负担，提高时间复杂度和空间复杂度，因此要合理控制循环嵌套的层数，一般不要超出三级嵌套。

2)减少循环体内部的计算

循环体内部不必要的或者无关的计算要尽可能提到循环外部处理，尤其在多层循环中，要努力减少最内层循环体内部的计算，这样可以提高代码的运行效率。

3)尽量少用递归算法

递归算法用途广泛，但是在很多场合会增加系统的负担，可以把递归算法改造为非递归算法。下面举例说明。

例 4-14　求二阶 Fibonacci 数列：

$$f(x)=\begin{cases}1, & n\text{为}1\text{或}2\\ \mathrm{Fib}(n-1)+\mathrm{Fib}(n-2), & \text{其他}\end{cases}$$

递归算法如下：

```
def Fib(n):                                  #定义函数，递归算法
    if(n==1 or n==2):
        return 1
    else:
        return Fib(n-1)+ Fib(n-2)

n=int(input("请输入一个正整数："))
print(Fib(n))
```

把上面定义的函数改造为非递归算法：

```
def Fib(n):                                  #定义函数，非递归算法
    if(n==1 or n==2):
        return 1;
    else:
        t1=1
        t2=1
        for i in range(3,n+1):
            t3=t1+t2
            t1=t2
            t2=t3
        return t3
```

运行结果如下：

```
请输入一个正整数：20
6765
请输入一个正整数：30
832040
```

4) 多用局部变量

在循环中要尽量用局部变量，少用全局变量，局部变量的查询和访问比全局变量要快，同样，在使用模块中的方法时，可以将其转换为局部变量来提高运行速度。例如：

```
>> import math as m
>>> for i in range(1,101):
    print("cos("+str(i)+")=",m.cos(i))
```

运行结果如下：

```
cos(1)= 0.5403023058681398
cos(2)= -0.4161468365471424
cos(3)= -0.9899924966004454
…
cos(100)= 0.8623188722876839
```

如果预先定义局部变量 cos1=m.cos，程序修改如下：

```
import math as m
cos1=m.cos
for i in range(1,101):
    print("cos("+str(i)+")=",cos1(i))
```

通过局部变量 cos1 的定义，修改后的代码的速度比原来要快，这里不做具体的量化比较了。

总之，代码优化涉及的方面很广，编码过程本身就对程序员的要求很多，在解决实际问题时，除了需要考虑算法方面的优化之外，还要考虑实际运行环境的约束，总之，初学者首先要提高编码代码的一次性准确率，写出符合 Python 规范和风格的代码，然后在实践中学习代码的优化，这样才能逐步提高程序设计水平。

4.5　综 合 案 例

学习了选择与循环结构后，可以采用 Python 的编程风格来解决问题，下面将通过案例来加深对 Python 控制结构的了解和应用。

案例 4-1　编写程序，输入由星号“*”组成的菱形图案。

```
n=int(input("请输入行数："))
for i in range(1,n+1):
    print(('* '*(i)).center(n*3))

for j in range(n,0,-1):
    print(('* '*(j)).center(n*3))
```

运行结果如图 4.9 所示。

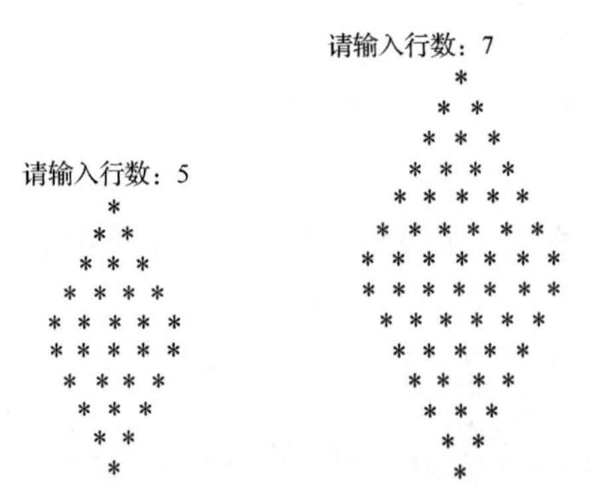

图 4.9　n=5 和 n=7 时的运行效果

案例 4-2　数字组合, 有四个数字：1、2、3、4，能组成多少个互不相同且无重复数字的三位数？各是多少？

程序分析：遍历全部可能，把有重复的删掉。

```
#案例 4-2
total=0
for i in range(1,5):
    for j in range(1,5):
        for k in range(1,5):
            if ((i!=j)and(j!=k)and(k!=i)):
                print(i,j,k)
                total+=1

print("一共有：",total,"个组合.")
```

运行结果如下：

```
1 2 3
1 2 4
1 3 2
1 3 4
1 4 2
1 4 3
2 1 3
2 1 4
2 3 1
2 3 4
2 4 1
2 4 3
3 1 2
3 1 4
3 2 1
3 2 4
3 4 1
3 4 2
```

```
4 1 2
4 1 3
4 2 1
4 2 3
4 3 1
4 3 2
一共有: 24 个组合.
```

案例 4-3　字符串构成：输入一行字符，分别统计出其中英文字母、空格、数字和其他字符的个数。

程序分析：利用 while 或 for 语句，条件为输入的字符不为“\n”。

```
string=input("输入字符串：")
alp=0
num=0
spa=0
oth=0

for i in range(len(string)):
    if string[i].isspace():
        spa+=1
    elif string[i].isdigit():
        num+=1
    elif string[i].isalpha():
        alp+=1
    else:
        oth+=1

print('space: ',spa)
print('digit: ',num)
print('alpha: ',alp)
print('other: ',oth)
```

运行结果如下：

```
输入字符串：Qingdao 1950,2010,Shandong,China QUST/XINXI!!**%%ABCDE
space: 2
digit: 8
alpha: 34
other: 10
```

案例 4-4　斐波那契数列Ⅱ：2/1,3/2,5/3,8/5,13/8,21/13,…，求出这个数列的前 20 项之和。

```
a = 2.0
b = 1.0
s = 0

for n in range(1,21):
```

```
    s += a / b
    a,b = a + b,a

print (s)
```

运行结果如下：

```
32.66026079864164
```

案例 4-5　输入一个 5 位数，判断它是不是回文数。回文数如 12321，即个位与万位相同，十位与千位相同。

程序分析：用字符串比较方便，即使输入的不是数字都可以处理。

```
n=input("请输入：")
a=0
b=len(n)-1
flag=True
while a<b:
    if n[a]!=n[b]:
        print('不是回文串')
        flag=False
        break
    a,b=a+1,b-1

if flag:
    print('是回文串')
```

运行结果如下：

```
请输入：12321
是回文串
请输入：45654
是回文串
请输入：12345
不是回文串
```

案例 4-6　事业单位招聘，模拟答辩现场根据评委打分得出最终分数的计算过程，要求评委不得少于 5 人，每个评委打分不得超过 100 分，每次统计参选人分数时要去除最低分和最高分，然后计算剩余的平均分。

```
while True:
    try:
        number=input("请输入评委人数：")
        number=int(number)
        if number>=5:
            break
        else:
            print("评委人数不能少于 5 人!")
            continue
    except:
```

```
            print("输入的非法数字，请重新输入！")
            continue
    scores=[]
    for i in range(1,number+1):
        while 1:
            score=float(input("请输入第{0}个评委的打分：".format(i)))
            if 0<=score<=100:
                scores.append(score)
                break
            else:
                print("分数错误！重新输入！")
                continue
    highscore=max(scores)
    lowerscore=min(scores)
    scores.remove(highscore)
    scores.remove(lowerscore)
    finalscore=round(sum(scores)/len(scores),1)
    print("去除最高分{0}和最低分{1}后的最后得分为{2}".format(highscore,lowerscore,
finalscore))
```

运行结果如下：

```
请输入评委人数：10
请输入第 1 个评委的打分：95
请输入第 2 个评委的打分：102
分数错误！重新输入！
请输入第 2 个评委的打分：87
请输入第 3 个评委的打分：85
请输入第 4 个评委的打分：67
请输入第 5 个评委的打分：45
请输入第 6 个评委的打分：78
请输入第 7 个评委的打分：86
请输入第 8 个评委的打分：82
请输入第 9 个评委的打分：79
请输入第 10 个评委的打分：88
去除最高分 95.0 和最低分 45.0 后的最后得分为 81.5
```

本 章 小 结

(1)程序的控制结构包括顺序结构、选择结构和循环结构。

(2)选择和循环结构中要用到条件表达式，条件表达式的值有真(True)、假(False)以及其等价值，等价值的范围比较广，需要区分清楚。

(3)Python 中关系运算符可以连用，如 $0<x<=100$。

(4)条件表达式具有惰性求值的特点，即只需要求必须求值的部分。

(5)编写选择结构和循环结构的程序时，需要确保缩进符合业务逻辑的表达，否则会产生结构性错误。

(6) 注意循环结构中 else 子句的特殊用法，并且与选择结构 if 语句中的 else 子句区分开。
(7) 使用循环结构和选择结构时，注意代码的优化，提高其运行效率。
(8) 灵活使用特殊语句 break 与 continue 语句能产生有效的效果。

本章习题

一、填空题

1. Python 程序控制结构包括：________、选择结构和循环结构。
2. 从狭义上说，条件表达式的值只有两个：True 和________。
3. 关系运算符常用的共有六个，分别是>、<、>=、<=、________、!=。
4. 在 Python 中________表示空类型。
5. 仅仅在真正需要执行的时候才计算表达式的值，而不是必须计算关系表达式中的每一个表达式，这种关系运算符计算的特点称为________。
6. 在循环语句中，________语句的作用是提前结束本层循环。

二、判断题

1. 选择(分支)结构和循环结构需要通过判断条件表达式的值来确定下一步的执行路径(或流程)。　(　　)
2. 0 or 0.0 等、空值 None、空列表、空元组、空字符串等都与 True 等价。　(　　)
3. 在 Python 中，逻辑运算符有 and、or 、not。　(　　)
4. 在 Python 中有三种循环结构，分别是 for 循环、while 循环和 do 循环。　(　　)
5. 对于带有 else 子句的循环语句，如果是因为循环条件表达式不成立而结束循环，则执行 else 子句中的代码。　(　　)
6. continue 语句的作用是提前结束循环，含义就是 continue 语句之后的所有语句都不执行，直接退出循环结构。　(　　)

三、编程题

1. 编写程序，实现分段函数计算。

$$y=\begin{cases}0, & x<0\\ x, & 0\leqslant x<5\\ 3x-5, & 5\leqslant x<10\\ 0.5x-2, & 10\leqslant x<20\\ 0, & 20\leqslant x\end{cases}$$

2. 从键盘输入一个数，并求其阶乘。
3. 编写程序，判断今天是今年的第几天。

第 5 章　Python 函数

在软件开发过程中，经常遇到某种操作完全相同或者相似，仅仅操作的对象不同的情况，普通的做法就是不断地复制相同的代码，这种方式增加了程序的代码量，结构也不清晰，对于这种情况应该如何处理？

从程序设计效率和软件复用技术角度来看，在程序中如果大量出现相同的代码块，一旦需要修改，则需要修改全部这些代码块，这样的编程效率和水平都是低下的。如果把这样多次出现的相同的代码块单独分离出来并且通过一定的格式命名和封装，则可以在程序的不同位置反复调用，而且一旦需要修改，只需要修改这一个代码块就可以，这个分离出来的代码块，就是函数的概念。

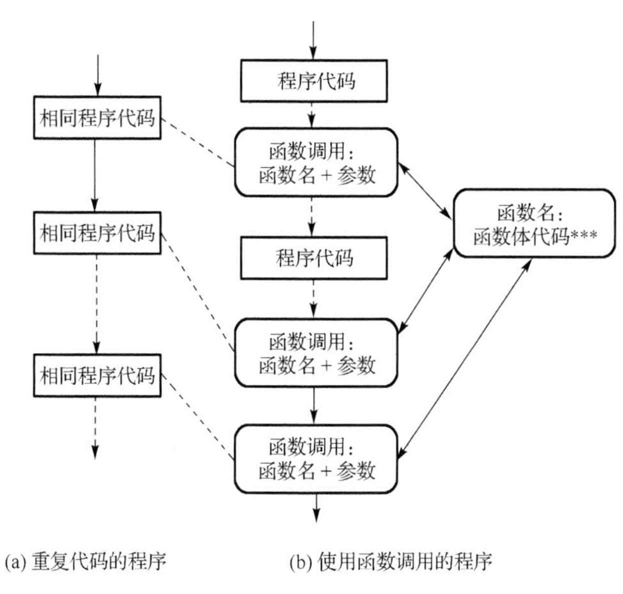

(a) 重复代码的程序　　(b) 使用函数调用的程序

图 5.1　函数调用的示意图

这种情况可以设计成函数的程序模式，就是将可能要多次使用的代码封装为函数，以后在需要该功能的地方调用封装好的函数，通过不同的参数值，实现需要的操作。这种方式实现了程序代码的复用，同时保证了代码的一致性。图 5.1(a)显示的是具有多段相同代码的源程序，图 5.1(b)显示的是把相同代码定义为一个函数，且使用函数调用的源程序及其调用过程示意。

引例：求 s=1!+3!+5!+7!+9!的值。

```
#方法一：依次求值，然后累加求和
s=1
ss=0
for i in range(1,2):                    #求 1!
    s=s*i
```

```
ss=ss+s
s=1
for i in range(1,4):                    #求 3!
    s=s*i

ss=ss+s
s=1
for i in range(1,6):                    #求 5!
    s=s*i

ss=ss+s
s=1
for i in range(1,8):                    #求 7!
    s=s*i

ss=ss+s
s=1
for i in range(1,10):                   #求 9!
    s=s*i

ss=ss+s
print("方法一：1!+3!+5!+7!+9!=",ss)
```

运行结果如下：

```
方法一：1!+3!+5!+7!+9!= 368047
```

这个引例是一个典型的多次使用重复代码的结构，方法一采用多次重复计算阶乘，这个程序如何用函数来改造？下面将继续讨论。

5.1 Python 函数的分类

函数的概念在高级语言程序设计中非常重要，函数是一种软件复用技术，在软件开发过程中，函数是非常重要的。在 Python 中函数可以分为以下几种。

1) 内置函数

Python 内置函数是程序中可以直接使用的函数。内置函数运行速度快，建议程序设计时尽量使用，所有的内置函数可以在 IDLE 环境中使用内置函数 dir() 查看。第 2 章对于主要内置函数已进行了介绍，这里不再赘述。

2) 标准库函数

Python 标准库非常庞大，所提供的组件涉及范围十分广泛，标准库除了包含多个内置模块(C 语言编写)，依靠这些内置模块实现了系统的功能，如文件 I/O，还有大量以 Python 编写的模块，提供了日常编程中许多问题的标准解决方案。

Windows 版本的 Python 安装程序通常包含整个标准库，所以不需要单独安装标准库，使用前用 import 命令导入相应模块即可使用。常用的标准库有 math 库、random 库、os 库、datetime 库等。

3) 第三方提供的函数

第三方为 Python 提供了很多扩展库，这些库中的函数或模块在使用前需要下载安装，在 script 文件夹中，DOS 命令提示符下使用 pip 等命令可以在线安装，正确安装之后才可以使用，初学者一定要注意确保扩展库正确安装，否则即使表面上安装了扩展库，也依然无法使用其中的函数或模块。下面列出的是一些常用的第三方扩展库，如表 5.1 所示。

表 5.1　Python 常用的第三方扩展库

序号	扩展库	说明
1	socket	底层网络接口 stdlib
2	grab	网络爬虫框架(基于 pycurl/multicur)
3	scrapy	网络爬虫框架(基于 twisted)，不支持 Python 3
4	pyspider	一个强大的爬虫系统
5	jieba	中文分词工具
6	OpenCV	开源计算机视觉库
7	pillow	PIL 的 fork 版本，操作图像库
8	pygame	一个高可移植性的游戏开发模块
9	NumPy	科学计算和数学工作基础包，包括统计学、线性代数、矩阵数学、金融操作等
10	matplotlib	第一个 Python 可视化库，有许多程序库都建立在其基础上或者直接调用该库，这样做可以很方便地得到数据的大致信息，功能非常强大，但也非常复杂

4) 自定义函数

在程序设计过程中，用户可以将一些常用计算或操作定义为函数，一旦定义该函数对象后，就可以反复调用，既提高了软件复用的效率，又提高了代码的质量。Python 本身就是函数式编程，在程序设计过程中建议多使用自定义函数。

对于上面的引例，可以用函数的方法来改造。

```
#方法二：自定义函数 jiecheng()，通过函数调用求值
def jiecheng(n):                        #定义函数 jiecheng，n 是形式参数
    s=1
    for i in range(1,n+1):
        s=s*i
    return s                            #函数定义结束

ss=0                                    #下面开始调用函数 jie
ss=jiecheng(1)+jiecheng(3)+jiecheng(5)+jiecheng(7)+jiecheng(9)
#依次使用不同参数调用函数
print("方法二：1!+3!+5!+7!+9!=",ss)
#方法三：使用循环语句调用函数求值
ss=0
for i in range(1,10,2):                 #使用 for 循环
    ss=ss+jiecheng(i)                   #调用方法二定义的函数 jie
print("方法三：1!+3!+5!+7!+9!=",ss)
```

运行结果如下：

```
方法二：1!+3!+5!+7!+9!= 368047
方法三：1!+3!+5!+7!+9!= 368047
```

其中，方法二定义函数 jiecheng()，然后依次使用不同参数值调用函数计算并求和；方法三也是使用循环语句实现函数调用，方法三最简洁，但是数据是固定的，如果从键盘输入，而且确保输入非数值数据系统不会抛出异常，程序应该如何改造？

5.2　函数的定义

5.2.1　函数定义基本语法

在 Python 语言中，可以根据需要自行定义函数，定义函数使用关键字 def，自定义函数的语法格式如下：

```
def 函数名([参数列表]):
        函数体语句组
```

说明：

(1) 关键字 def 是定义函数专用的，函数名不可以缺少。

(2) 格式中的参数列表，用逗号分隔，方括号[]表示参数列表是可选项，函数可以无参数，但必须保留一对空括号()，在实际使用中，参数列表不需要用方括号[]。

(3) 函数形式的参数不需要说明类型，也不需要说明函数的返回值类型。

(4) 定义函数时，括号后面的冒号(:)不可以缺少；函数体一定要保持一定的空格缩进(一般为四个空格)。

(5) 函数的命名要符合 Python 语言的命名规范。

(6) 函数体语句组可以是一条语句、一条复合语句或者多条语句，但一定要注意缩进格式确保逻辑结构正确。

下面是定义一个求阶乘的函数的例子，通过调用函数求任意数的阶乘。

例如：

```
def  jiecheng(n):                          #定义求阶乘的函数
    s=1
    for i in range(1,n+1):                 #for 循环
        s=s*i
    return s                               #返回值

n=input("请输入一个正数 n:")               #程序正文
n=eval(n)                                  #n 求值，如果用 int()函数可以吗？
if n>0 :
    print(str(n)+"!=", jiecheng(n))        #调用函数 jiecheng()
else:
    print("你输入的不是一个正数！")
```

运行结果如下：

```
请输入一个正数n:5
5!= 120
```

注意：

(1)在 Python 中，虽然不需要定义函数返回值的类型，但函数的返回值的类型与 return 语句中的表达式值类型一致。

(2)不管 return 语句在函数的哪个位置，一旦执行就直接结束函数的执行。

(3)如果函数没有 return 语句，或者虽有 return 语句但是没有执行或执行不了，系统均认为函数执行了 return None 结束，也就是返回空值。

5.2.2　函数的参数

函数的参数包括定义时的**形式参数**(parameters，简称形参)和调用时的**实际参数**(arguments，简称实参)。函数定义时在圆括号内用逗号分隔的是形式参数，函数有多个参数，如果没有参数也必须保留圆括号。

(1)函数的多个参数在圆括号内用逗号分隔。

(2)参数传递：函数在调用的时候，形式参数会被实际参数替换，也就是存在一个参数传递的过程，将参数的值或引用传递给形参。

(3)定义函数时无须声明形式参数类型，具体在调用时，解释器会根据实参类型自动推断形参类型，这样使函数的定义与调用非常灵活，类似于函数重载。

1)一个参数形式

当自定义函数只有一个参数时，遵循形实参传递要求实现相应的运算，如下例所示。

定义一个求 $1+2+\cdots+n$ 的值的函数。

```
def addone(n):                              #定义一个函数 addone，形参 n
    s=0
    for i in range(1,n+1):
        s=s+i
    return s

n=input("请输入一个正数N: ")
n=eval(n)                                   #转换为数值
s=addone(n)                                 #调用自定义函数 addone，参数传递 n(实参)
print("1+2+…+"+str(n)+"=",s)     #输出结果
```

运行结果如下：

```
请输入一个正数N: 100
1+2+…+100= 5050
```

注意：形参只能在函数体内使用，一旦离开函数体，形参的值将无效。也就是说，形参是一个局部变量，而这里的实参却是一个全局变量。无论在函数体内还是在函数体外都可以使用。

2) 位置参数形式

位置参数就是多个参数时，形参和实参按顺序一对一匹配，也就是顺序必须一致，并且形参和实参的数量必须相同。

```
def  max1(a,b,c):
    max=a
    if a>b:
        if a>c:
            max=a
        else:
            max=c
    else:
        if b>c:
            max=b
        else:
            max=c
    return max

a,b,c=input("请输入三个数用逗号分隔: ").split(',')        #同时给三个变量赋值
a,b,c=eval(a),eval(b),eval(c)
print("数"+str(a)+","+str(b)+","+str(c)+"的最大数是=",max1(a,b,c))
                                                        #位置参数一一对应
```

运行结果如下：

```
请输入三个数用逗号分隔: 78,7,65
数 78,7,65 的最大数是= 78
```

3) 关键参数形式

关键参数主要是指函数调用时的参数传递方式与函数定义无关。

关键参数的主要特点有以下两点。

(1) 关键参数可以按照参数名传递。

(2) 关键参数的形实参顺序可以不一致，并且不影响参数值的传递结果。

例如：

```
>>> def demons(x,y,z=0):            #定义函数 demons
        print("x=",x,"y=",y,"z=",z)

>>> demons(25,36)                   #调用函数
x= 25 y= 36 z= 0                    #z 默认为 0

>>> demons(66,77,88)                #调用函数
x= 66 y= 77 z= 88

>>> demons(z=11,x=22,y=33)          #调用函数，关键参数形实参顺序不一样，观察结果
x= 22 y= 33 z= 11
```

4) 默认参数形式

Python 是支持默认值函数定义的，在定义函数时形式参数可以为默认值，调用函数时函数会直接使用函数定义的默认值。

带有默认值参数的函数定义语法规范如下：

```
def 函数名(形参 1, 形参 2, …, 形参名=默认值):
        函数体语句组
```

举例如下：

```
>>> def output(info,times=1):
      print((info+",")*times)

>>> output('Qust')
   Qust,
>>> output('Qust',6)                    #替换默认值为 6
   Qust,Qust,Qust,Qust,Qust,Qust,
>>> output.__defaults__                 #输出函数参数的默认值=1
   (1,)

>>> def output(info,times=2):
     print((info+",")*times)
>>> output('Qust')
     Qust,Qust,

>>> output.__defaults__                 #参数默认值为 2
   (2,)
>>> output('Qust',5)
  Qust,Qust,Qust,Qust,Qust,
>>> output.__defaults__                 #函数被调用后，参数默认值不变
   (2,)
```

说明：

(1) 在调用函数时是否为参数默认值传递实际参数是可选的。

(2) “函数名.__defaults__” 随时查看函数所有参数默认值的当前值。

(3) 参数默认值放在参数列表最后，右边不能再出现没有默认值的普通参数。

(4) 一般要避免使用字典、集合、列表或其他可变序列作为函数参数默认值，否则会导致严重的逻辑错误。

5) 可变长参数形式

Python 函数可变长参数在定义函数时有两种主要形式。

(1) *parameter 形式。该形式参数以一个星号(*)开头，代表着一个任意长度的元组，可以接收连续一串实参，如下面的例子所示：

```
>>> def funt1(*x):                      #定义可变长参数函数
      print(x)

>>> funt1('q','u','s','t')              #调用函数
```

```
('q', 'u', 's', 't')       #输出结果
>>> funt1(1,2,3,4,5)
(1, 2, 3, 4, 5)

>>> def demo(x,*args):  #定义混合参数模式函数，x 是普通参数，args 是变长参数
        print(x,args)

>>> demo(1)              #调用函数
1 ()
>>> demo(1,2,3,4,5)
1 (2, 3, 4, 5)
>>> demo('hello','q','u','s','t')
hello ('q', 'u', 's', 't')
```

(2) **parameter 形式。参数以两个星号(**)开头的代表着一个字典，参数的形式是 key=value，接收连续任意多个参数。接收类似于关键参数的显式赋值形式的多个实参并自动将其放入字典中。

例如：

```
>>> def demo(**args):                    #定义函数
       print(args)

>>> demo(a=1,b=2,c=3,d=4,e=5)          #函数调用
{'a': 1, 'b': 2, 'c': 3, 'd': 4, 'e': 5}
>>> def demo1(**args):                   #定义函数，函数体是个循环语句
       for item in args.items():
            print(item)

>>> demo1(a='q',b='u',c='s',d='t')
('a', 'q')
('b', 'u')
('c', 's')
('d', 't')
```

Python 在定义函数时，可以同时使用位置参数、关键参数、默认值参数和可变长参数，但同时使用会造成代码可读性差，除非必须，否则尽量不要多种参数混合使用。

5.2.3 函数传递参数时的序列解包

序列解包针对的是函数的实参，同样也有单星号*形式、双星号**形式，以及单双星号混合形式。下面从三个方面来了解函数传递参数时的序列解包。

1) 单星号(*)形式序列解包

当调用函数时含有多个位置参数时，可以使用 Python 列表、集合、元组、字典以及可迭代对象作为实际参数，并用星号(*)加上实参名的格式，Python 解释器自动进行解包，同时把序列中的值分别传递给多个单变量形式参数。

```
>>> def demo(x,y,z):                    #定义函数
       print(x,y,z)
```

```
>>> seq=list(range(1,4))                    #赋值列表
>>> demo(*seq)                              #函数调用，对序列进行解包
1 2 3
>>> seq1={1:'a',2:'b',3:'c'}                #赋值字典
>>> demo(*seq1)                             #对字典的键进行解包
1 2 3
>>> demo(*seq1.values())                    #对字典的值进行解包
a b c
```

2) 双星号形式(**)序列解包

当实际参数是字典，且实际参数字典中的所有键都是函数的形式参数名称，或者与函数中两个星号(**)可变长参数相对应时，使用双星号进行序列解包，把字典转换为关键参数形式进行参数传递。

例如：

```
>>>x={'a':1,'b':2,'c':3,'d':4}              #定义要解包的字典
>>> def func(a,b,c,d=9):                    #定义具有位置参数和默认值参数的函数
        print(a,b,c,d)

>>> func(**x)                               #调用函数 func
1 2 3 4                                     #返回字典的值
>>> def func1(**y):                         #定义字典形参为可变长参数的函数
        for item in y.items():
            print(item)

>>> y={'q':1,'u':2,'s':3,'t':4}             #要解包的字典
>>> func1(**y)                              #调用函数对字典 y 进行解包
('q', 1)
('u', 2)
('s', 3)
('t', 4)
>>> y1={'a':1,'b':2,'c':3}
>>> func1(**y1)                             #调用函数对字典 y1 进行解包
('a', 1)
('b', 2)
('c', 3)
```

3) 单星号(*)、双星号(**)以及位置参数的混合形式

自定义函数可以以多种形式接收实际参数，在定义函数时遵循的先后顺序为：位置参数、参数默认值、单星号可变长参数和双星号可变长参数。函数调用时的参数传递也是按照这个顺序进行的。需要注意的是在函数调用时如果实参用一个星号进行序列解包，则解包后的实参将会当作一般的位置参数，并且在关键参数和用双星号进行解包的参数之前处理，即依然遵循上面的顺序。

```
>>> def demo(x,y,z,w):                      #定义函数
        print(x,y,z,w)
```

```
>>> x=(6,7,8,9)
>>> demo(*x)                               #单星号参数调用函数
6 7 8 9
>>> demo(6,*(7,8,9))                       #位置参数和单星号序列解包同时使用
6 7 8 9
>>> demo(6,*(7,8),9)
6 7 8 9
>>> demo(x=6,*(7,8,9))                     #顺序不对，单星号序列解包相当于位置参数
                                           #优先处理，抛出异常
TypeError: demo()got multiple values for argument 'x'

>>> demo(w=9,*(6,7,8))
6 7 8 9
>>> demo(*(6,7),**{'z':8,'w':9})
6 7 8 9
>>> demo(**{'x':6,'y':7},*{'z':8,'w':9})      #顺序不对，抛出异常
SyntaxError: iterable argument unpacking follows keyword argument unpacking
>>> demo(**{'x':6,'y':7},*{'z':8,'w':9})
```

5.2.4　变量的作用域

变量的作用域即为变量发生作用的代码范围，如同不同文件夹中的同名文件之间互不影响一样，不同作用域内同名变量之间也是互不影响的。

函数外部和函数内部定义的变量的作用域是不同的，根据变量的不同作用域，一般分为两种变量类型：局部变量和全局变量。

1) 局部变量

函数内部的变量一般是局部变量，局部变量只在该函数内部可见，当函数运行结束后，其内部定义的所有局部变量将被自动删除释放而不可访问，要注意的是在函数内部使用关键字 global 定义的全局变量在该函数运行结束之后不被释放并且可以继续使用和访问。

2) 全局变量

函数外部定义的变量或者在函数内部使用 global 定义的变量为全局变量，无论全局变量还是局部变量，其作用域都是从定义的位置开始的，在此之前无法使用。

3) 函数内部修改全局变量

如果在函数内部修改在函数外部定义的全局变量的值，需要使用关键字 global 声明，否则会自动创建新的局部变量，分以下两种情况。

(1) 当一个变量在函数之外已经定义，需要在函数内部修改这个变量的值时，可以在函数内部再一次用 global 声明要使用的已经在外部定义过的同名全局变量，如此，该变量值在函数内部的修改则会反映到函数之外。

(2) 函数内部用 global 定义一个全局变量，但在函数外部没有声明或定义过该变量，则在第一次调用该函数之后，会创建新的全局变量。

下面举例说明局部变量和全局变量的用法：

```
>>> str1="青岛科技大学"                #在函数外定义了全局变量 str1
>>> str1
```

```
'青岛科技大学'

>>> def func1():                          #定义函数
      str1="信息科学技术学院"              #函数内局部变量 str1
      print(str1)

>>> func1()                                #函数调用
信息科学技术学院
>>> str1                                   #函数调用后，不影响同名全局变量 str1 的值
'青岛科技大学'
#下面定义函数 func2()
>>> def func2():
      global str1,str2                    #定义全局变量 str1 和 str2
      str1="Qust"
      str2="Qingdao"
      str3="Shandong"                     #局部变量
      print(str1,str2,str2)

>>> func2()                                #调用函数 func2()
Qust Qingdao Qingdao
>>> del str2                               #删除全局变量 str2
>>> str2                                   #全局变量 str2 已经被删除，不存在了
NameError: name 'str2' is not defined

>>> str3                  #str3 是函数 func2()中的局部变量，函数运行结束后自动被释放
NameError: name 'str3' is not defined
```

5.3　匿名函数与 lambda 表达式

匿名函数是没有函数名字，被临时使用的函数，lambda 表达式常常用来声明匿名函数，而且具有独特的效果。

1) lambda 表达式声明匿名函数

lambda 表达式不允许包含复杂的语句，但表达式中可以调用函数，表达式的计算结果相当于匿名函数的返回值。

```
>>> f1=lambda str1,str2,str3:str1+str2+str3     #lambda 表达式命名为 f1
>>> f1('青岛','科技','大学')                      #lambda 表达式作为函数使用
'青岛科技大学'

>>> f2=lambda x,y=9,z=7:x*x+2*y+z               #lambda 表达式 f2
>>> f2(2)                                        #支持默认值参数
29
>>> f2(2,y=3,z=5)                                #调用时使用关键参数
15
```

2) lambda 表达式作为函数或方法的参数

lambda 表达式可以作为函数或者方法的参数，如内置函数 map()和 filter()的第一个参数，以及内置函数 sorted()和列表方法 sort()的 key 参数等。

```
>>> l1=list(range(1,11))                #创建列表
>>> l1
[1, 2, 3, 4, 5, 6, 7, 8, 9, 10]

>>> list(map(lambda x:x+20,l1))         #lambda 表达式作为函数的参数
[21, 22, 23, 24, 25, 26, 27, 28, 29, 30]

>>> l3=list(range(1,26))                #创建列表 l3
>>> import random                       #导入 random
>>> random.shuffle(l3)                  #l3 乱序
>>> l3
[11, 10, 25, 17, 8, 1, 15, 20, 6, 2, 19, 21, 3, 4, 5, 24, 16, 7, 23, 14, 18,
13, 12, 9, 22]

>>> l3.sort(key=lambda x:x) #lambda 表达式作为函数参数，用在列表的 sort()方法中
>>> l3                      #输出排序后结果
[1, 2, 3, 4, 5, 6, 7, 8, 9, 10, 11, 12, 13, 14, 15, 16, 17, 18, 19, 20, 21,
22, 23, 24, 25]
```

3) 在 lambda 表达式中调用函数

lambda 表达式除了可以定义匿名函数和作为函数的参数使用之外，还可以调用自定义函数和内置函数。

(1) lambda 表达式调用自定义函数。在 lambda 表达式中调用预先定义好的函数，实现其特定功能，举例如下：

```
>>> def demo(n):                        #自定义函数，求阶乘
      s=1
      for i in range(1,n+1):
          s=s*i
      return s

>>> l1=[1,2,3,4,5]                      #定义列表 l1
>>> list(map(lambda x:demo(x),l1))      #在 lambda 表达式中调用自定义函数
[1, 2, 6, 24, 120]
```

(2) lambda 表达式调用内置函数。在一些特殊的操作场合，lambda 表达式可以用来调用一些内置函数，实现规定的功能要求，举例如下：

```
>>> l4=['aaab','aab','aaabbbaaabbb','ab','abab']  #创建列表 l4
>>> l4.sort(key=lambda x:len(str(x)))   #在列表的 sort()方法中 lambda 表达
                                        #式调用内置函数 len()
>>>l4
['ab', 'aab', 'aaab', 'abab', 'aaabbbaaabbb']
```

最后应该注意，虽然 lambda 表达式可以方便灵活地定义匿名函数，而且可以作为函数的参数或者调用函数，但是如果仅仅需要一个简单的运算，则尽量使用标准库 operator 中提供的函数，而应尽量减少使用自定义 lambda 表达式，因为使用标准库 operator 中的函数效率更高。

5.4 生成器函数

生成器也是 Python 中的一个特别对象，对这个对象进行操作，可以依次生成按生成器对象运算产生的数据。但是要注意，如果不对生成器进行操作，是不会产生数据的，这样的方式称为生成器惰性求值或者生成器延迟求值。构成生成器有两种方法：生成器表达式和生成器函数，前面 3.3.5 节已经学习过生成器表达式，下面学习生成器函数的设计与使用。

生成器函数指的是函数体中包含关键字 yield 的函数(yield 就是专门给生成器用的 return)，yield 语句与 return 语句的作用类似，都是用来从函数中带回返回值到主调函数，两者的不同之处在于，return 语句一旦执行则函数的运行将立刻结束，返回到主程序中；而每次执行 yield 语句返回一个值之后只是暂停或者挂起后面代码的执行，下次可以通过生成器对象的__next__()方法、内置函数 next()、for 循环遍历生成器对象元素或其他方式显示“索要”数据时恢复执行。因为生成器具有惰性求值的特点，适合大数据处理的场合。

1)生成器函数的定义

生成器函数的语法格式如下：

```
def  生成器函数名():
         函数体语句 1
         yield [from]表达式
         [函数体语句 2]
```

这是定义生成器函数的基本语法格式，其中，yield 语句是必须有的，[from]和[函数体语句 2]是可选项，根据需要选择使用。下面分别举例说明生成器函数的定义形式。

定义形式 1：

```
def g1():                                  #定义生成器函数 g1
    for i in range(1,6):
        yield i*I                          #yield 语句后无其他语句
```

定义形式 2：

```
def generator1(n):                         #定义生成器函数 gen()
   number = 0
   while number**2 < n:
         yield number**2
         number += 1                       #语句体 2
```

2)生成器函数的调用

定义完生成器函数就可以使用 print()函数输出其结果，也可以使用__next__()方法或 next()调用生成器函数。

上面定义了生成器函数 generator1()，下面调用该函数，操作如下：

```
>>> x= generator1 (100)
>>> print(x)                         #输出生成器对象
<generator object gen at 0x0000024C2BF2DB48>
>>> result1=x.__next__()             #执行__next__()方法
```

```
>>> print(result1)                          #输出结果
0

>>> result2 = next(x)                       #执行 next()函数
>>> print(result2)                          #输出结果
1

>>> result3 = x.__next__()
>>> print(result3)
4

>>> result4 = x.__next__()
>>> print(result4)
9

>>> for i in generator1(100):               #遍历生成器对象
        print(i,end=' ')

0 1 4 9 16 25 36 49 64 81
```

下面的例子遍历输出的是剩下的元素，请认真体会，举例如下：

```
>>> def genstr():                           #定义生成器函数
        yield from "Qingdao"

>>> x=genstr()                              #创建生成器对象
>>> next(x)                                 #输出第一个元素
'Q'
>>> next(x)                                 #输出第二个元素
'i'
>>> for item in x:                          #遍历输出 x 中的剩余元素，以逗号分隔
      print(item,end=',')

n,g,d,a,o,                                  #输出剩余元素
```

3)使用生成器函数模拟标准库函数

Python 标准库 itertools 中提供了一个函数 count(开始数,步长)，用来连续生成无限个数据，第一个数据为开始数，默认值为 0，相邻两个数的差是步长值(step 默认为 1)，可以用生成器函数来模拟 count()函数的功能。

```
>>> def count(start,step):                  #定义生成器函数，模拟 count()函数的功能
        number=start
        while True:
              yield number
              number=number+step

>>> x=count(1,2)                            #创建生成器对象
>>> x                                       #x 是生成器对象
<generator object count at 0x00000296169208E0>

>>> for i in range(1,11):                   #循环输出第一批 10 个数
      print(next(x),end='  ')
```

```
1  3  5  7  9  11  13  15  17  19              #输出的结果
>>> for i in range(1,11):                       #循环输出第二批 10 个数
      print(next(x),end='  ')

21  23  25  27  29  31  33  35  37  39         #输出的结果
```

5.5　综 合 案 例

函数在 Python 语言中有着重要的作用，使用非常广泛，通过本节几个范例的演示，观察运行结果，可以加深对函数的定义以及调用的理解，有利于初学者提高函数的应用能力和程序设计能力。

案例 5-1　编写一个函数，键盘输入一个正整数 *n*(*n*>3)，输出杨辉三角的前 *n* 行。

本例代码严格按缩进要求编写，要求程序能够连续执行。

```
#编写函数求杨辉三角
def yanghuisanjiao(n):                          #定义求杨辉三角的函数
    print([1])
    line1=[1,1]
    print(line1)
    for i in range(2,n):
        y=[]
        for j in range(0,len(line1)-1):
            y.append(line1[j]+line1[j+1])
        line1=[1]+y+[1]
        print(line1)

while True:                                     #主程序
    n=int(input("请输入一个正整数(0 退出): "))
    if n==0:
        break
    else:
        yanghuisanjiao(n)                       #调用杨辉三角函数
```

运行结果如下：

```
请输入一个正整数(0 退出): 5
[1]
[1, 1]
[1, 2, 1]
[1, 3, 3, 1]
[1, 4, 6, 4, 1]
请输入一个正整数(0 退出): 6
[1]
[1, 1]
[1, 2, 1]
[1, 3, 3, 1]
[1, 4, 6, 4, 1]
[1, 5, 10, 10, 5, 1]
请输入一个正整数(0 退出): 0
```

案例 5-2　编写函数，从键盘接收任意多个整数，返回一个列表，其中第一个元素为所有数的和，第二个元素为所有数的平均值，后面的元素则为所有整数中小于平均值的整数，代码如下：

```
def listnum(*p):                            #定义可变长参数函数
    sum1=sum(p)
    avg1=sum(p)/len(p)
    l1=[i for i in p if i<avg1]
    return (sum1,avg1,)+tuple(l1)

s=[]                                        #创建空列表
n=int(input("要输入几个整数："))

for i in range(1,n+1):
    k=int(input("请输入第"+str(i)+"个数："))
    s.append(k)

print("调用函数后的输出结果为：")
print(listnum(*s))                          #调用函数
```

运行结果如下：

```
要输入几个整数：10
请输入第 1 个数：12
请输入第 2 个数：6
请输入第 3 个数：88
请输入第 4 个数：65
请输入第 5 个数：28
请输入第 6 个数：6
请输入第 7 个数：99
请输入第 8 个数：81
请输入第 9 个数：75
请输入第 10 个数：100
调用函数后的输出结果为：
(560, 56.0, 12, 6, 28, 6)                   #输出元组
```

本章小结

(1) 函数是软件复用技术的重要应用。

(2) Python 函数可以分为内置函数、标准库函数、第三方函数和自定义函数。

(3) 函数的参数包括定义时的形式参数和调用时的实际参数。

(4) 函数传递参数时的序列解包应用非常灵活，序列解包主要针对函数的实参，主要形式有单星号(*)形式、双星号(**)形式，以及单双星号混合形式。

(5) 匿名函数是没有函数名字的、临时使用的函数，lambda 表达式常常用来声明匿名函数，而且具有独特的效果。

本 章 习 题

一、填空题

1. Python 中定义函数的关键字是________。
2. 查看变量类型的 Python 内置函数是________。
3. 可以使用内置函数________查看包含当前作用域内所有全局变量和值的字典。
4. 如果函数中没有 return 语句或者 return 语句不带任何返回值，那么该函数的返回值为________。
5. 表达式 sorted([111, 2, 33], key=lambda x: len(str(x)))的值为________。

二、判断题

1. 函数是代码复用的一种方式。（　）
2. 定义 Python 函数时必须指定函数返回值类型。（　）
3. 调用函数时，在实参前面加一个星号“*”表示序列解包。（　）
4. 在函数内部没有办法定义全局变量。（　）

三、读程序写结果

1. 阅读下面的代码，分析其执行结果。

```
def Sum(a, b=3, c=5):
    return sum([a, b, c])
print(Sum(a=8, c=2))
print(Sum(8))
print(Sum(8,2))
```

结果：________

2. 阅读下面的代码，分析其执行结果。

```
def demo():
    x = 5
x = 3
demo()
print(x)
```

结果：________

四、编写程序

1. 编写函数，判断一个数字是否为素数，是则返回字符串 YES，否则返回字符串 NO。
2. 编写函数，模拟 Python 内置函数 sorted()。
3. 编写函数，利用多分支选择结构将成绩从百分制变换到等级制，循环输入 10 个成绩，输入–1 退出。

第 6 章　文本处理(一)：Python 字符串

在信息处理中时常需要对文本字符或者字符串进行处理，在 Python 中字符串是常用的信息组织形式，被广泛使用，Python 字符串属于不可变有序序列，有四种字符串界定符可以使用，它们分别是单引号、双引号、三单引号或者三双引号，习惯上多使用单引号或者双引号界定符，另外不同的界定符之间可以相互嵌套。

下面列出的是一些合法的常用字符串形式：'123'、'abcded'、'青岛'、"中国"、'''崂山区'''、'''青岛"科技"大学'''。

说明：

(1) Python 字符串类型的关键词是 str。

(2) 习惯上约定使用双引号或者单引号作为字符串界定符。

(3) Python 中没有像 C 语言那样严格区分字符和字符串，统一使用字符串这个形式。

(4) 字符串属于不可变序列，不能直接对字符串对象进行元素增加、修改与删除等操作，另外，切片操作也只能访问元素而不能修改字符串中的字符。

(5) 可以使用内置函数 isinstance() 或者 type() 判断一个变量是否是字符串类型。

除了支持 Unicode 编码的字符串类型 str 之外，Python 还支持字节串类型 bytes，bytes 对象可以通过 decode() 方法使用相应的编码格式解码为 str 字符串，str 类型字符串可以通过 encode() 方法使用指定的编码格式编码为 bytes 对象。还可以使用内置函数 bytes() 和 str() 在两种类型之间进行转换。

encode() 方法和 decode() 方法的应用举例如下：

```
>>> str1="青岛科技大学"              #创建字符串
>>> type(str1)
<class 'str'>

>>> str2=str1.encode('utf-8')    #使用 utf-8 编码格式编码为字节串
>>> type(str2)
<class 'bytes'>                  #输出字节串类型
>>> str2                         #输出字节串内容
b'\xe9\x9d\x92\xe5\xb2\x9b\xe7\xa7\x91\xe6\x8a\x80\xe5\xa4\xa7\xe5\xad\xa6'

>>> str2.decode('utf-8')         #使用 utf-8 格式进行解码，默认为 utf-8
'青岛科技大学'
>>> isinstance(str1,str)         #测试类型
True

>>> str3=str1.encode('gbk')      #使用 gbk 编码格式进行编码
>>> str3,type(str3)
(b'\xc7\xe0\xb5\xba\xbf\xc6\xbc\xbc\xb4\xf3\xd1\xa7', <class 'bytes'>)
```

```
>>> str3.decode('gbk')              #使用 gbk 编码格式进行解码
'青岛科技大学'
```

Python 中字符串的操作非常丰富，主要操作有：字符串大小比较、求字符串长度、字符串双向索引、访问字符串元素、成员测试、字符串切片等，另外还包括一些特殊类型的操作如查找、替换、排版以及字符串格式化等操作。

6.1　字符串及其格式化

6.1.1　字符串编码格式

美国标准信息交换码(ASCII)是最早应用的字符/字符串信息编码，ASCII 码采用一字节对一个字符进行编码，其仅对 10 个阿拉伯数字、26 个小写英文字符、26 个大写英文字符以及一些特殊的符号进行编码，最多只能表示 256 个符号，早期的 ASCII 编码字符较少，满足不了信息技术日益发展的要求，所以需要不断发展和完善。

随着信息技术的发展以及信息交换的需要，针对应用中各国文字的编码需要，以及不同的应用领域和场合对字符串编码的要求差异，出现了多种形式的编码格式。在 Python 中最常用的字符串编码格式有 GBK 和 UTF-8 两种。

1) GBK 编码格式

GBK 编码全称为汉字内码扩展规范(GBK 即“国标”“扩展”汉语拼音的第一个字母，英文名称为 Chinese internal code specification)，中华人民共和国国家标准化管理委员会、国家质量技术监督局标准化司、电子工业部联合以技监标函 1995—229 号文件的形式，将它确定为技术规范指导性文件。

GBK 的主要特点是采用单双字节变长混合编码方案，即英文使用单字节编码，完全兼容 ASCII 字符编码，中文部分采用双字节编码。

2) UTF-8 编码格式

UTF-8 (8-bit unicode transformation format/universal character set) 是针对 Unicode 的一种可变长度字符编码，又称万国编码。它可以用来表示 Unicode 标准中的任何字符，而且其编码中的第一字节仍与 ASCII 兼容，使原来处理 ASCII 字符的软件无须或只进行局部修改后，便可继续使用，因此，UTF-8 编码逐渐成为电子邮件、网页及其他存储或传送文字等应用中优先采用的编码格式。UTF-8 对全世界所有国家需要用到的字符进行编码，以一字节表示英文字符(兼容 ASCII)，以三字节表示汉字，还有一些其他国家的字符用两字节或者四字节表示。

不同的编码格式之间存在较大的差异，而且有着不同的表示和存储形式，同一个字符用不同编码存入文件时，写入的内容可能会不同，所以需要正确了解编码规则，如果编码不正确就无法还原信息，在一些场合下，字符串编码也具有一定字符加密的功能。

Python 3.x 以上版本完全支持中文字符，默认编码格式为 UTF-8，汉字、数字、英文字母均按照一个字符对待和处理。中文/汉字也可以作为变量名、函数名等标识符使用。下面通过实例了解字符串编码。使用标准库 sys 模块中的 getdefaultencoding() 方法可以查看系统当前默认的编码格式，下面举例说明：

```
>>> import sys                          #导入 sys 模块
>>> sys.getdefaultencoding()            #查看默认编码格式
'utf-8'                                 #默认编码格式为 utf-8
>>> str1='青岛科技大学'
>>> len(str1)                           #字符串长度以汉字为单位
6
>>> len('山东青岛 123abc')               #汉字、字母、数字均同样以一个字符对待
10

>>> 单位名="青岛科技大学"                  #使用中文命名变量名
>>> print(单位名)
青岛科技大学
>>> type(单位名)                         #测试类型
<class 'str'>
>>> 单位名 1="信息科学技术学院"
>>> 单位名 2=单位名+单位名 1
>>> 单位名 2
'青岛科技大学信息科学技术学院'
```

归纳起来，GBK 和 UTF-8 编码格式的主要区别有以下三个方面，具体如下。

(1)GBK 是双字节编码。GBK 编码在国家标准《信息交换用汉字编码字符集 基本集》GB 2312—1980 基础上扩容后，兼容原来的标准。GBK 编码专门用来解决中文编码的问题，规定不论中英文都是双字节编码。

(2)UTF-8 是混合编码。UTF-8 是解决字符的一种多字节混合编码，它对英文字母使用 8 位(即一字节)，中文使用 24 位(三字节)来编码。对于英文字符较多的场合，用 UTF-8 可以节省空间。另外，如果访问某个 GBK 网页，用户需要下载中文语言包支持访问操作，而访问 UTF-8 编码的网页则可以直接访问。

(3)编码范围不同。GBK 编码包含全部中文字符，UTF-8 编码则包含全世界所有国家需要用到的各种字符。

6.1.2 转义字符

Python 转义字符是指在字符串中特定符号前加上反斜杠字符“\”，则该字符将被定义为另外一种含义，而不再表示本来的字符含义，如\n 表示换行，\t 表示制表符，字符“\”本身也要转义，所以“\\”表示的字符就是“\”。Python 还允许用“r”表示内部的字符串默认不进行转义，只表示原来的含义。

1)常用转义字符

Python 中常用的转义字符共有 16 个，具体如表 6.1 所示。

表 6.1 Python 常用转义字符

序号	转义字符	功能描述
1	\(在行尾时)	续行符，常用在程序编码的时候
2	\\	反斜杠符号(一个斜线\)
3	\'	单引号

续表

序号	转义字符	功能描述
4	\"	双引号
5	\a	ASCII 中的响铃字符
6	\b	退格符(Backspace)
7	\e	转义
8	\000	空
9	\n	换行符
10	\v	纵向制表符(垂直制表符)
11	\t	横向制表符(水平制表符)
12	\r	回车符
13	\f	换页符
14	\0yy	八进制 ASCII 代表的字符，例如，\012 代表换行
15	\xyy	十六进制 ASCII 代表的字符，例如，\x0a 代表换行
16	\uhhhh	4 位十六进制数表示的 Unicode 字符

下面举例学习 Python 转义字符的用法，如下：

```
>>> str1="oct:\061\062\063"                      #三位八进制数对应的字符
>>> str2="Hex: \x31\x32\x33\x78\x79\x7A"        #六位十六进制数对应的字符
>>> str1,str2
('oct:123', 'Hex: 123xyz')

>>> str3="青岛科技大学\n 山东"                    #包含转义字符的字符串(换行符)
>>> print(str3)
青岛科技大学                                      #输出，\n 起到换行作用
山东
```

2)原始字符

在一些特殊的场合需要使用转义字符原来的字符含义，为了避免对字符串中的转义字符进行转义，可以使用原始字符串格式，即在字符串前面加上字母 R 或者 r 表示原始字符串，其中的所有字符都表示原始的含义而不会进行任何形式的转义，原始字符常用在网络地址 URL、正则表达式和文件路径 Path 等方面。举例说明如下：

```
>>> str1="C:\now\python"         #\n 被转义为换行符
>>> print(str1)
C:                               #输出换行，n 被转义了
ow\python

>>> str2=r"C:\now\python"        #加上 r 则为原始字符，任何字符不会被转义
>>> print(str2)                  #输出原始字符
C:\now\python
>>> str3=R"青岛\n 科技大学"
>>> print(str3)
青岛\n 科技大学                   #转义字符\n 不转义
```

6.1.3　字符串格式化

在实际应用中，字符串的输出需要满足一定的格式要求，即需要对字符串进行格式化输出，Python 中字符串格式化有三种方式：百分号操作符方式、format()方式、f-string 字符格式化方式以及使用 Template 模板方式。其中，在 Python 1.x 版本中早期推荐使用百分号方式，而当前比较流行的方式是 format()方式。

1)使用百分号操作符方法(%-formatting 语句)

使用百分号操作符%进行字符串的格式化，类似于 C 语言字符格式化，这是 Python 早期提供的一种方法，虽然现在不常用了，但是它的结构和用法还是具有一定的可操作性，所以还是来学习一下。

百分号操作符格式的语法如下：

```
%[(name)][flags][width].[precision]typecode
```

说明如下。

(1)name：可选项，用于选择指定的 key

(2)flags：可选项，可供选择的值如下。

+：右对齐，正数前加正号，负数前加负号。

–：左对齐，正数前无符号，负数前加负号。

(3)width：可选项，占有宽度。

(4)precision：可选项，小数点后保留的位数

(5)typecode：必选项，可供选择的类型值如表 6.2 所示。

表 6.2　百分号%方法字符串格式化的格式字符

序号	格式字符	说明
1	%s	字符串(采用 str()的显示)
2	%r	字符串(采用 repr()的显示)
3	%c	单个字符
4	%%	字符%
5	%b	二进制整数
6	%d	十进制整数
7	%i	十进制整数
8	%o	八进制整数
9	%x	十六进制整数
10	%e	指数（基底写为 e)
11	%E	指数（基底写为 E)
12	%f	浮点数
13	%F	浮点数，与上相同
14	%g	指数(e)或浮点数（根据显示长度）
15	%G	指数(E)或浮点数（根据显示长度）

百分号%用于字符串格式化的用法举例如下：

```
>>> str1="I am learning %s" % "Python! "     #定义字符串
>>> print(str1)
I am learning Python!
>>> str2="My name is %s,age %d" % ("青岛科技大学",70)
>>> print(str2)
My name is 青岛科技大学,age 70

>>> str3="第一季度经济增长率为：%.1f" % 7.13   #浮点数格式字符串格式化
>>> print(str3)
第一季度经济增长率为：7.1                      #保留 1 位小数位

>>> "%c,%c" % (97,65)                           #使用元组对字符串进行格式化
'a,A'                                           #97-a，65-A
```

%形式的字符串格式有点类似 C/C++中的输出格式控制，在实际使用中注意区分。

2) 使用 format() 方法

使用百分号%进行字符串格式化是老版本 Python 通常使用的字符串格式化方式，在程序设计中推荐使用 format() 方法进行字符串格式化，该方法是当前习惯使用的方式，它操作灵活，不仅可以使用位置和关键参数进行格式化，还可以使用序列解包进行字符串格式化，为字符串格式化提供了极大的操作方便。

字符串类型格式化采用 format() 方法，基本使用格式是：

```
<模板字符串>.format(<逗号分隔的参数>)
```

基本语法的模板字符串使用{ }来替代%，调用 format() 方法后会返回一个新的字符串。对于整数类型，输出格式包括 6 种，对于浮点数类型，输出格式包括 4 种，如表 6.3 所示。

表 6.3　format() 方法字符串格式化的格式字符

对于整数类型，输出格式包括 6 种	
格式字符	说明
b	输出整数的二进制方式
c	输出整数对应的 Unicode 字符
d	输出整数的十进制方式
o	输出整数的八进制方式
x	输出整数的小写十六进制方式
X	输出整数的大写十六进制方式
对于浮点数类型，输出格式包括 4 种	
e	输出浮点数对应的小写字母 e 的指数形式
E	输出浮点数对应的大写字母 E 的指数形式
f	输出浮点数的标准浮点形式
%	输出浮点数的百分形式

举例如下：

```
>>> str1 = "I am {}, age {}".format("青岛科技大学", 70)
>>> print(str1)
I am 青岛科技大学, age 70
>>> str2 = "I am {0}, age {1}".format("青岛科技大学", 70)
#{0}和{1}对应 format()后面的次序
>>> print(str2)
I am 青岛科技大学, age 70

>>> str3 = "I am {name}, age {age}".format(**{"name": "青岛科技大学", "age": 70})
>>> print(str3)                                   #以字典的方式提供数据
I am 青岛科技大学, age 70

>>> print('{0:.3f}'.format(1/7),1/7)              #对比使用 format()方式格式化和
0.143    0.14285714285714285                      #不使用该方法的输出
>>> print('{0:.3f},{0:.6f}'.format(1/7))          #小数位数不同的格式输出
0.143,   0.142857                             #只有一个数用两种格式输出，所以次序均为 0

>>> str4="my name is {name},my age is {age},my qq is {qq}".format(name=
"爱中华",age=70,qq="999999999")                  #如同关键参数一一对应输出
>>> print(str4)                                   #输出结果
my name is 爱中华,my age is 70,my qq is 999999999

>>> tuple1=(7,8,9)
>>> print("x:{0[0]},y:{0[1]},z:{0[2]}".format(tuple1))
                                                  #使用元组同时格式化多个值
x:7,y:8,z:9
```

使用 format()方法对字符串进行格式化，操作灵活，结构清晰，能产生意想不到的效果，需要在实践中不断体会和掌握。

说明：format()方法进行字符串格式化，序号是从 0 开始的，format()里面的对象第一个对应序号为{0}，第二个对应序号为{1}，如上面的例子“str2 = "I am {0}, age {1}".format("青岛科技大学", 70)”所示，{0}对应字符串“青岛科技大学”，{1}对应数字 70。

3) f-string 字符串格式化

f-string 字符串格式化，也称为格式化字符串常量(formatted string literals)，是 Python 3.6 新引入的一种字符串格式化方法，主要目的是使格式化字符串的操作更加简便。f-string 是以前缀 f 或 F 修饰符引领的字符串(f'xxx' 或 F'xxx')，以大括号 {} 标明被替换的字段。f-string 在本质上并不是字符串常量，而是一个在运行时运算求值的表达式。

f-string 在功能方面比传统的%-formatting 语句和 str.format()函数更佳，同时性能又优于二者，且使用起来也更加简洁明了，因此对于 Python 3.6 及以后的版本，推荐使用 f-string 进行字符串格式化。学习 Python 需要不断引入新技术，只有这样才能最大限度地提高 Python 程序设计水平。

f-string 字符串格式化用法说明如下。

(1) 简单变量使用。f-string 用大括号{ }表示被替换的变量字段，直接填入替换内容，举例如下：

```
>>> name="Qingdao"
>>> f'My name is {name},Welcome!'              #字段 name 是简单变量
'My name is Qingdao,Welcome!'
```

(2) 表达式求值与函数调用。f-string 的大括号{ }可以填入表达式或调用函数，Python 会自动求出其结果并填入返回的字符串内。

```
>>> x=5
>>> y=7
>>> f'The number is {x+y}'                     #字段 x+y 是算术表达式
'The number is 12'                             #求值填入

>>> n=5
>>> f'数{n}的平方值为{n**2}'
'数 5 的平方值为 25'

>>> import math                                #导入 math 模块
>>> m=10
>>> f'数{m}的平方根为{math.sqrt(m)}'            #字段是函数调用
'数 10 的平方根为 3.1622776601683795'
```

(3) 多行 f-string 使用。f-string 格式还可用于多行字符串处理，例如：

```
>>> name="青岛科技大学"
>>> age="70"
>>> f"Hello!\                                  #注意：符号\是续行符
    My name is {name}.\                        #再一次续行
    My'age is {age}。"
```

按回车键输出结果如下：

```
"Hello!  My name is 青岛科技大学.   My'age
```

(4) f-string 自定义格式应用。自定义格式中的控制和约束形式有对齐方式、宽度、符号、补零、输出精度、数值进制等。f-string 采用内容格式对{content:format}形式来设置字符串控制格式，其中 content 是替换并填入字符串的内容，可以是变量、表达式或函数等，format 是格式描述符。采用默认格式时不必指定{:format}，只写{content}即可。

①对齐格式控制符：一共有三种对齐格式控制符，如表 6.4 所示。

表 6.4　对齐格式控制符

序号	对齐格式控制符	含义与作用
1	<	左对齐(字符串默认对齐方式为左对齐)
2	>	右对齐(数值默认对齐方式为右对齐)
3	^	居中对齐

例如：

```
>>> x=2939.27
>>> f"x is {x:^}"                #居中对齐
'x is 2939.27'
>>> f"x is {x:<}"                #左对齐
'x is 2939.27'
>>> y="abcd"
>>> f"y is {y:>}"                #右对齐
'y is abcd'
```

②数字符号相关格式描述符：数字符号相关格式描述符及其含义如表 6.5 所示。

表 6.5　数字符号相关格式描述符

序号	格式描述符	含义与作用
1	+	负数前保留负号(–)，正数前加正号(+)
2	–	负数前保留负号(–)，正数前不加任何符号(默认)
3	(空格)	负数前保留负号(–)，正数前加一个空格

例如：

```
>>> z=890.12345
>>> f"z is {z:<+9.1f}"     #左对齐，宽度 10 位，显示正号(+)，定点数格式，1 位小数
'z is +890.1   '

>>> z=-890.12345
>>> f"z is {z:<-9.1f}"
```

注意：数字符号格式描述符仅适用于数值类型，不能用于其他类型。

③数字显示方式相关格式描述符：Python 中，数字显示方式格式描述符只有一个符号“#”，含义如表 6.6 所示。

表 6.6　数字显示方式格式描述符

序号	格式描述符	含义与作用
1	#	切换数字显示方式

注意：

a. “#”仅适用于数值类型，其他类型不适合使用。

b. “#”对不同数值类型的作用效果不同，如表 6.7 所示。

表 6.7　“#”对不同数值类型的作用效果

序号	数值类型	不加#(默认)	加 #	区别
1	二进制整数	'1111011'	'0b1111011'	开头是否显示 0b
2	八进制整数	'173'	'0o173'	开头是否显示 0o
3	十进制整数	'123'	'123'	无区别
4	十六进制整数(小写字母)	'7b'	'0x7b'	开头是否显示 0x
5	十六进制整数(大写字母)	'7B'	'0X7B'	开头是否显示 0X

例如：

```
>>> m=2139
>>> f'm is {m:^#10X}'     #居中，宽度 10 位，十六进制整数(大写字母)，显示 0X 前缀
'm is   0X85B   '
```

④宽度与精度相关格式描述符：自定义格式中有关宽度和精度的格式描述符如表 6.8 所示。

表 6.8 宽度和精度格式描述符

序号	格式描述符	含义与作用
1	width	整数 width 指定宽度
2	0width	整数 width 指定宽度，开头的 0 指定高位用 0 补足宽度
3	width.precision	整数 width 指定宽度，整数 precision 指定显示精度

注意：

a. 0width 不可用于复数类型和非数值类型，width.precision 不可用于整数类型。

b. width.precision 用于不同格式类型的浮点数、复数时的含义也不同：用于 f、F、e、E 和 % 时 precision 指定的是小数点后的位数，用于 g 和 G 时 precision 指定的是有效数字位数(小数点前位数+小数点后位数)。

c. width.precision 除浮点数、复数外，还可用于字符串，此时 precision 的含义是只使用字符串中前 precision 位字符。

举例如下：

```
>>> x=2020.0716
>>> f"x 格式输出 is {x:9.3f}"                    #总的宽度 9 和精度 3
'x 格式输出 is  2020.072'                        #精度，即小数点后位数是 3 位
>>> f"x 格式输出 is {x:09.3f}"
'x 格式输出 is 02020.072'

>>> f"x 格式输出 is {x:09.3e}"
'x 格式输出 is 2.020e+03'
>>> f"x 格式输出 is {x:9.3g}"
'x 格式输出 is  2.02e+03'

>>> f"x 格式输出 is {x:9.3%}"
'x 格式输出 is 202007.160%'
```

学习下面的字符串格式化，比较之间的区别：

```
>>> str1="Qingdao"
>>> f"str1 is {str1:9.2s}"                       #输出的是两位字符
'str1 is Qi       '
>>> f"str1 is {str1:9s}"
'str1 is Qingdao  '
```

⑤千位分隔符相关格式描述符：f-string 中使用的千位分隔符有两个，其作用如表 6.9 所示。

表 6.9　千位分隔符相关格式描述符

序号	格式描述符	含义与作用
1	,	使用半角逗号“,”作为千位分隔符
2	_	使用“_”作为千位分隔符

注意：

a. 若不指定符号“,”或“_”，则 f-string 不使用任何千位分隔符，此为默认设置。

b. “,”仅适用于浮点数、复数与十进制整数：对于浮点数和复数，“,”只分隔小数点前的数位。

c. “_”适用于浮点数，复数与二、八、十、十六进制整数：对于浮点数和复数，“_”只分隔小数点前的数位；对于二、八、十六进制整数，固定从低位到高位每隔四位插入一个“_”（十进制整数是每隔三位插入一个“_”）。

举例说明如下：

```
>>> x=2134232932923.0987654321
>>> f"x 格式输出：{x:f}"
'x 格式输出：2134232932923.098877'
>>> f"x 格式输出：{x:,f}"                    #使用逗号,千位分隔符
'x 格式输出：2,134,232,932,923.098877'

>>> f"x 格式输出：{x:_f}"                    #使用_千位分隔符
'x 格式输出：2_134_232_932_923.098877'

>>> y=9876543210
>>> f"y 格式输出：{y:_b}"
'y 格式输出：10_0100_1100_1011_0000_0001_0110_1110_1010'
>>> f"y 格式输出：{y:_o}"
'y 格式输出：1114_5401_3352'

>>> f"y 格式输出：{y:_d}"
'y 格式输出：9_876_543_210'

>>> f"y 格式输出：{y:_x}"
'y 格式输出：2_4cb0_16ea'
```

⑥格式类型相关格式描述符：f-string 中基本的格式类型符有 14 个，含义、作用以及使用变量的类型如表 6.10 所示。

表 6.10　基本类格式描述符

序号	格式描述符	含义与作用	适用变量类型
1	s	普通字符串格式	字符串
2	c	字符格式，按 Unicode 编码将整数转换为对应字符	整数
3	b	二进制整数格式	整数
4	d	十进制整数格式	整数
5	o	八进制整数格式	整数

续表

序号	格式描述符	含义与作用	适用变量类型
6	x	十六进制整数格式(小写字母)	整数
7	X	十六进制整数格式(大写字母)	整数
8	e	科学计数格式，以 e 表示×10^n	浮点数、复数、整数(自动转换为浮点数)
9	E	与 e 等价，但以 E 表示×10^n	浮点数、复数、整数(自动转换为浮点数)
10	f	定点数格式，默认精度(precision)是 6	浮点数、复数、整数(自动转换为浮点数)
11	F	与 f 等价，但将 nan 和 inf 换成 NAN 和 INF	浮点数、复数、整数(自动转换为浮点数)
12	g	通用格式，小数用 f，大数用 e	浮点数、复数、整数(自动转换为浮点数)
13	G	与 G 等价，但小数用 F，大数用 E	浮点数、复数、整数(自动转换为浮点数)
14	%	百分比格式，数字自动乘上 100 后按 f 格式排版，并加 % 后缀	浮点数、整数(自动转换为浮点数)

常用的特殊格式类型为标准库 datetime 给定的用于排版时间信息的格式类型，适用于 date、datetime 和 time 对象，如表 6.11 所示。

表 6.11　特殊格式类型控制符

序号	格式描述符	含义	显示样例
1	%a	星期几(缩写)	'Sun'
2	%A	星期几(全名)	'Sunday'
3	%w	星期几(数字，0 是周日，6 是周六)	'0'
4	%u	星期几(数字，1 是周一，7 是周日)	'7'
5	%d	日(数字，以 0 补足两位)	'07'
6	%b	月(缩写)	'Aug'
7	%B	月(全名)	'August'
8	%m	月(数字，以 0 补足两位)	'08'
9	%y	年(后两位数字，以 0 补足两位)	'14'
10	%Y	年(完整数字，不补零)	'2014'
11	%H	小时(24 小时制，以 0 补足两位)	'23'
12	%I	小时(12 小时制，以 0 补足两位)	'11'
13	%p	上午/下午	'PM'
14	%M	分钟(以 0 补足两位)	'23'
15	%S	秒钟(以 0 补足两位)	'56'
16	%f	微秒(以 0 补足六位)	'553777'
17	%z	UTC 偏移量(格式是 ±HHMM[SS]，未指定时区则返回空字符串)	'+1030'
18	%Z	时区名(未指定时区则返回空字符串)	'EST'
19	%j	一年中的第几天(以 0 补足三位)	'195'
20	%U	一年中的第几周(以全年首个周日后的星期为第 0 周，以 0 补足两位)	'27'
21	%w	一年中的第几周(以全年首个周一后的星期为第 0 周，以 0 补足两位)	'28'
22	%V	一年中的第几周(以全年包含 1 月 4 日的星期为第 1 周，以 0 补足两位)	'28'

综合应用举例：

```
>>> import datetime as dt                    #导入模块
>>> e=dt.datetime.today()
>>> f'the time is {e:%Y-%m-%d (%a)%H:%M:%S}'   #datetime 时间格式
'the time is 2020-07-11 (Sat)15:33:37'

>>> x=5678
>>> f'x is {x:^#10X}'       #居中，宽度 10 位，十六进制整数(大写字母)，显示 0X 前缀
'x is   0X162E  '

>>> y=5678.4321
>>> f'y is {y:<+10.3f}'     #左对齐，宽度 10 位，显示正号(+)，定点数格式，3 位小数
'y is +5678.432  '

>>> z=76543219
>>> f'z is {z:016,d}'       #高位补零，宽度 16 位，十进制整数，使用“,”作为千位分隔符
'z is 0,000,076,543,219'

>>> u=2.1+3.5j              #复数
>>> f'u is {u:28.3e}'       #宽度 28 位，科学计数法，3 位小数
'u is        2.100e+00+3.500e+00j'
```

(5) f-string 的 lambda 表达式形式。lambda 表达式(特殊的匿名函数)也可以作为 f-string{ }大括号内的格式控制符，但这个时候 lambda 表达式需要用括号()括起来，否则会被 f-string 误认为是表达式与格式描述符之间的分隔符，在实际使用时需要注意避免歧义。

```
>>> import math
>>> f'结果是：{(lambda x:math.sqrt(x))(9)}'   #lambda 表示式用( )括起来
'结果是：3.0'

>>> lam1=(lambda x,y:x+y**2)(2,3)
>>> f'结果是：{lam1}'                        #2+3**2=2+9=11
'结果是：11'

>>> f'结果是：{lambda x,y:x+y**2 (2,3)}'     #lambda 表达式不用()括起来，报错
SyntaxError: unexpected EOF while parsing
>>> f'结果是 {(lambda x: x ** 3 + 1)(3):<+09.3f}'
'结果是 +28.00000'
```

4) 使用 Template 模板

Python 3.6 及其以上版本可以使用 Template 对象来进行格式化，标准库 string 提供了用于字符串格式化的模板类 Template，该类可以用于大量信息处理的格式化场合，尤其适用于网页模板内容的替换和格式化场合。

(1) 从 string 模块引入模板方法。使用模板类需要预先导入模板方法，语句为 from string import Template。

(2)将格式化字符串作为参数传入 Template 方法中创建字符串模板。此处的格式化字符串要求使用$作为格式符，后面跟实际值对应的名字，这个名字称为“关键字参数”，这个名字必须符合 Python 变量命名的规范，如不能是数字、保留字，要易于记忆、容易使用，与实际值的变量名没有一致性要求，但一般为了程序可读性都会使用实际值的变量值或键值，这样也增加程序的可读性。

语法格式如下：

```
模板变量名=Template(格式化字符串)
```

注意：如果格式化字符串原来就包含$符号，与格式符对$符号的使用冲突，此时用两个$符号来表示是字符$。因此如果关键字参数前出现了两个$符号，则系统不再将后面的名字作为关键字参数，而作为普通字符串处理。

(3)使用真实值替换关键字参数。语法格式如下：

```
模板变量名.substitute(关键字参数 1=实际值 1，关键字参数 2=实际值 2，…)
```

(4)举例说明。

```
>>> from string import Template          #导入模板方法
#下面定义模板
>>> t=Template("我的名字是：${name},我的班级是：${class},我的成绩是：${score} 。")
>>> student1={"name":"王小明","class":"计算 191","score":97}
>>> t.substitute(student1)           #替换，输出结果，使用模板，输出结果如下：
'我的名字是：王小明,我的班级是：计算 191,我的成绩是：97 。'

>>> from string import Template as T    #导入模板方法命名为 T
>>> t2=T("我的名字是 $name,我的班级是 $class,我的成绩是 $score 。")
>>> t2.substitute(student1)
'我的名字是 王小明,我的班级是 计算 191,我的成绩是 97 。'
```

6.2　字符串操作(一)

6.2.1　字符串的常用方法

Python 字符串对象提供了大量方法用于字符串的切分、连接、替换和排版等操作，另外还有大量内置函数和运算符也支持对字符串的操作。

字符串对象是不可变的，所以字符串对象提供的涉及字符串“修改”的方法都是返回修改后的新字符串，并不对原始字符串做任何修改，无一例外。字符串的常用方法如表 6.12 所示。

表 6.12　字符串的常用方法

序号	字符串方法	功能说明
1	find()	find()搜索字符串 S 中是否包含子串 sub，如果包含，则返回 sub 的索引位置，否则返回–1。可以指定起始 start 和结束 end 的搜索位置

续表

序号	字符串方法	功能说明
2	rfind()	rfind()返回搜索到的最右边子串的位置，如果只搜索到一个或没有搜索到子串，则和find()是等价的
3	index()	index()和find()一样，唯一的不同点在于找不到子串时，抛出ValueError错误。index()方法用来返回一个字符串在另一个字符串指定范围中首次出现的位置，如果不存在则抛出异常
4	rindex()	rindex()方法用来返回一个字符串在另一个字符串指定范围中最后一次出现的位置，如果不存在则抛出异常
5	count()	count()方法用来返回一个字符串在另一个字符串中出现的字数，如果不存在则返回0
6	split()	split()方法用指定字符为分隔符，从字符串左端开始将其分隔成多个字符串，并返回包含分隔结果的列表
7	rsplit()	rsplit()方法用指定字符为分隔符，从字符串右端开始将其分隔成多个字符串，并返回包含分隔结果的列表
8	partition()	partition()方法用来以指定字符串为分隔符从左侧开始将原字符串分隔为3个部分，即分隔符之前的字符串、分隔符字符串、分隔符之后的字符串，如果指定的分隔符不在原字符串中，则返回原字符串和两个空字符串
9	rpartition()	rpartition()方法与partition()相同，区别是从右侧开始分隔
10	join()	字符串的join()方法用来连接字符串，并且可以插入指定字符，返回新的字符串
11	lower()	lower()方法转换字符串中所有大写字符为小写
12	upper()	upper()方法转换字符串中所有小写字符为大写
13	captitalize()	captitalize()方法将字符串对象的首字母转换为大写形式
14	title()	title()方法则是将字符串对象中的每个单词的首字母转换为大写形式
15	swapcase()	字符串的swapcase()方法的功能是把字符串对象中的大小写字母互相转换，即把大写字母转换为小写，小写字母转换为大写
16	replace()方法	replace()方法用新字符串替换字符串对象中的旧字符串
17	maketrans()方法和translate()方法	maketrans()方法返回一个字符串转换表，它将字符串intstr中的每个字符映射到outstr字符串中相同位置的字符，然后将此表传递给translate()方法

下面分别学习上面列出的字符串常用方法的操作，通过举例学习其功能和应用场合。

6.2.2 字符串的查找与计数

1. find()和rfind()

在一个字符串中查找一个子串首次或者最后一次出现的位置，分别使用 find()方法和rfind()方法。

1) find()和rfind()方法的语法格式

```
strobject.find(str [, beg=0, end=len(string)])
strobject.rfind(str [, beg=0 end=len(string)])
```

2) 参数说明

(1) str：查找的字符串。

(2) beg：可选参数，开始查找的位置，默认值为0。

(3) end：可选参数，结束查找位置，默认为字符串的长度。

3) 返回值

find() 方法，如果包含子字符串返回开始的位置，否则返回−1；rfind() 方法返回字符串最后一次出现的位置，如果没有匹配项则返回−1。这里的位置均是从 0 开始计算的。

例如：

```
>>> str1="欢迎来到青岛科技大学"
>>> str2="青岛"
>>> str1.find(str2)                    #返回第一次出现'青岛'的位置
4
>>> str1.find(str2,15)                 #在指定起始位置查找，没有查找到，返回-1
-1
>>> str3="青岛科技大学，中国，青岛，松岭路 88 号"
>>> str3.find(str2)                    #返回第一次出现的位置
0

>>> str3.rfind(str2)                   #返回最后出现'青岛'的位置
10
>>> str3.rfind(str2,30)
-1
```

2. index() 和 rindex()

index() 方法从字符串中找出某个子字符串第一个匹配项的索引位置，该方法与 find() 方法一样；同样，rindex() 方法返回子字符串最后一次出现在字符串中的索引位置，该方法与 rfind() 方法也一样。这两种方法与 find() 和 rfind() 不同的是，如果子字符串不在字符串中，则会抛出一个异常。

1) index() 方法和 rindex() 方法的语法格式

```
S.index(sub[,start=0[,end=len(S)]])
S.rindex(sub[,start=0[,end=len(S)]])
```

2) 参数说明

(1) sub：指定检索的子字符串。

(2) S：父字符串。

(3) start：可选参数，开始索引，默认为 0(可单独指定)。

(4) end：可选参数，结束索引，默认为字符串的长度(不能单独指定)。

例如：

```
>>> str1="Qingdao"
>>> str1.index("dao")                  #子串第一次出现位置为 4
4
>>> str1.index("dao",2)
4
>>> str1.index("dao",6)                #起始位置为 6，抛出错误提示
ValueError: substring not found
```

```
>>> str2="Shandong Qingdao,China Qingdao"
>>> str2.rindex("dao")                  #子串最后一次出现的位置
27
>>> str2.rindex("dao",1,19)             #子串在位置 1～19 范围内最后一次出现的位置
13
>>> str2.rindex("dao",35)
ValueError: substring not found
```

3. count()

count()方法用于统计字符串中某个字符出现的次数。

1)语法格式

```
strobject.count(sub [, start= 0,end=len(string)])
```

2)参数说明

(1)sub：搜索的子字符串。

(2)start：可选参数，字符串开始搜索的位置。默认为第一个字符,第一个字符索引值为 0。

(3)end：可选参数，字符串中结束搜索的位置。字符中第一个字符的索引为 0，默认为字符串的最后一个位置。

3)返回值

count()方法返回子字符串在父字符串中从某个位置开始出现的次数，默认位置为 0。

例如：

```
>>> str3="Shandong Qingdao,China Qingdao"
>>> str3.count("dao")                   #子串 dao 一共出现 2 次
2
>>> str3.count("dao",5)                 #起始位置为 5
2
>>> str3.count("dao",1,20)              #子串在位置 1～20 范围出现 1 次
1
```

6.2.3 字符串的切分

对于一个字符串对象，可以使用指定的字符作为分隔符，从字符串左边或右边开始将其分隔成多个字符串，并且返回包含分隔结果的列表，有关字符串分隔的方法有 split()、rsplit()、partition()和 rpartition()。

1. split()和 rsplit()

字符串对象的 split()和 rsplit()通过指定分隔符对字符串进行切片，split()方法从字符串左端开始，rsplit()方法从字符串右端开始，如果参数 count 有指定值，则分隔 count+1 个子字符串。

1)语法格式

```
strobject.split([str="", count=string.count(str)])
strobject.rsplit([str="", count=string.count(str)])
```

2) 参数说明

(1) str：可选参数，指定的分隔符，默认为所有的空字符，包括空格、换行(\n)、制表符(\t)等。

(2) count：可选参数，分隔次数，默认为分隔符在字符串中出现的总次数。默认为-1，即分隔所有。

3) 返回值

返回值为分隔后的字符串新列表。举例说明：

```
>>> str4="Shandong Qingdao,China Qingdao"
>>> str4.split()                                #以空格分隔
['Shandong', 'Qingdao,China', 'Qingdao']
>>> str4.split(' ',1)                           #以空格分隔 1 次
['Shandong', 'Qingdao,China Qingdao']
>>> str4.split(',',1)                           #以逗号分隔 1 次
['Shandong Qingdao', 'China Qingdao']

>>> str4.rsplit()
['Shandong', 'Qingdao,China', 'Qingdao']        #从右侧开始分隔
>>> str4.rsplit(' ',1)
['Shandong Qingdao,China', 'Qingdao']           #从右侧开始分隔

>>> str4.rsplit(',',1)                          #从右侧开始分隔
['Shandong Qingdao', 'China Qingdao']
```

2. partition()和 rpartition()

partition()方法和 rpartition()方法是根据指定的分隔符将字符串进行分隔。如果字符串包含指定的分隔符，则返回一个 3 元的元组，第一个为分隔符左边的子串，第二个为分隔符本身，第三个为分隔符右边的子串。这两个方法的不同之处是 partition()方法从左到右遇到的第一个分隔符作为分隔符，而 rpartition()方法从右向左遇到的第一个分隔符作为分隔符。

1) 语法格式

```
strobject.partition(str);
strobject.rpartition(str)
```

其中，参数 str 为分隔符。

2) 应用举例

```
>>> str5="www.qust.edu.cn"
>>> str5.partition(".")                         #从左开始
('www', '.', 'qust.edu.cn')

>>> str5.rpartition(".")                        #从右开始
('www.qust.edu', '.', 'cn')
```

6.2.4　字符串的连接

字符串的 join()方法用于将一个序列中的元素以指定的字符连成字符串，返回一个新的字符串。

1)语法格式

```
str.join(seq)
```

2)参数说明

(1)str：作为分隔符，可以为空字符串。

(2)seq：要连接的元素列表、字符串、元组、字典等序列对象。

例如：

```
>>> str='_'                                   #分隔符为_
>>> seq=['青岛','科技','大学']                #列表对象
>>> str.join(seq)                             #连接字符串
'青岛_科技_大学'

>>> str1=''                                   #分隔符为空
>>> str1.join(seq)
'青岛科技大学'

>>> '/'.join(seq)                             #分隔符为'/'
'青岛/科技/大学'
```

join()方法还可以和其他字符串方法组合使用，实现特定的功能，如join()方法和split()方法组合使用可以删除字符串中多余的特定字符。

```
>>> a='qingdao////////keji///////daxue////'   #定义字符串 a
>>> b=' '.join(a.split('/'))                  #分隔
>>> b
'qingdao        keji       daxue    '

>>> ' '.join(b.split())                       #删除空格，只保留一个空格
'qingdao keji daxue'
```

例 6-1　编写函数，判断在 Python 意义上两个字符串是否等价。

代码如下：

```
def strequ(str1,str2):                        #自定义函数 strequ
    if str1==str2:
        print("这两个字符串等价！")
    elif " ".join(str1.split())==" ".join(str2.split()):
        print("这两个字符串等价！")
    elif "".join(str1.split())=="".join(str2.split()):
        print("这两个字符串等价！")
    else:
        print("这两个字符串不等价！")          #函数定义结束

s1='青岛科技大学'
s2='青岛科技  大学'
strequ(s1,s2)
s3='青岛科技 大学'
```

```
s4='青岛/科技　大学'
strequ(s3,s4)                           #调用函数 strequ()
```

运行结果如下：

```
这两个字符串等价！
这两个字符串不等价！
```

6.2.5　字符串大小写转换

Python 中有关字符串大小写转换，以及字符串首字母的大小写互换等的方法有 lower() 方法、upper() 方法、captitalize() 方法、title() 方法和 swapcase() 方法。

1. lower() 和 upper()

lower() 方法转换字符串中所有大写字符为小写，upper() 方法转换字符串中所有小写字符为大写。

1) 语法格式

```
object.lower()
object.upper()
```

其中，object 是要被操作的字符串对象，这两个字符串方法没有任何参数。

2) 应用举例

```
>>> str1="WELCOME TO QUST! "                 #定义字符串
>>> str1.lower()
'welcome to qust! '

>>> str2="qingdao"
>>> str2.upper()
'QINGDAO'
```

2. captitalize() 和 title()

captitalize() 方法将字符串对象的首字母转换为大写形式，title() 方法则是将字符串对象中的每个单词的首字母转换为大写形式。

1) 语法格式

```
object.captitalize()
object.title()
```

其中，object 是被操作的字符串对象，captitalize() 方法和 title() 方法均没有参数。

2) 应用举例

```
>>> str1='my name is qust'
>>> str1.capitalize()
'My name is qust'
>>> str1.title()
'My Name Is Qust'
```

3. swapcase()

字符串的 swapcase()方法的功能是把字符串对象中的大小写字母互相转换，即把大写字母转换为小写，小写字母转换为大写。

1)语法格式

```
object.swapcase()
```

其中，object 是被操作的字符串对象，该方法没有参数。

2)应用举例

```
>>> str1='My NAME is Qust'
>>> str1.swapcase()
'mY name IS qUST'
```

6.2.6 字符串的查找与替换

字符串的查找与替换是字符串的重要操作，Python 中用于字符串的查找与替换的方法有 replace()方法、maketrans()方法和 translate()方法。

1. replace()

replace()方法用新字符串替换字符串对象中的原字符串。

1)语法格式

```
object.replace(old, new[, max])        #object 是被操作的字符串对象
```

2)参数说明

(1)old：将被替换的子字符串。

(2)new：新字符串，用于替换 old 子字符串。

(3)max：可选字符串，替换不超过 max 次。

3)返回值

返回字符串中的 old(原字符串)替换成 new(新字符串)后生成的新字符串，如果指定第三个参数 max，则替换不超过 max 次。

4)应用举例

```
>>> str1="山东青岛，青岛崂山区，青岛科技大学"
>>> str1.replace("青岛","qingdao")
'山东 qingdao，qingdao 崂山区，qingdao 科技大学'
>>> str1                                    #不改变原字符串内容
'山东青岛，青岛崂山区，青岛科技大学'
>>> str1.replace("青岛","qingdao",1)
'山东 qingdao，青岛崂山区，青岛科技大学'
```

注意：字符串的 replace()方法不会改变原字符串对象的内容。

2. maketrans()和 translate()

Python 字符串的 maketrans()方法返回一个字符串转换表，它将字符串 intstr 中的每个字

符映射到 outstr 字符串中相同位置，然后将此表传递给 translate()方法，使用这两个方法的组合可以同时处理多个不同的字符，replace()则无法满足这一要求。

1)语法格式

```
strobect.maketrans(intstr[, outtab]);
strobect.translate(trantstr)
```

2)参数说明

(1)intstr：这是具有实际字符的字符串，outtab 是具有相应映射字符的字符串。

(2)transtr：是 maketrans()方法生成的字符映射表。

3)返回值

maketrans()方法返回一个字符串映射表，translate()方法根据映射表定义的对应关系替换字符串中的字符，并返回新的字符串。

```
>>> str1="this is string exple,welcome to python!"      #定义字符串
>>> intstr="tiewp"
>>> outstr="12345"
>>> trantstr=str1.maketrans(intstr,outstr)              #生成字符映射表
>>> trantstr
{116: 49, 105: 50, 101: 51, 119: 52, 112: 53}
>>> str1.translate(trantstr)                            #根据映射表替换字符
'1h2s 2s s1r2ng 3x513,431com3 1o 5y1hon!'
```

maketrans()方法和 translate()方法的组合使用，可以实现文字的加密，如设定 key 为算法密钥，实现凯撒加密算法，也就是把每个英文字母变为其后面的第几个字母。

```
>>> import string
>>> def  kaisa(str,key):                            #定义函数
        lower=string.ascii_lowercase                #小写字母
        upper=string.ascii_uppercase                #大写字母
        before=string.ascii_letters
        after=lower[key:]+lower[:key]+upper[key:]+upper[:key]
        table=''.maketrans(before,after)            #创建映射表
        return str.translate(table)

>>> str=" Qingdao University of Scince and Technology, Welcome to QUST!"
>>> kaisa(str,3)                                 #输出凯撒加密后的字符串
' Tlqjgdr Xqlyhuvlwb ri Vflqfh dqg Whfkqrorjb, Zhofrph wr TXVW!'
```

***凯撒加密法**：通常作为其他更复杂的加密方法中的一个步骤，如弗吉尼亚密码。凯撒加密法还在现代的 ROT13 系统中被应用，但是和所有的利用字母表进行替换的加密技术一样，凯撒加密法非常容易破解，而且在实际应用中也无法保证通信安全。

凯撒加密法的替换方法是通过排列明文和密文字母表形成字符映射表，然后，表示通过将明文字母表向左或向右移动一个固定数目的位置的方式形成密钥，进行加密处理。例如，当偏移量是左移 3 的时候(解密时的密钥就是 3)：

明文字母表：ABCDEFGHIJKLMNOPQRSTUVWXYZ

密文字母表：DEFGHIJKLMNOPQRSTUVWXYZABC

使用时，加密者查找明文字母表中需要加密的消息中的每一个字母所在位置，并且写下

密文字母表中对应的字母。需要解密的人则根据事先已知的密钥反过来操作，得到原来的明文。例如：

明文：THE QUICK BROWN FOX JUMPS OVER THE LAZY DOG

密文：WKH TXLFN EURZQ IRA MXPSV RYHU WKH ODCB GRJ

凯撒加密法的加密、解密方法还能够通过同余的数学方法进行计算。首先将字母用数字代替，A=0,B=1,⋯,Z=25。此时偏移量为 n 的加密方法即为：

```
En(x)=(x+n)mod26{\displaystyle E_{n}(x)=(x+n)\mod 26}
```

解密如下：

```
Dn(x)=(x-n)mod26{\displaystyle D_{n}(x)=(x-n)\mod 26}
```

6.3　字符串操作(二)

6.3.1　使用内置函数操作字符串对象

Python 中除了提供字符串对象的方法操作字符串之外，系统还提供一些内置函数用于操作字符串。在前面章节中多次用到内置函数来操作字符串，在此归纳一下，常用于操作字符串的内置函数如表 6.13 所示。

表 6.13　常用于操作字符串的内置函数

序号	内置函数	说明
1	max()	内置函数 max()返回字符串中的最大字符
2	minx()	内置函数 mix()返回字符串中的最小字符
3	len()	内置函数 len()返回字符串长度
4	eval()	内置函数 eval()对任意字符串表达式求值
5	input()	内置函数 input()将用户输入的均作为字符串

举例如下：

```
>>> str1="青岛科技大学"
>>> str2="Qingdao"
>>> str3="青岛科技大学 QUST"

>>> max(str1),max(str2)                    #返回最大字符和最小字符
('青', 'o')
>>> min(str1),min(str2)
('大', 'Q')
>>> len(str1),len(str2),len(str3)     #str3 汉字和英文字母均作为一个长度计算
(6, 7, 10)

>>> x=input("请输入：")
请输入：123                                #输入数值
>>> type(x)                                #类型是字符串
<class 'str'>
>>> y=eval(x)                              #可以求值
```

```
>>> z=int(x)                              #可以取整
>>> print(y,z)
123 123
>>> type(y),type(z)                       #求值和取整后的类型均为 int
(<class 'int'>, <class 'int'>)

>>> x=input("请输入：")
请输入：abc123                             #输入字母和数字混合
>>> type(x)
<class 'str'>

>>> eval(x)                               #不可以求值
NameError: name 'abc123' is not defined
>>> int(x)                                #不可以取整
ValueError: invalid literal for int()with base 10: 'abc123'
```

6.3.2　标准库 string 中字符串常量

在第 2 章已经学习过字符串常量的知识，这里将了解标准库 string 中关于字符串常量的内容，Python 标准库 string 提供的有关英文字母大小写、标点符号以及数字字符等字符串常量，如表 6.14 所示，这些常量可以直接在程序中使用。

表 6.14　标准库 string 中字符串常量

序号	字符串常量	含义
1	string.ascii_lowercase	小写字母‘abcdefghijklmnopqrstuvwxyz’
2	string.ascii_uppercase	大写字母‘ABCDEFGHIJKLMNOPQRSTUVWXYZ’
3	string.ascii_letters	ascii_lowercase 和 ascii_uppercase 常量的连接串
4	string.digits	数字 0～9 的字符串：‘0123456789’
5	string.hexdigits	十六进制字符字符串‘0123456789abcdefABCDEF’
6	string.octdigits	八进制字符字符串‘01234567’
7	string.punctuation	所有标点符号，部分运算符
8	string.printable	可打印的字符的字符串，包含数字、字母、标点符号和空格
9	string.whitespace	空白字符‘\t\n\x0b\x0c\r’

应用举例如下：

```
>>> import string                         #导入标准库 string 模块
>>> print(string.ascii_lowercase)         #输出所有小写字母常量
abcdefghijklmnopqrstuvwxyz
>>> print(string.ascii_uppercase)         #输出所有大写字母常量
ABCDEFGHIJKLMNOPQRSTUVWXYZ

>>> print(string.ascii_letters)           #输出所有 acsii 英文字母常量
abcdefghijklmnopqrstuvwxyzABCDEFGHIJKLMNOPQRSTUVWXYZ
>>> print(string.digits)                  #输出所有数字字符常量
0123456789
```

```
>>> print(string.hexdigits)                  #输出所有十六进制字符常量
0123456789abcdefABCDEF
>>> print(string.octdigits)                  #输出所有八进制字符常量
01234567
>>> print(string.punctuation)                #输出所有标点符号、运算符号常量
!"#$%&'()*+,-./:;<=>?@[\]^_`{|}~
>>> print(string.printable)                  #输出所有打印字符常量
0123456789abcdefghijklmnopqrstuvwxyzABCDEFGHIJKLMNOPQRSTUVWXYZ!"#$%&'()*+,
-./:;<=>?@[\]^_`{|}~
```

6.3.3 中英文分词操作

在自然语言处理过程中，时常需要对文字对象进行中英文分词，中英文分词的准确度直接影响后序文本处理和挖掘算法的最终效果，Python 扩展库 jieba、snownlp 和 wordcloud 能够很好地支持中英文分词，具有较强的自然语言处理能力。扩展库在使用之前需要安装，可以使用 pip/pip3 命令安装这两个扩展库(如 pip install jieba/pip3 install jieba)。

举例如下：

```
>>> import jieba                             #导入 jieba 模块
>>> str="青岛科技大学是一所理工为主的综合性大学"
>>> jieba.cut(str)                           #使用默认词库进行分词
<generator object Tokenizer.cutat0x000002BFEB52A5C8>
>>> list(_)                                  #使用分词结果生成列表
['青岛', '科技', '大学', '是', '一所', '理工', '为主', '的', '综合性', '大学']

>>> list(jieba.cut("青青岛"))
['青', '青岛']
>>> jieba.add_word("青青岛")                 #增加新词条
>>> list(jieba.cut("青青岛"))                #使用新词库进行分词
['青青岛']
>>> list(jieba.cut("青青岛 qingdao,shandong"))     #中英文混合分词
['青青岛', 'qingdao', ',', 'shandong']
```

说明：

(1) 简单来说 pip 和 pip3 是一样的，只是为了区别 Python 2.x 和 Python 3.x 之间的调用，避免冲突而进行的设定。如果计算机只安装了 Python 3.x，那么使用 pip 和 pip3 的效果是一样的，如果计算机只安装了 Python 2.x，那么无法使用 pip3。

(2) 如果同时安装了 Python 2.x 和 Python 3.x 系统，使用 pip 命令，新安装的库会在 python2.x/site-packages 目录下，如果使用 pip3 命令，新安装的库会在 python3.x/site-packages 的目录下。

6.3.4 汉字转换到拼音

在自然语言处理过程中，时常需要把汉字转换为对应的汉语拼音，Python 扩展库 pypinyin 支持汉字到拼音的转换，并且可以和 jieba 等分词扩展库配合使用实现更加复杂的操作。需要预先安装 pypinyin 扩展库(pip install pypinyin/pip3 install pypinyin)。

```
>>> from pypinyin import lazy_pinyin,pinyin      #导入 pypinyin 模块
>>> lazy_pinyin('青岛科技大学')                  #返回汉字对应的拼音
```

```
['qing', 'dao', 'ke', 'ji', 'da', 'xue']

>>> lazy_pinyin('青岛科技大学',1)                    #返回汉字带音调的拼音
['qīng', 'dǎo', 'kē', 'jì', 'dà', 'xué']
>>> lazy_pinyin('青岛科技大学',2)                    #返回数字音调的拼音
['qi1ng', 'da3o', 'ke1', 'ji4', 'da4', 'xue2']
>>> lazy_pinyin('青岛科技大学',3)                    #返回拼音首字母
['q', 'd', 'k', 'j', 'd', 'x']
```

6.3.5　字符串的切片操作

切片操作也适合字符串对象，因为字符串是不可变序列，所以切片操作仅限于读取字符串中的元素或者反转字符串，不支持字符串的修改和删除元素等操作。

1) 反转字符串

反转字符串操作，就是把字符串颠倒过来逆序输出。例如：

```
>>> s = '1234567890'
>>> print s[::-1]
0987654321
```

2) 固定长度分割字符串

以一个固定长度 k 为单位分隔字符串，举例说明其使用方法如下：

```
>>> import re                                         #导入模块
>>> s = '1234567890'

>>> re.findall(r'.{1,3}', s)                          #以 3 个长度单位分割字符串
['123', '456', '789', '0']
>>> re.findall(r'.{1,4}',s)                           #以 4 个长度单位分割字符串
['1234', '5678', '90']
```

3) 使用圆括号生成字符串

使用圆括号可以生成一个字符串，这种应用在数据库程序设计中常用，例如：

```
>>>sql = ('SELECT count()FROM table '
      'WHERE id = "10" '
      'GROUP BY sex')

>>>print( sql)                                        #输出结果(字符串类型)
SELECT count()FROM table WHERE id = "10" GROUP BY sex
```

4) 将 print 的字符串写到文件

使用 open() 命令打开文件，然后把字符串写入文件中，例如：

```
#将字符串"Hello Qust! Welcome! "写入文件 somefile.txt
>>> with open("somefile.txt", "w+")as fp:             #打开文件
        print("Hello Qust! Welcome! ", file=fp)       #将 print 的字符串写入文件

>>> fp.close()                                        #关闭文件
```

```
>>> with open("somefile1.txt")as fp:                #读文件
        print(fp.read())

Hello Qust! Welcome!                                #输出内容
>>> fp.close()                                      #关闭文件
```

6.4　综合案例

案例 6-1　请设计一个函数，它接收一个字符串，然后返回一个仅首字母变成大写的字符串。提示：利用切片操作简化字符串操作。字符串有个方法 upper()可以把字符变成大写字母，但它会把所有字母都变成大写。

```
#案例 6-1.Py
def FirstUpper(str):                                #定义函数
    str=str[0].upper()+str[1:].lower()
    return str

str1=input("请输入一字符串：")
print("原来字符串：{} \n 转换后字符串：{}".format(str1,FirstUpper(str1)))
                                                    #调用函数
```

运行结果如下：

```
请输入一字符串：qingdao university of science and technology     #输入
原来字符串：qingdao university of science and technology     #输出
转换后字符串：Qingdao university of science and technology
```

案例 6-2　用户输入密码 8～12 位，检查密码是否符合标准，并判断其安全等级。

代码如下：

```
import string                                       #导入模块
def check(pwd):                                     #定义函数
    #密码必须至少包含 8 个字符,长度不超过 15 个字符
    if not isinstance(pwd,str)or len(pwd)<8 or len(pwd)>15:
        return 'not suitable for password'
    #密码强度等级与包含字符种类的对应关系
    d = {1:'弱！',2:'中下！',3:'中上！',4:'强！'}
    #分别用来标记 pwd 是否含有数字、小写字母、大写字母、指定的标点符号
    r = [False]*4
    pwd_range = string.ascii_uppercase+string.ascii_lowercase+string.digits+',.!;><?'

    for ch in pwd:
        if ch not in pwd_range:
            return 'error'
        elif not r[0] and ch in string.digits:
```

```
        r[0] = True
    elif not r[1] and ch in string.ascii_lowercase:
        r[1] = True
    elif not r[2] and ch in string.ascii_uppercase:
        r[2] = True
    elif not r[3] and ch in '_,.!;?<>':
        r[3] = True
#统计包含的字符种类，返回密码强度
return d.get(r.count(True),'error')

def PWDCHECK():                                    #定义密码检查函数
    while True:
        pwd = input("请输入您的密码：[00 退出]")      #输入 00 退出
        if pwd=="00":
            break
        else:
            print(check(pwd))

PWDCHECK()                                         #调用函数
```

运行结果如下：

```
请输入您的密码：[00 退出]12345
not suitable for password
请输入您的密码：[00 退出]12345678
弱!
请输入您的密码：[00 退出]abcd123
not suitable for password
请输入您的密码：[00 退出]abcd12356
中下!
请输入您的密码：[00 退出]abcd123ABCD
中上!
请输入您的密码：[00 退出]123ABCD?abcd
强!
请输入您的密码：[00 退出]
```

本章小结

(1) Python 中没有字符和字符串的区分，只有字符串的概念，是一个整体对象。

(2) Python 3.x 支持中文(汉字)作为标识符。

(3) Python 字符串格式化方法有：%百分号方法、format 方法、f-string 方法以及 Template 模板方法，Python 3.6 及其以上版本推荐使用 f-string 方法进行字符串格式化。

(4) Python 字符串是有序序列，支持使用下标访问其中的字符，支持双向索引和切片操作。

(5) Python 字符串属于不可变序列，不能直接对字符串对象进行元素增加、修改与删除等操作，且切片操作只能访问元素而不能修改字符串中的字符。

(6) Python 字符串类型关键字是 str，用内置函数 type() 可以测试类型。

(7) Python 标准库 string 提供字符串常量及其相关操作。

(8) Python 提供了丰富的转义字符，要掌握常用的转义字符含义与用法。在字符串前加上字母 r 或者 R 表示原始字符，其中所有字符均表示原始的含义而不被转义。

(9) UTF-8 编码使用 3 字节表示一个汉字，GBK 编码使用 2 字节表示汉字。

(10) Python 中字符串和字节串可以使用 encode() 方法和 decode() 方法相互转换。

本 章 习 题

一、填空题

1．Python 字符串类型的关键词是________。

2．字符串编码格式 UTF-8 使用________字节表示一个汉字。

3．已知 formatter = 'good {0}'.format，那么表达式 list(map(formatter, ['morning'])) 的值为________。

4．Python 语句" ".join(list('hello world!')) 执行的结果是________。

5．表达式 len('abc'.ljust(20)) 的值为________。

6．表达式 len('中国'.encode('utf-8')) 的值为________。

二、判断题

1．Python 字符串属于可变有序序列。（　）

2．ASCII 码采用两字节进行编码。（　）

3．在 GBK 编码中一个汉字需要 2 字节。（　）

4．Python 字符串方法 replace() 对字符串进行原地修改。（　）

5．已知 x 和 y 是两个字符串，那么表达式 sum((1 for I,j in zip(x,y) if i==j)) 可以用来计算两个字符串中对应位置字符相等的个数。（　）

三、简答题

1．简单解释 Python 的字符串驻留机制。

2．简述 UTF-8 编码格式。

3．举例说明如何使用 format() 方法进行字符串格式化。

四、编程题

1．编写程序，用户输入一段英文，输出这段英文中所有长度为 3 个字母的单词。

2．编写程序，实现字符串变量名的合法性判断。

第 7 章　文本处理(二)：正则表达式

正则表达式，又称规则表达式(regular expression，在代码中常简写为 regex、regexp 或 RE、re)，是计算机科学的一个概念。正则表达式通常用来检索、替换那些符合某个模式(规则)的文本的内容。

许多高级程序设计语言都支持利用正则表达式进行字符串操作。例如，在 Perl 语言中就内建了一个功能强大的正则表达式引擎。

正则表达式是对字符串操作的一种逻辑公式形式，是用于处理字符串的强大工具，用事先定义好的一些特定字符以及这些特定字符的组合，组成一个规则字符串(或称为模式表达式)，这个规则字符串用来表达对字符串的一种过滤逻辑。

正则表达式形式上是一个特殊的字符序列，能方便地检查一个字符串是否与某种模式相匹配。正则表达式并不是 Python 一开始就有的组成部分，自 Python 1.5 版本起增加了 re 模块，该模块才开始使 Python 语言拥有全部的正则表达式功能，而且提供了 Perl 风格的正则表达式模式，Perl 风格即为 Perl 语言风格，多用于正则表达式。图 7.1 展示了使用正则表达式进行文本匹配的流程。

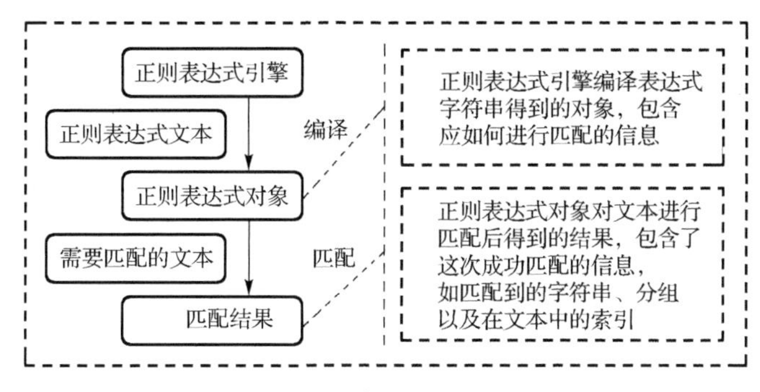

图 7.1　正则表达式匹配的流程

7.1　正则表达式基础

7.1.1　正则表达式元字符

正则表达式由元字符及其不同组合的形式组成，灵活构建正则表达式能够匹配任意的字符串，可以实现查找、替换等一系列复杂的字符串处理功能，正则表达式的灵活形式和强大的功能使其在计算机信息处理中被广泛应用。正则表达式的元字符及其含义如表 7.1 所示。

表 7.1　Python 中元字符与含义

序号	字符	功能描述
1	\	表示\之后的一个字符标记为一个特殊字符或一个原义字符或一个向后引用或一个八进制转义符；例如，'n' 匹配字符 "n"。'\n'匹配一个换行符，序列 '\\' 匹配 "\" 而 "\(" 则匹配 "("

续表

<table>
<tr><th>序号</th><th>字符</th><th>功能描述</th></tr>
<tr><td>2</td><td>( )</td><td>看作一个子模块，或将括号内的内容作为一个整体对待</td></tr>
<tr><td>3</td><td>{ }</td><td>按{ }中指定的次数进行匹配，例如，{3，8}表示前面的字符或模式至少重复 3 次而最多重复 8 次</td></tr>
<tr><td>4</td><td>[ ]</td><td>匹配位于[ ]中的任意一个字符</td></tr>
<tr><td>5</td><td>.</td><td>匹配除换行符(\n、\r)之外的任何单个字符，要匹配包括 '\n' 在内的任何字符，请使用像"(.|\n)"的模式</td></tr>
<tr><td>6</td><td>^</td><td>匹配以^后面的字符或模式开头的字符串</td></tr>
<tr><td>7</td><td>$</td><td>匹配以$前面的字符或模式结束的字符串</td></tr>
<tr><td>8</td><td>*</td><td>匹配*前面的子表达式零次或多次；
例如，Do* 能匹配 "D" 以及 "Doo"，* 等价于{0,}</td></tr>
<tr><td>9</td><td>+</td><td>匹配+前面的子表达式一次或多次；
例如，'Ao+' 能匹配 "Ao" 以及 "Aoo"，但不能匹配 "A"，+ 等价于 {1,}</td></tr>
<tr><td>10</td><td>-</td><td>在[ ]内表示一个范围，如[1-9]</td></tr>
<tr><td>11</td><td>|</td><td>匹配位于|之前或之后的字符</td></tr>
<tr><td>12</td><td>\num</td><td>此处的 num 是一个正整数，表示前面字符或子模式的编号；
例如，“(.)\1”匹配两个连续的相同字符</td></tr>
<tr><td>13</td><td>{n}</td><td>n 是一个非负整数，匹配确定的 n 次；
例如,'o{2}' 不能匹配 "Bob" 中的 'o'，但是能匹配 "food" 中的两个 'o '</td></tr>
<tr><td>14</td><td>{n,}</td><td>n 是一个非负整数,至少匹配 n 次；
例如,'o{2,}' 不能匹配 "Bob" 中的 'o',但能匹配 "fooood" 中的所有 o。'o{1,}' 等价于 'o+','o{0,}' 则等价于 'o*'</td></tr>
<tr><td>15</td><td>{n,m}</td><td>m 和 n 均为非负整数，其中 n <= m。最少匹配 n 次且最多匹配 m 次；
例如，"o{1,3}" 将匹配 "fooooood" 中的前三个 o。'o{0,1}' 等价于 'o?'。请注意在逗号和两个数之间不能有空格</td></tr>
<tr><td>16</td><td>?</td><td>(1)匹配?前面的子表达式零次或一次。例如，"do(es)?" 可以匹配 "do" 或 "does"，? 等价于 {0,1}；
(2)当该字符紧跟在任何一个其他限制符 (*, +, ?, {n}, {n,}, {n,m})后面时，匹配模式是非贪婪的。非贪婪模式尽可能少地匹配所搜索的字符串，而默认的贪婪模式则尽可能多地匹配所搜索的字符串。例如，对于字符串 "oooo"，'o+?' 将匹配单个 "o"，而 'o+' 将匹配所有 'o'</td></tr>
<tr><td>17</td><td>x|y</td><td>匹配 x 或 y；
例如，'z|food' 能匹配 "z" 或 "food"；'(z|f)ood' 则匹配 "zood" 或 "food"</td></tr>
<tr><td>18</td><td>[xyz]</td><td>字符集合，匹配所包含的任意一个字符；
例如，'[abc]' 可以匹配 "plain" 中的 'a'</td></tr>
<tr><td>19</td><td>[^xyz]</td><td>负值字符集合，匹配未包含的任意字符
例如，'[^abc]' 可以匹配 "plain" 中的'p'、'l'、'i'、'n'</td></tr>
<tr><td>20</td><td>[a-z]</td><td>字符范围，匹配指定范围内的任意字符；
例如，'[a-z]' 可以匹配 'a'～'z' 范围内的任意小写字母字符</td></tr>
<tr><td>21</td><td>[^a-z]</td><td>负值字符范围，匹配不在指定范围内的任意字符；
例如，'[^a-z]' 可以匹配不在 'a'～'z' 范围内的任意字符</td></tr>
<tr><td>22</td><td>\b</td><td>匹配一个单词边界，也就是指单词和空格间的位置；
例如，'er\b' 可以匹配"never" 中的 'er'，但不能匹配 "verb" 中的 'er'</td></tr>
<tr><td>23</td><td>\B</td><td>匹配非单词边界，'er\B' 能匹配 "verb" 中的 'er'，但不能匹配 "never" 中的 'er'</td></tr>
<tr><td>24</td><td>\cx</td><td>匹配由 x 指明的控制字符，例如，\cM 匹配一个 Control-M 或回车符。x 的值必须为 A～Z 或 a～z 之一。否则，将 c 视为一个原义的 'c' 字符</td></tr>
<tr><td>25</td><td>\d</td><td>匹配一个数字字符，等价于 [0-9]</td></tr>
<tr><td>26</td><td>\D</td><td>匹配一个非数字字符，等价于 [^0-9]</td></tr>
<tr><td>27</td><td>\f</td><td>匹配一个换页符，等价于 \x0c 和 \cL</td></tr>
</table>

续表

序号	字符	功能描述
28	\n	匹配一个换行符，等价于 \x0a 和 \cJ
29	\r	匹配一个回车符，等价于 \x0d 和 \cM
30	\s	匹配任何空白字符，包括空格、制表符、换页符等，等价于 [\f\n\r\t\v]
31	\S	与\s 含义相反，匹配任何非空白字符，等价于 [^ \f\n\r\t\v]
32	\t	匹配一个制表符，等价于 \x09 和 \cI
33	\v	匹配一个垂直制表符，等价于 \x0b 和 \cK
34	\w	匹配字母、数字、下划线，等价于'[A-Za-z0-9_]'
35	\W	与\w 含义相反，匹配非字母、数字、下划线，等价于 '[^A-Za-z0-9_]'
36	\xn	匹配 n，其中 n 为十六进制转义值。十六进制转义值必须为确定的两个数字长。例如，'\x41' 匹配 "A"，'\x041' 则等价于 '\x04' & "1"，正则表达式中可以使用 ASCII 编码

正则表达式的元字符较多，这里列出一部分，初学者对于正则表达式的理解和应用都有困难，因此需要从最简单的内容开始学习，逐步领会，并应用于字符串的操作处理中。

表 7.1 列出的元字符较多，对于初学者掌握起来较难，下面是正则表达式中最基本的特殊序列，如表 7.2 所示。

表 7.2　正则基本的特殊序列

序号	符号	描述
1	\d	匹配任何十进制数字[0-9]
2	\D	匹配任何非数字字符
3	\s	匹配任何空白字符(也就是空格)
4	\S	匹配任何非空格字符
5	\w	匹配任何字母数字字符
6	\W	匹配任何非字母数字字符

以上是 6 个常用的特殊序列，基本涵盖了所有字符串的过滤需求，并且特殊序列之间可以混合使用。举例说明如下：

(1) 单个符号应用。

```
>>> import re                          #导入模块
>>> pattern1=re.compile('\d')   #找出所有的十进制数字  r'\d'，加 r 表示原始字符
>>> pstr1=pattern1.findall('Qingdaokejidaxue1950Qust')
>>> if pstr1!=None:
    print(pstr1)
else:
    print("无匹配！")
['1', '9', '5', '0']                   #返回一个列表
```

(2) 多个符号混合应用。

```
>>> import re                                   #导入模块
>>> pattern1=re.compile(r'\D\d')              #找出第一位是字母,第二位是数字的组合
>>> pstr1=pattern1.findall('Qingdaokejidaxue1950Qust')
```

```
>>> if pstr1!=None:
    print(pstr1)
else:
    print("无匹配！")

['e1']                                    #返回一个列表
```

7.1.2　正则表达式子模式扩展语法

在正则表达式中使用圆括号“( )”表示子模块，子模块可以作为一个整体对待，使用子模块扩展语法可以实现更加复杂的字符串处理能力，常用的扩展语法如表 7.3 所示。

表 7.3　常用子模式扩展语法

序号	语法	功能描述
1	(?P<groupname>)	为子模式命名
2	(?iLmsux)	设置匹配标志，可以是几个字母的组合，每个字母的含义与编译标志相同
3	(?:…)	匹配但不捕获该匹配的子表达式
4	(?P=groupname)	表示在此之前的命名为 groupname 的子模式
5	(?#…)	表示注释
6	(?<=…)	用于正则表达式之前，如果“<=”后的内容在字符串中不出现则匹配，但不返回“<=”之后的内容
7	(?=…)	用于正则表达式之后，如果“=”后的内容在字符串中出现则匹配，但不返回“=”之后的内容
8	(?<!…)	用于正则表达式之前，如果“<!”后的内容在字符串中不出现则匹配，但不返回“<!”之后的内容
9	(?!…)	用于正则表达式之后，如果“!”后的内容在字符串中不出现则匹配，但不返回“!”之后的内容

7.1.3　贪婪模式和非贪婪模式

贪婪模式和非贪婪模式是字符串匹配的两种形式。贪婪模式与非贪婪模式影响的是被量词修饰的子表达式的匹配行为，贪婪模式在整个表达式匹配成功的前提下，尽可能多匹配，而非贪婪模式在整个表达式匹配成功的前提下，尽可能少匹配，两种模式使用的场合不同。

1) 贪婪模式

贪婪模式是尽可能多地匹配字符串。Python 中字符串匹配策略默认为贪婪模式。

例如：

```
>>> import re
>>> st1=re.match(r'(.+)(\d*-\d*)', '1234-56789')    #贪婪模式
>>> st1.group(1)
'1234'
>>> st1.group(2)
'-56789'
>>> st1.group(0)
'1234-56789'
>>> st1.group()
'1234-56789'
```

2) 非贪婪模式

非贪婪模式尽可能少地匹配字符串，在正则表达式后面加个“?”表示非贪婪模式。

例如，字符串 abcccb，贪婪模式正则表达式为 ab.*c，非贪婪模式的正则表达式为 ab.*?c，贪婪模式结果为 abccc，非贪婪模式结果为 abc，又如，字符串 abbb，贪婪模式正则表达式为 ab，非贪婪模式正则表达式为 ab??，贪婪模式结果为 ab，非贪婪模式结果为 a。例如：

```
>>> import re
>>> str3 = re.match(r'(ab.*c)', 'abcccb')                    #贪婪模式
>>> str3.group(0)
'abccc'

>>> str4 = re.match(r'(ab.*?c)', 'abcccb')                   #非贪婪模式
>>> str4.group(0)
'abc'

>>> import re
>>> str1=re.match(r'(ab)',"abbb")                            #贪婪模式
>>> str1.group(0)
'ab'
>>> str1=re.match(r'(ab??)',"abbb")                          #非贪婪模式
>>> str1.group(0)
'a'
```

举例：

```
>>> import re
>>> str2 = re.match(r'(.+?)(\d*-\d*)', '1327-48949')    #非贪婪模式
>>> str2.group(0)
'1327-48949'
>>> str2.group(1)                                            #非贪婪模式
'1'
>>> str2.group(2)
'327-48949'
```

7.1.4　正则表达式常用字符用法

下面分类介绍正则表达式基本字符的用法，re 模块中有很多方法，其中 findall()方法的功能是查找字符，其中模式就是正则表达式，从字符串中找出符合模式的字符序列，返回值为列表类型，列表元素为匹配出的各个字符串。

正则字符串前加字符 r 表示不转义，使用真实原码字符。举例如下：

```
>>> str1= "Hello\tWorld"
>>> str2= "Hello\nQust"
>>> print(str1)                                              #转义输出
Hello   World
>>> print(str2)                                              #转义输出
Hello
Qust
```

```
>>> str3 = r"Hello\tWorld"
>>> str4= r"Hello\nQust"
>>> print(str3)                                    #原码输出，不转义
Hello\tWorld
>>> print(str4)                                    #原码输出，不转义
Hello\nQust
```

1. 基本字符

1) 点号“.”

点号就是用于字符匹配的，即表示匹配除换行符"\n"外的任意一个字符。假设表达式为 a.c，则匹配 abc/a1c，不匹配 ac。但是在 Python 的 re 模块函数可以通过设置 re.S 标志让它也匹配换行符。

```
import re
>>> re.findall(r'qi.g','qing')                     #匹配一个字符
['qing']
>>> re.findall(r'qi.g','qinng')                    #不匹配超过一个字符
[]                                                 #返回空列表
>>> re.findall(r'Qing.Dao','Qing\nDao',re.S)#re.S 标志
['Qing\nDao']
```

2) 转义字符“\”

转义字符“\”使后一个字符改变原来的含义。假设表达式为 a\.c，则仅匹配 a.c，不匹配 abc、a1c 等 a 与 c 之间非点号“.”的字符串。在转义符“\”之后点号“.”失去了原来代表任意字符的含义。

```
>>> import re
>>> re.findall(r'a\.c','a.c')                      #匹配成功
['a.c']
>>> re.findall(r'a\.c','abc')                      #匹配不成功
[]
```

3) 字符“^”

如果字符集第一个字符是^，则表示取反的含义，即不包括某些字符。假设表达式为 a[^abc]e，则匹配 afe，不匹配 abe、ace、aae。

```
>>> import re
>>> re.findall(r'a[^abc]e','abe')    #^在中括号内表示取反的意思。所以 a[^abc]e
[]                                   #可以匹配 afe、a1e，但不匹配 abe、ace
>>> re.findall(r'a[a^bc]e','abe')
['abe']
```

注意：如果^字符不是在第一个字符，那么它就仅仅表示一个普通的字符。假设表达式为 a[a^bc]e，则匹配 abe、a^e、ace，不匹配 afe。

```
>>> re.findall(r'a[a^bc]e','a^e')
['a^e']
```

```
>>> re.findall(r'a[a^bc]e','afe')
[]
```

4)特殊字符在字符集[···]中都失去其原有的特殊含义

假设正则表达式为 r'a[a.bc]e'，则匹配'abe'、'ace'、'a.e'，但不匹配 afe。

```
>>> re.findall(r'a[a.bc]e','a.e')    #特殊符号“.”在中括号内失去了原有的含义
['a.e']
>>> re.findall(r'a[a.bc]e','afe')
[]
```

2. 预定义字符集

1)字符小写“\d”

字符“\d”表示 1 个数字，但不表示 1 个字母，相当于[0-9]。假设表达式为 a\dc，则匹配 a1c，不匹配 abc。

```
>>> import re
>>> re.findall(r'a\dcd','a1cd')
['a1c']
>>> re.findall(r'a\dc','abc')
[]                                        #不匹配，返回空列表
```

2)大写字符“\D”

字符“\D”表示 1 个非数字，相当于[^0-9]。假设表达式为 a\Dc，则匹配 abc，不匹配 a1c。

```
>>> import re
>>> re.findall(r'a\Dc','a1c')
[]
>>> re.findall(r'a\Dc','abc')
['abc']
```

3)小写字符“\s”

字符“\s”表示 1 个空白字符，相当于[<空格>\t\r\n\f\v]。假设表达式为 a\sc，则匹配 a c，不匹配 abc。

```
>>> import re
>>> re.findall(r'a\sc','a c')
['a c']
>>> re.findall(r'a\sc','abc')
[]
```

4)大写字符“\S”

字符“\S”表示 1 个非空白字符，相当于[^\s]。假设表达式为 a\Sc，则匹配 abc，不匹配 a c。

```
>>> import re
>>> re.findall(r'a\Sc','abc')
['abc']
>>> re.findall(r'a\Sc','a c')
[]
```

5) 小写字符“\w”

字符“\w”表示 1 个单词字符，相当于[a-zA-z0-9_]。假设表达式为 a\wc，则匹配 abc，不匹配 a c。

```
>>> import re
>>> re.findall(r'a\wc','abc')
['abc']
>>> re.findall(r'a\wc','a1c')
['a1c']
```

6) 大写字符“\W”

字符“\W”表示 1 个非单词字符，相当于[^\w]。假设表达式为 a\Wc，则匹配 a c，不匹配 abc。

```
>>> import re
>>> re.findall(r'a\Wc','a c')                    #空格是非单词字符
['a c']
>>> re.findall(r'a\Wc','a!c')                    #!是非单词字符
['a!c']
>>> re.findall(r'a\Wc','abc')
[]
>>> re.findall(r'a\Wc','a9c')
[]
```

3. 数量词

1) 字符“*”

字符“*”表示匹配前一个字符 0～*n* 次。假设表达式为 abc*，则匹配 ab、abc、abcc。

```
>>> import re
>>> re.findall(r'abc*','ab')
['ab']
>>> re.findall(r'abc*','abc')
['abc']
>>> re.findall(r'abc*','abcccccc')
['abcccccc']
```

2) 字符“+”

字符“+”表示匹配前一个字符 1～*n* 次。假设表达式为 abc+，则匹配 abc、abccc，不匹配 ab。

```
>>> import re
>>> re.findall(r'abc+','abc')
['abc']
>>> re.findall(r'abc+','abcc')
['abcc']
>>> re.findall(r'abc+','ab')                          #不匹配‘ab’
[]
```

3) 字符“?”

字符“?”表示匹配前一个字符 0 或 1 次。假设表达式为 abc?，则匹配 ab、abc。

```
>>> import re
>>> re.findall(r'abc?','ab')
['ab']
>>> re.findall(r'abc?','abc')
['abc']
>>> re.findall(r'abc?','abcc')
['abc']
```

4) 字符“{*m*}”

字符“{*m*}”表示匹配前一个字符 *m* 次。假设表达式为 abc{2}，则匹配 abcc，不匹配 abc。

```
>>> import re
>>> re.findall(r'abc{2}','abcc')
['abcc']
>>> re.findall(r'abc{2}','abc')
[]
```

5) 字符“{*m*,*n*}”

字符“{*m*,*n*}”表示匹配前一个字符 *m*～*n* 次。假设表达式为 abc{2,3}，则匹配 abcc、abccc，不匹配 abc。

```
>>> import re
>>> re.findall(r'abc{2,3}','abcc')
['abcc']
>>> re.findall(r'abc{2,3}','abccc')
['abccc']
>>> re.findall(r'abc{2,3}','abc')
[]
```

通过数量词字符的描述会发现正则表达式 abc*匹配 abcc 获取的结果是 abcc 而不是 ab，表达式 abc?匹配 abc 的结果是 abc 而不是 ab，表达式 abc{2,3}匹配 abccc 的结果不是 abcc 而是 abccc。原因是正则表达式的默认匹配方式是贪婪匹配，也就是最长匹配，所以会出现上述的匹配结果。那么如果想最短匹配呢？只需要在数量限定符后面加一个问号“?”就可以了。我们将上述的例子修改重新匹配。举例如下：

```
>>> import re
>>> re.findall(r'abc*','abcc')        #最长匹配
['abcc']
>>> re.findall(r'abc*?','abcc')       #最短匹配
['ab']
>>> re.findall(r'abc?','abc')
['abc']
>>> re.findall(r'abc??','abc')
['ab']
>>> re.findall(r'abc{2,3}','abccc')
['abccc']
```

```
>>> re.findall(r'abc{2,3}?','abccc')
['abcc']
```

4. 边界匹配

1) 字符“^”

字符“^”表示从字符串起始位置开始匹配。假设表达式为^abc，则匹配 abcd，不匹配 babc。

```
>>> import re
>>> re.findall(r'^abc','abcd')
['abc']
>>> re.findall(r'^abc','babc')
[]
```

注意：基本字符中也有“^”，表示取反的含义，注意与当作边界字符使用时的区别。

2) 字符“$”

字符“$”表示从字符串结尾开始匹配，即从尾部向前匹配。假设表达式为 abc$，则匹配 ccabc，不匹配 abcd。

```
>>> import re
>>> re.findall(r'abc$','ccabc')
['abc']
>>> re.findall(r'abc$','ccabcd')
[]
```

3) 字符“\A”

字符“\A”表示从字符串起始位置开始匹配。假设表达式为\Aabc，则匹配 abcd，不匹配 babc。

```
>>> import re
>>> re.findall(r'\Aabc','abcd')                #从起始位置开始，正好有 abc
['abc']
>>> re.findall(r'\Aabc','babc')
[]
```

4) 字符“\Z”

字符“\Z”表示从字符串结束部分开始匹配。如果存在换行，只匹配到换行前的结束字符串。假设表达式为 abc\Z，则匹配 abc，不匹配 abcd。

```
>>> import re
>>> re.findall(r'abc\Z','abc')
['abc']
>>> re.findall(r'abc\Z','abcd')               #结束位置开始是字符 d，所以不匹配
[]
```

5) 字符“\b”

字符“\b”表示匹配一个单词边界。假设表达式为'er\b'，则匹配"never" 中的 'er'，但不能匹配 "verb" 中的'er'。

```
>>> import re
>>> re.findall(r'er\b','never')              #er 是边界
['er']
>>> re.findall(r'er\b','verb')
[]
```

6) 字符“\B”

字符“\B”表示匹配非单词边界。假设表达式为'er\B'，则可以匹配 "verb" 中的 'er'，但不能匹配 "never" 中的 'er'。

```
>>> import re
>>> re.findall(r'er\B','verb')
['er']
>>> re.findall(r'er\B','never')
[]
```

5. 逻辑分组字符

1) 字符“|”

字符“|”表示匹配“|”左右表达式的任意一个。假设表达式为 abc|def，则匹配 abc、def。

```
>>> import re
>>> re.findall(r'abc|def','abc')
['abc']
>>> re.findall(r'abc|def','def')
['def']
```

2) 字符“(…)”

字符“(…)”作为分组，每遇到一个圆括号( )，分组编号加 1，使用分组的好处是匹配的子串会保存到一个子组，便于以后使用。假设表达式为(\d{4})-(\d{2})-(\d{2})，则用于匹配 2017-06-03，然后用分组编号 1、2、3 分别获取年、月、日三个值。

说明： 如果这里 match()函数和 match 对象的 group()函数理解有困难，可以先跳过，后面再返回查看。

```
>>> import re
>>> re.findall(r'abc|def','abc')
['abc']
>>> re.findall(r'abc|def','def')
['def']

>>> import re
>>> mat = re.search(r'(\d{4})-(\d{2})-(\d{2})','2020-07-20')
>>> mat.group()
'2020-07-20'
>>> mat.group(1)
'2020'
>>> mat.group(2)
'07'
```

```
>>> mat.group(3)
'20'
```

3)字符“(?P<name>…)”

字符“(?P<name>…)”分组除原有编号外，再加一个别名。假设表达式为(?P<Year>\d{4})-(?P<Month>\d{2})-(?P<Day>\d{2})，则匹配用于匹配如 2020-06-03，然后用命名分组名称 Year、Month、Day 获取年、月、日三个值。

```
>>> import re
>>>mat = re.search(r'(?P<Year>\d{4})-(?P<Month>\d{2})-(?P<Day>\d{2})','2020-07-20')
>>> mat.group()
'2020-07-20'
>>> mat.group(0)                        #与group()返回值相同
'2020-07-20'

>>> mat.group('Year')
'2020'
>>> mat.group('Month')
'07'
>>> mat.group('Day')
'20'
```

当然，在分组有命名的情况下也依然可以使用默认分组编号获取年、月、日的值。结果如下：

```
>>> mat.group(1)
'2020'
>>> mat.group(2)
'07'
>>> mat.group(3)
'20'
```

4)字符“\<number>”

字符“\<number>”引用编号为 number 的分组匹配到的字符串。假设表达式为 (abc)ee\1，则匹配 abceeabc，不匹配 abceeabd。

```
>>> import re
>>> re.match(r'(abc)ee\1','abceeabc')#match 匹配则会有一个 match 对象返回
<_sre.SRE_Match object; span=(0, 8), match='abceeabc'>
>>> re.match(r'(abc)ee\1','abceeabd')#match 不匹配，则返回 None
```

5)字符“(?P=name)”

字符“(?P=name)”使用别名为 name 的分组匹配到的字符串。通常与“(?P<name>…)”结合使用，用法与“\<number>”相同。假设表达式为(?P<Year>\d{4})(?P=Year)，则匹配如 20172017，不匹配如 20172018。

```
>>> import re
>>> mat = re.search(r'(?P<Year>\d{4})(?P=Year)','20202020')#匹配，输出
```

```
>>> mat.group()
'20202020'
>>> mat.group(1)
'2020'
>>> re.search(r'(?P<Year>\d{4})(?P=Year)','20202021')#不匹配，返回 None
```

7.2　正则表达式模块 re

Python 标准库 re 提供了正则表达式操作所需要的功能，该标准库模块提供了大量的方法用于字符串操作，可以直接用于字符串处理，另外正则表达式对象提供了更多的功能，使用编译后的正则表达式对象不仅提高了字符串的处理速度，还提供了更加强大的字符串处理功能。

7.2.1　Python 标准库 re

re 即正则表达式的意思，Python 标准库模块 re 提供各种正则表达式的匹配操作，而且和 Perl 脚本的正则表达式功能类似，使用这一内嵌于 Python 环境的语言工具，尽管不能满足所有复杂的字符串匹配情况，但足够在绝大多数情况下有效地实现对复杂字符串的分析并提取出相关有用信息。另外，Python 会将正则表达式转化为字节码，利用 C 语言的匹配引擎进行深度优先匹配。

1) re 模块中常用方法

Python 标准库 re 模块中提供了一些方法用于正则表达式对字符串的处理，常用方法如表 7.4 所示。

表 7.4　re 模块中的方法

序号	方法	功能说明
1	re.compile(pattern[,flags])	对正则表达式 pattern 进行编译转换成正则表达式对象，把正则表达式语法编译后比直接查找速度快
2	re.match(pattern, string[, flags])	re.match()从字符串的起始位置匹配，若起始位置不符合正则表达式，则返回空
3	re.search(pattern, string[, flags])	re.search()搜索整个字符串，返回第一个匹配的结果。在字符串中查找匹配正则表达式模式的位置，返回 MatchObject 的实例，如果没有找到匹配的位置，则返回 None
4	findall(pattern，string[,flags])	查找字符，其中模式就是正则表达式，从字符串中找出符合模式的字符序列，返回值为 list 类型，list 元素为匹配出的各个字符串
5	re.split(pattern, string[, maxsplit=0, flags=0])	可以将字符串匹配正则表达式的部分割开并返回一个列表
6	re.sub(pattern, repl, string[, count, flags])	在字符串 string 中找到匹配正则表达式 pattern 的所有子串，用另一个字符串 repl 进行替换。如果没有找到匹配 pattern 的串，则返回未被修改的 string。repl 既可以是字符串也可以是一个函数
7	re.subn(pattern, repl, string[, count, flags])	该函数的功能和 sub()相同，但它还返回新的字符串以及替换的次数
8	re.finditer(pattern, string[, flags])	和 findall 类似，在字符串中找到正则表达式所匹配的所有子串，并组成一个迭代器返回

2) 匹配对象的方法和属性

re 模块中对象的方法和属性主要有四种，如表 7.5 所示。

表 7.5　re 模块中对象的方法和属性

序号	方法或属性	说明
1	•string	匹配时所使用的文本
2	•re	匹配时使用的 pattern 对象
3	•group(num=0)	返回全部匹配对象(或指定编号是 num 的子组)
4	•groups()	返回一个包含全部匹配的子组的元组(如果没有成功匹配，就返回一个空元组)

3) 参数 flag

参数 falg 是可选项，只有需要的时候才选择使用，参数 flag 的主要形式有六种，如表 7.6 所示。

表 7.6　参数 flag 的对应形式

序号	参数 flag	说明
1	re.I	使匹配对大小写不敏感
2	re.L	做本地化识别(locale-aware)匹配
3	re.M	多行匹配，影响“^”和“$”
4	re.S	使“.”匹配包括换行在内的所有字符
5	re.U	根据 Unicode 字符集解析字符。这个标志影响\w、\W、\b、\B
6	re.X	该标志通过给予更灵活的格式将正则表达式写得更易于理解

7.2.2　re 模块方法应用举例

1) re.compile()

re.compile()节省使用正则表达式解决问题的时间，正则表达式被编译成字节码，而且在多次使用的过程中不会多次编译。

```
#程序 7-1.py
import re                                   #导入模块
r1=re.compile(r'Qust')                      #创建模式对象

if r1.match('HelloQust'):                   #模式匹配
    print('match succeeds')
else:
    print('match fails')

if r1.search('HelloQust'):                  #寻找模式
    print( 'search succeeds')
else:
    print('search fails')
```

运行结果如下：

```
match fails
search succeeds
```

2) re.split()

re.split()可以实现对字符串的替换和切割功能，按照正则规则切割,默认匹配到的内容会被切掉，re.spilt()返回列表。

```
#程序 7-2.py
import re                                          #导入 re 模块
s =('age=20,出生年=2005，出生月=02')
print('输出结果如下：')
print('逗号切割:',s.split(','))                   #按逗号来切割
s1 = ('中国 100 美国 90 德国 80 法国 70')
ret = re.split('\d+',s1)                           #按数字来切割
print('数字切割:',ret )
```

运行结果如下：

```
输出结果如下:
逗号切割: ['age=20', '出生年=2005，出生月=02']
数字切割: ['中国', '美国', '德国', '法国', '']
```

3) re.search()

re.search 只匹配从左到右的第一个，得到的不是直接的结果,而是一个变量,通过这个变量的 group()方法来获取结果，如果没有匹配到，会返回 None，再使用 group()方法就会报错。

```
#程序 7-3.py
import re
ret = re.search('\d+','age=20,出生年=2005，出生月=10')
print("内存结果：",ret)                  #ret 是内存地址,这是一个正则匹配的结果
print("真正结果：",ret.group())          #通过 ret.group()获取真正的结果运行结果
```

运行结果如下：

```
内存结果： <_sre.SRE_Match object; span=(4, 6), match='20'>
真正结果： 20
```

4) re.sub()

sub()方法表示替换的功能，按照正则规则去寻找要被替换掉的内容。

```
#程序 7-4.py：把所有的数字一次性替换掉
import re
s = ('age=20,出生年=2005，出生月=10')
ret = re.sub('\d+','*',s)                    #把所有的数字替换成*
ret1 = re.sub('\d+','*',s,1)                 #替换一次
print("全部替换：",ret)
print("替换一个：",ret1)
```

运行结果如下：

```
全部替换：age=*,出生年=*，出生月=*
替换一个：age=*,出生年=2005，出生月=10
```

5) re.subn()

re.subn()方法返回一个元组对象，第二个元素是被替换的总次数。

```
#程序 7-5.py
import re
s = ('age=20,出生年=2005, 出生月=10')
ret = re.subn('\d+','*',s)
print("返回元组和一共被替换的次数: \n",ret)
```

运行结果如下：

```
返回元组和一共被替换的次数:
('age=*,出生年=*, 出生月=*', 3)
```

7.2.3　正则表达式对象的应用

1) 正则表达式对象

可以直接使用 re 模块中的方法利用原始的正则表达式进行字符串处理，但是效率较低，在 Python 中可用正则表达式对象来提高字符串处理的效率。正则表达式对象就是使用 re 模块的 compile() 方法将正则表达式编译生成的对象，使用正则表达式对象来处理字符串具有以下两个优点。

(1) 提高了字符串处理的效率。

(2) 提供了更加强大的字符串处理功能。

2) 正则表达式对象处理字符串

使用正则表达式对象处理字符串的步骤是，首先定义一个正则表达式，然后使用 re.compile() 把该正则表达式编译成为正则表达式对象，再使用正则表达式对象来处理字符串而不是直接用正则表达式代码本身，这样的过程能够提高效率，举例如下。

(1) 字符串替换，操作过程如下：

```
>>> import re
>>> pattern1=re.compile(r'\d+')                        #生成正则表达式对象
>>> type(pattern1)
<class '_sre.SRE_Pattern'>
>>> pattern1
re.compile('\\d+')
#使用 re.sub()形式:
>>> str1=re.sub(pattern1,"*","Qingdao2020QUST1951Laoshan")#字符串替换
>>> str1
'Qingdao*QUST*Laoshan'
#使用 pattern.sub()形式:
>>> str2=pattern1.sub("*","Qingdao2020QUST1951Laoshan")
>>> str2
'Qingdao*QUST*Laoshan'
#直接使用正则表达式形式:
>>> str3=re.sub(r'\d+',"*","Qingdao2020QUST1951Laoshan")
>>> str3
'Qingdao*QUST*Laoshan'
```

上述分别使用编译后的正则表达式对象和直接使用正则表达式对字符串进行替换操作，

在 Python 中如果使用 re 模块中的方法处理字符串，推荐尽可能多使用正则表达式对象，而不是直接使用正则表达式。

(2)字符串查找与匹配，操作过程如下：

```
>>> import re
>>> str="Qinddao University of Science & Technology"
>>> pattern1=r'Science'                  #正则表达式模式(匹配 Science)
>>> pat=re.compile(pattern1)             #生成正则表达式对象
>>> re.search(pat,str)                   #查找模式位置
<_sre.SRE_Match object; span=(22, 29), match='Science'>
>>> pat.search(str)                      #查找模式位置
<_sre.SRE_Match object; span=(22, 29), match='Science'>

>>> pat.match(str1)                      #匹配不成功返回 None

>>> m1= pat.match("Science")             #匹配成功
>>> type(m1)                             #测试类型
<class '_sre.SRE_Match'>                 #返回的是 match 对象
>>> m1
<_sre.SRE_Match object; span=(0, 7), match='Science'>

>>> pattern2=r'\b[a-zA-Z]{2}\b'          #正则表达式，查找长度为 2 的字母单词
>>> pat2=re.compile(pattern2)            #正则表达式对象
>>> pat2.findall(str)                    #查找，返回列表
['of']
>>> re.findall(pat2,str)                 #查找，返回列表
['of']
```

说明：注意 re.match()和 pattern.match()形式上的区别，一般来说这两种形式的作用都是一样的，只是细节上存在一些差异，请注意区别，避免混淆。

7.2.4　match 对象

1) match 对象的方法

从上一节的例子中可以看出，正则表达式对象的 match()方法匹配成功后返回 match 对象，事实上 search()方法也是如此，该方法查找成功后也是返回 match()对象。match 对象内容丰富，其主要方法有以下六个。

(1) group()方法：该方法返回匹配的一个或多个子模式内容。

(2) groups()方法：返回一个包含匹配所有子模式内容的元组。

(3) groupdict()方法：返回包含匹配的所有命名子模式内容的字典。

(4) start()方法：返回指定子模式内容的起始位置。

(5) end()方法：返回指定子模式内容的结束位置的前一个位置。

(6) span()方法：返回一个包含指定子模式内容起始位置和结束位置前一个位置的元组。

2) match 对象方法的应用

下面通过实例来学习 match 对象的 group()和 groups()等方法的用法。

```
>>> import re
>>> pattern=r'(\w+)(\W+)(\w+)'
>>> string1="Qust,China,Qingdao"
>>> reobj=re.match(pattern,string1)

>>> reobj.group(0)             #返回整个模式内容
'Qust,China'
>>> reobj.group(1)             #返回第一个模式内容
'Qust'
>>> reobj.group(2)
','
>>> reobj.group(3)
'China'
>>> reobj.group(0,1)           #返回指定的多个子模式内容
('Qust,China', 'Qust')
```

如果正则表达式中使用了(?P<name>…)命名分组，那么 group 参数也可以传递相应的 name 来返回匹配的 group。

举例如下：

```
>>> import re
>>> obj=re.match(r"(?P<first_name>\w+)(?P<last_name>\w+)", "Qust青岛科技大学")
>>> obj
<_sre.SRE_Match object; span=(0, 11), match='Qust青岛科技大学'>
>>> obj.group('first_name')                  #使用命名的子模式
'Qust'
>>> obj.group('last_name')
'青岛科技大学'

>>> obj.group()                              #返回所有匹配的子模式
'Qust青岛科技大学'
>>> obj.group(1)
'Qust'
>>> obj.group(2)
'青岛科技大学'
>>> obj.groupdict()                          #以字典形式返回匹配的结果
{'first_name': 'Qust', 'last_name': '青岛科技大学'}
```

7.3　综合案例

案例 7-1　提取文本中的手机号码。

目标：使用正则表达式判断文本中是否包含正确的手机号码并提取出来。

程序：

```
import re
def get_phone(str1):
    x= re.findall('(13\d{9}|14[5|7]\d{8}|15\d{9} \
```

```
|166{\d{8}|17[3|6|7]{\d{8}|18\d{9})', str1)
    print(x)

str=input("请输入一段包含手机号码的文本:")
get_phone(str)
```

运行结果如下：

```
请输入一段包含手机号码的文本:ashfsahj
[]
>>> #第二次运行
请输入一段包含手机号码的文本:13963987632
['13963987632']
>>>#第三次运行
请输入一段包含手机号码的文本:青岛科技大学 13963987632 信息科学技术学院 789
['13963987632']
```

案例 7-2　匹配 8～10 位的用户密码，判断其是否符合要求以及安全性。

程序：

```
def judge_password(s):
    moud1 = re.compile(r'^[a-zA-Z0-9]{8,10}$')
    moud2 = re.compile(r'^[0-9]{8,10}$')
    while True:
        password_str1 = re.search(moud1,s)
        password_str2 = re.search(moud2,s)
        try:
            if password_str1:
                #logging.debug(password_str1.group())
                print('输入密码成功!',end =' ')
                if password_str2:
                    print('您输入的密码风险值较高，请注意使用安全')
                return password_str1.group()
            else:
                raise ValueError
        except:
            print('您输入的密码不符合规范，请输入 8～10 位的数字与字母的组合')
            s=input("请重新输入密码：")
            continue

import re
str1=input("请输入密码：")
judge_password(str1)
```

运行结果如下：

```
请输入密码：a12356cd
输入密码成功!
```

再一次运行 ：

```
请输入密码：12567832
输入密码成功！您输入的密码风险值较高，请注意使用安全
```

再一次运行：

```
请输入密码：ab123
您输入的密码不符合规范，请输入 8～10 位的数字与字母的组合
请重新输入密码：12356vbd
输入密码成功！
```

案例 7-3　验真输入的只能是汉字。

程序：

```
def charaJudge(s):
    result = re.search(r'^[\u2E80-\u9FFF]+$',s)
    if result:
        print('输入符合要求')
        return result
    else:
        print('输入不符合要求')


import re
string1=input("请输入汉字：")
charaJudge(string1)
```

运行结果如下：

```
请输入汉字：青岛科技大学
输入符合要求
```

再一次运行：

```
请输入汉字：青岛 QUST
输入不符合要求
```

本章小结

(1) 正则表达式是对字符串操作的一种逻辑公式，是用于处理字符串的强大工具，用事先定义好的一些特定字符以及这些特定字符的组合，组成一个规则字符串或称模式表达式。

(2) 正则表达式由元字符及其不同组合的形式组成。

(3) 贪婪模式和非贪婪模式是字符串匹配的两种形式，Python 默认为贪婪模式。

(4) Python 标准库 re 提供了正则表达式操作所需要的功能，该模块提供了大量的方法用于字符串操作。

(5) 正则表达式只是在形式上对字符串进行检测，并不能保证内容一定正确。

(6) 正则表达式对象的 match() 方法和 search() 方法匹配成功后返回 match 对象，match 对象内容丰富，其主要方法有六个：group() 方法、groups() 方法、groupdict() 方法、start() 方法、end() 方法、span() 方法。

本 章 习 题

一、单选题

1．假设正则表达式模块 re 已导入，那么表达式 re.sub('\d+', '1', 'a12345bbbb67c890d0e')的值为________。

A．\a1bbbbcd1e'　　B．'a12345bbbb1c1d1e'

C．'a12345bbbb12345c11d11e'　　D．'a1bbbb1c1d1e'

2．正则表达式元字符________用来表示该符号前面的字符或子模式 1 次或多次出现。

A．+　　B．–　　C．#　　D．*

3．正则表达式模块 re 的________方法用来在字符串开始处进行指定模式的匹配。

A．compile()　　B．match()　　C．findall()　　D．search()

二、简答题

1．什么是正则表达式？

2．什么是贪婪模式和非贪婪模式？举例说明。

三、编程题

1．编程实现，用户从键盘输入一段英文文本，输出这段文本中所有长度为 5 个字母的单词。

2．编写程序判断用户输入的身份证号码是否合法。

第 8 章　面向对象程序设计

面向对象程序设计(Object Oriented Programming，OOP)是一种计算机编程架构。OOP 的一条基本原则就是计算机程序由单个能够起到子程序作用的单元或对象组合而成。OOP 达到了软件工程的三个主要目标：重用性、灵活性和扩展性。OOP 的组成为：OOP=对象+类+继承+多态+消息，其中核心概念是类和对象。

面向对象程序设计方法是尽可能模拟人类的思维方式，使软件的开发方法与开发过程尽可能接近人类认识世界、解决现实问题的方法和过程，也即使描述问题的问题空间与问题的解决方案空间在结构上尽可能一致，把客观世界中的实体抽象为问题域中的对象。面向对象程序设计方法以对象 Object 为核心，该方法认为程序由一系列对象组成。类是对现实世界的抽象，包括表示静态属性的数据和对数据的操作，对象是类的实例化。对象之间能够通过消息相互通信，以此来模拟现实世界中不同实体间的相互联系。在面向对象的程序设计中，对象是组成程序的基本模块。

Python 是解释型与函数式编程的面向对象的程序设计语言，支持面向对象的基本功能，Python 中一切皆为对象，函数是对象，类也是对象。Python 面向对象同样具有封装、继承和多态的特征，以及能够覆盖或者重写基类方法。

8.1　面向对象程序设计基础知识

8.1.1　面向对象程序设计的要素

在面向对象程序设计中，把数据以及对数据的操作封装在一起，组成一个整体，这个整体就是对象，不同对象之间通过消息机制来通信或者同步。对于相同类型的对象进行分类、抽象后，得出共同的特征而形成了一个类。创建类时用变量形式表示对象特征的成员称为数据成员，用函数形式表示对象行为的成员称为成员方法，数据成员和成员方法统称为类的成员。使用设计好的类作为基类，可以继承得到派生类，这种方法能够大幅度缩短程序开发周期，并且可以实现设计复用，另外，在派生类中还可以对基类继承而来的某些行为进行重新实现，从而使基类的某个同名方法在不同派生类中的行为有可能不同，体现出一定的多态特性。

1) 对象

在大千世界中，每一个事物都是对象，对象是现实社会中的实体，如教师、公务员、电动汽车等。通常对象可以划分为两个组成部分。

(1) 静态部分。静态部分就是事物的固有特征，这种特征是无法变动的，如汽车的颜色、净重、轴距等，这些称为对象的属性，任何对象都具有自身属性。

(2) 动态部分。动态部分就是对象所具有的行为，如汽车的前进、倒车、转弯等行为，这些行为称为对象的方法。

人们通过对象的属性和对象的行为来了解具体的对象。类本质上是封装对象属性和行为的载体，而对象则是类抽象出来的实例。这是面向对象程序设计的核心思想，即把具体事物的共同特征抽象成为实体的概念，根据这些抽象出来的实体概念，就可以在具体的程序设计语言支持下创建类。实体、对象和类之间的关系如图 8.1 所示。

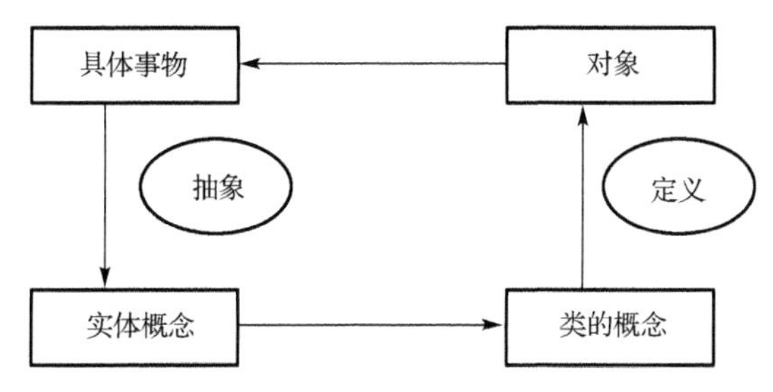

图 8.1　实体、对象和类之间的关系

类是实现代码复用和软件程序设计复用的一个重要方法，封装、继承、多态是面向对象程序设计的三个要素。

2) 封装性

封装是指将一个计算机系统中的数据以及与这个数据相关的一切操作语言(即描述每一个对象的属性以及其行为的程序代码)组装到一起，一并封装在一个有机的实体中，把它们封装在一个模块中，也就是一个类中，这种封装为软件结构的相关部件所具有的模块性提供了良好的基础。在面向对象技术的相关原理以及程序语言中，封装的最基本单位是对象，而使软件结构的相关部件实现高内聚、低耦合的最佳状态便是面向对象技术的封装性所需要实现的最基本的目标。对于用户来说，对象如何对各种行为进行操作、运行和实现等细节是不需要了解清楚的，用户只需要通过封装外的通道对计算机进行相关方面的操作即可。大大地简化了操作的步骤，使用户使用起计算机来更加高效、更加得心应手。

3) 继承性

继承性是面向对象技术中的另外一个重要特点，其主要指的是两种或者两种以上的类之间的联系与区别。继承，顾名思义，是后者延续前者的某些方面的特点，而在面向对象技术中则是指一个对象针对另一个对象的某些独有的特点、能力进行复制或者延续。如果按照继承源进行划分，则可以分为以下两大类继承。

(1) 单继承(一个对象仅从另外一个对象中继承其相应的特点)。

(2) 多继承(一个对象可以同时从另外两个或者两个以上的对象中继承所需要的特点与能力，并且不会发生冲突等现象)。

如果从继承中包含的内容进行划分，则继承可以分为以下四类。

(1) 取代继承(一个对象在继承另一个对象的能力与特点之后将父对象进行取代)。

(2) 包含继承(一个对象在将另一个对象的能力与特点进行完全继承之后，又继承了其他对象所包含的相应内容，结果导致这个对象所具有的能力与特点大于等于父对象，实现了对于父对象的包含)。

(3) 受限继承。

(4) 特化继承。

4)多态性

从宏观的角度来讲，多态性是指在面向对象技术中，当不同的多个对象同时接收到同一个完全相同的消息之后，所表现出来的动作是各不相同的，具有多种形态；从微观的角度来讲，多态性是指在一组对象的一个类中，面向对象技术可以使用相同的调用方式来对相同的函数名进行调用，即便这若干个具有相同函数名的函数所表示的函数是不同的。

8.1.2　类的定义

类是一个共享相同结构和行为的对象的集合。类定义了一件事物的抽象特点。通常来说，类定义了事物的属性和它可以做到的(它的行为)。举例来说，“汽车”这个类会包含汽车的一切基础特征，如它的外形、颜色和里程等特性。类可以为程序提供模板和结构。一个类的方法和属性被称为“成员”。

1)类定义的语法

Python 使用关键字 class 来定义类，定义类的简单语法格式如下：

```
class 类名[(Object)]:
    执行语句…
    [定义数据成员(成员变量)]
    [定义成员方法]
```

其中，[(object)]是可选项，如果选择 object，则表示该类派生自 object 类。

类是一个特殊的对象，因为在 Python 中一切皆对象，类有关的对象有以下两种类型。

(1)类对象，如 class AAA：定义的类属于类对象。

(2)实例对象，在定义类 class AAA：之后，定义 obj1 = AAA()，则 obj1 属于实例对象。

2)self 参数

类的所有实例方法都必须至少有一个名为 self 的参数，并且必须是方法的第一个形参(如果有多个形参)，self 参数代表将来要创建的对象本身。在类的实例方法中访问实例属性时需要以 self 为前缀。在外部通过对象名调用对象方法时并不需要传递这个参数。如果在外部通过类名调用对象方法，则需要显式为 self 参数传值。

在 Python 中，在类中定义实例方法时将第一个参数定义为 self 只是一个习惯，而实际上类的实例方法中第一个参数的名字是可以变化的，而不是必须使用 self 这个名字，尽管如此，建议编写代码时仍以 self 作为方法的第一个参数名字。

3)类定义举例

```
>>> class Qust(object):                 #定义一个类，派生自 object 类
    def Keepstrong(self):               #构造成员方法
        print('青岛科技大学加油！')
```

类定义结束后，可以定义实例对象：

```
>>> a=Qust()                            #用类创建了一个对象 a，也称为类的实例化
>>> a.Keepstrong()                      #使用对象 a 的方法 Keepstrong()
青岛科技大学加油！                      #输出
```

在 Python 中，可以使用内置函数 isinstance()来测试一个对象是否为某个类的实例或者用内置函数 type()查看对象类型，接上例操作如下：

```
>>> isinstance(a,Qust)                    #测试 a 是否为类 Qust 的实例(对象)
True
>>> type(a)                               #type()函数返回 a 所属于的类
<class '__main__.Qust'>
>>> isinstance(a,str)
False
```

4)类定义的占位功能

所谓占位，就是预留位置或者空间供未来拓展使用，占位是现代程序设计的一种技术，在定义类的时候，如果一时无法确定如何实现某个具体功能，或者需要预留空间供未来使用，可以用空语句实现，而在 Python 中提供了一个关键字 pass 执行空动作，起到空语句的功能，在 Python 类定义中起到占位作用，举例如下：

```
>>> class demo:
    '''这是类的测试，占位待扩展！'''          #三单引号为类的帮助文字
    Pass                                  #占位
>>> demo.__doc__                          #查看类 test 的 help 文档
'这是类的测试，占位待扩展！'
```

8.1.3　成员变量与成员方法

创建一个类时用变量形式表示对象特征的成员称为数据成员(attribute，也称成员变量)，用函数形式表示对象行为的成员称为成员方法(method)，数据成员和成员方法统称为类的成员。

1. 私有成员

私有(private)成员在类的外部不能直接访问，一般情况下均是在类的内部进行访问和操作，特殊情况下在类的外部通过调用对象的公有成员方法来访问，除了私有成员之外，其他字段和方法是公有成员，顾名思义，公有成员是可以公开使用的，可在类的内部进行访问，也可以在外部程序中使用。

在 Python 中不存在严格意义上的私有成员，仅仅从类定义的形式看，约定有以下规则。

(1) _xxx：以一个下划线开头，受保护成员，只有类对象和子类对象可以访问这些成员，不能用命令"from module import *"导入。

(2) __xxx__：前后各两个下划线，系统定义的特殊成员。

(3) __xxx：以两个及其以上多个下划线开头但不以两个或更多个下划线结束，表示私有成员，只有类对象自己能访问，子类对象不能直接访问这个成员，但在对象外部可以通过“对象名._类名__xxx”这样的特殊方式来访问，但不建议这样访问，会破坏类的封装性，因为面向对象的三大要素就是封装、继承和多态。

举例如下(self 参数代表当前对象)：

```
>>> class demo:                           #定义类
    def __init__(self,a=123,b=456):       #构造方法
        '''构造函数'''
```

```
        self.__a=a                      #私有成员
        self._b=b                       #公有成员
    def Setvalue(self,a,b):             #成员方法，公有成员
            self.__a=a                  #私有成员方法，在类内部可以直接访问私有成员
        self._b=b                       #公有成员方法
    def show(self):                     #成员方法
        print(self.__a)
        print(self._b)

>>> demo1=demo()                        #实例化对象
>>> print(demo1._b)                     #在类外部可以直接访问非私有成员
456
>>> print(demo1._demo__a)               #在类外部强制访问对象的私有数据，不推荐使用
123
>>> demo1.Setvalue(888,999)             #直接使用对象的成员方法
>>> demo1.show()                        #直接使用对象的成员方法
888
999
```

圆点(.)是成员访问运算符，用来访问命名空间、模块或者对象中的成员，在 IDLE 等 Python 开发环境中，在对象或者类名后加上一个圆点，会自动列出其所有公开成员，如图 8.2 所示。

如果在圆点后再加一个下划线，则会列出该对象或类的所有成员，包括私有成员，如图 8.3 所示，另外，还可以使用内置函数 dir()来查看指定对象、模块或者命名空间的所有成员。

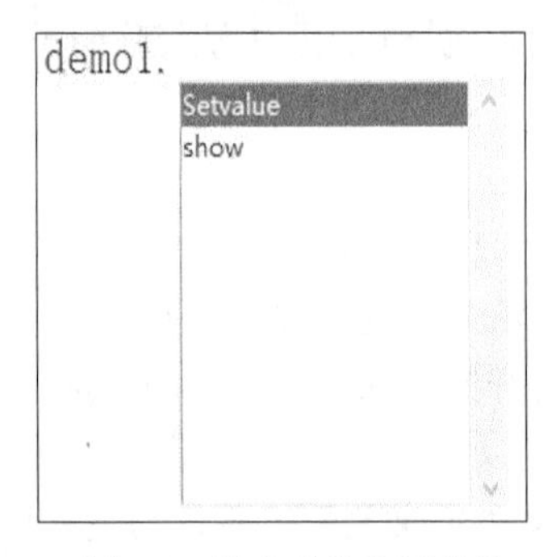

图 8.2　列出对象公开成员

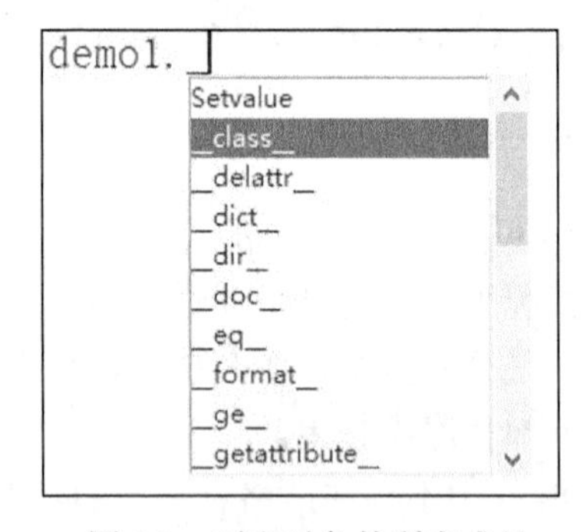

图 8.3　列出对象的所有成员

2. 数据成员

数据成员用来说明对象特有的属性，如姓名、年龄、身高、学历等，Python 中的数据成员可以分为两个大类。

(1) 属于类的数据成员。

(2) 属于对象的数据成员。

属于类的数据成员是该类所有对象共享的，不属于任何一个对象，在定义类时这类数据成员不在任何一个成员方法的定义中；属于对象的数据成员是指在构造函数__init__()中定义的属性，在同一个类中不同对象(实例)之间的数据成员是独立的，互不影响。

在主程序或者类的外部，数据成员的访问遵循以下三个规则。

(1)类的数据成员属于类，可以通过类名或者对象名访问。

(2)对象的数据成员属于对象(实例)，只能通过对象名访问。

(3)在 Python 中可以动态地为类和对象增加成员，这是 Python 动态类型的一种重要体现。

如何访问类和对象的数据成员？关于数据成员的应用举例如下：

```
>>> class Car(object):                    #定义一个车的类
        price=90000                       #属于类的对象成员
        def __init__(self,a):             #构造函数，初始化作用
            self.color=a                  #属于对象的数据成员

>>> car1=Car('red')                       #实例化对象
>>> car2=Car('blue')                      #实例化对象
>>> print(car1.color,car2.color)          #访问对象的数据成员
red blue
>>> print(Car.price)                      #访问类的对象成员
90000
```

类的数据成员和对象的数据成员可以修改属性或者增加属性，如何修改类的数据成员和对象的数据成员？举例说明如下：

```
>>> Car.price=100000                      #修改类的属性
>>> Car.name="江淮瑞风"                    #增加类的属性
>>> car1.color="Black"                    #修改实例的属性
>>> print(car1.color,Car.price,Car.name)  #输出结果
Black 100000 江淮瑞风
```

3. 成员方法

方法是描述对象所具有的行为或动作，如字符串对象的替换、分隔、连接等操作，以及列表对象的追加元素、插入元素或删除元素等操作。

在面向对象的程序设计中，函数和方法是两个有本质区别的概念，普通函数，如内置函数 sorted()必须指明要排序的对象，对比之，列表对象的 sorted()方法则不需要，默认的就是对当前对象进行排序。在类定义中，方法就是类里面的函数，一般可分为四大类方法，即类方法、静态方法、公有方法和私有方法。

1)类方法

类方法中使用装饰器符号@，格式为@classmethod。第一参数必须是当前类对象，该参数名一般约定为 cls，当然 cls 也可以换成其他名字，通过它来传递类的属性和方法(不能传实例的属性和方法)。

例如，有如下场景：假设现有一个学生类和班级类，想要实现执行班级人数增加的操作、获得班级总人数。

```
>>> class Student():
    sum=0                                 #类属性
    def __init__(self,name,age):          #构造函数
        self.name=name
```

```
        self.age=age
        self.__class__.sum+=1
        print("当前班级总数为："+str(self.__class__.sum))
    def do_homework(self):                         #普通实例方法
        print("English homework")
    @classmethod                                   #修饰器，声明类方法
    def plus_sum(cls):                             #类方法
        cls.sum+=1
        print(cls.sum)

>>> student1=Student("王小明",20)                  #实例化对象
当前班级总数为：1
>>> Student.plus_sum()                             #通过类名来调用类方法
2
>>> student2=Student("赵薇方",22)
当前班级总数为：3
>>> Student.plus_sum()
4
>>> student3=Student("刘小红",22)
当前班级总数为：5

>>> Student.plus_sum()                             #通过类来调用类方法
6
>>> student1.plus_sum()                            #通过对象来调用类方法
7
>>> Student.do_homework()                          #试图用类名直接调用实例方法，抛出异常
TypeError: do_homework()missing 1 required positional argument: 'self'
```

2)静态方法

静态方法中使用装饰器@staticmethod，静态方法是类中的函数，不需要实例。静态方法主要用来存放逻辑性的代码，逻辑上属于类，但是和类本身没有关系，也就是说在静态方法中，不会涉及类中的属性和方法的操作。

```
>>> class Student():
    sum=0
    def __init__(self,name,age):                   #构造函数
        self.name=name
        self.age=age
        self.__class__.sum+=1
        print("当前班级总数为："+str(self.__class__.sum))
    @classmethod                                   #修饰器，声明类方法
    def plus_sum(cls):                             #类方法
        cls.sum+=1
        print(cls.sum)
    @staticmethod
    def add(x,y):                                  #静态方法
        print(Student.sum)                         #静态方法内部可以访问类方法
        print("这是一个静态方法")
```

```
>>> student1=Student("朱红梅",30)                #实例化对象
当前班级总数为：1
>>> student1.add(1,2)                           #通过对象来调用静态方法
1
这是一个静态方法
>>> Student.add(1,2)                            #通过类来调用静态方法
1
这是一个静态方法
```

静态方法是个独立的、单纯的函数，它仅仅托管于某个类的名称空间中，便于使用和维护。可以用静态方法的地方，都可以用类方法代替，但不要经常使用静态方法，因为静态方法和面向对象本质关联性很弱。

提示：在 Python 中，在类中定义实例方法时第一个参数定义为 self 是一种习惯性的做法，并不是必须要使用 self 这个特定的名字，但是不建议使用其他名字。同样，对于类方法中使用 cls 作为第一个参数，也是一种习惯，也可以使用其他名字作为第一个参数。在本书中为了不引起混淆并增加类定义可读性，建议约定均使用 self 和 cls 作为实例方法和类方法的第一个参数名字。

3) 公有方法和私有方法

公有方法、私有方法一般是指属于对象的实例方法，公有方法何时何地调用都可以，无任何修饰；私有方法的名字以两个下划线开始。每个对象都有自己的公有方法和私有方法，在这两类方法中都可以访问属于类和对象的成员。公有方法通过对象名直接调用，私有方法不能通过对象名直接调用，只能在其他实例方法中通过前缀 self 进行调用或在外部通过特殊的形式来调用。

举例说明(源程序)：

```
class man:
    def __init__(self,name,age):                #构造方法
        self.name = name
        self.age = age

    def __check_name(self):                     #私有方法
        if self.name == '': return False
        else:return True

    def get_name(self):                         #公有方法
        if self.__check_name():print(self.name,self.age)
        else:print('No value')

class people(man):
    def __init__(self, name, age):
        super().__init__(name, age)

    def __check_name(self):
        print("你好，欢迎你！")
```

```
    def say(self):                               #定义函数
        man.get_name(self)#man 类的实例属性已经被类 people 传入的参数重写
        people.__check_name(self)

m =man('任志考',50.0)
m.get_name()
#m.__check_name()#直接调用私有方法是非法的，会报错;私有方法应该在类内部调用
print("**********************")
n = people('李芳',59.0)
n.say()
```

运行结果如下：

```
任志考 50.0
**********************
李芳 59.0
你好，欢迎你!
```

8.1.4　属性

在面向对象程序设计中，公开的数据成员可以在外部随意访问和修改，难以控制用户修改时输入的新数据的合法性。解决这一问题的常用方法是在类中定义私有数据成员，然后设计公开的成员方法来提供对私有数据成员的读取和修改操作。

修改私有数据成员时可以对值进行合法性检查，提高了程序的健壮性，保证了数据的完整性。Python 中的属性其实是普通方法的衍生，属性结合了公开数据成员和成员方法的优点，既可以像成员方法那样对值进行必要的检查，又可以像数据成员一样灵活地访问。

在 Python 中，属性是一种特殊形式的成员方法，结合了数据成员和成员方法的优点，既可以像数据成员一样灵活访问，又可以像成员方法那样对值进行必要的检查。

Python 2.x 和 Python 3.x 对属性的实现和处理方式不一样，内部实现有较大的差异，使用时应注意二者之间的区别。在 Python 3.x 中，属性得到了较为完整的实现，支持更加全面的保护机制。如果设置属性为只读，则无法修改其值，也无法为对象增加与属性同名的新成员，同时，也无法删除对象属性。下面从三个方面来了解属性的特点和应用。

1) 只读属性

只读属性通过修饰器@property 定义属性，提供对私有成员的访问和保护，只读属性即只能读取，而无法删除或修改。举例如下：

```
>>> class Demo:
    def __init__(self,value):                #定义私有数据成员
        self.__value=value
    @property                                #修饰器定义属性，提供对私有数据成员的访问
    def get(self):                           #只读属性,不能删除或修改
        return self.__value

>>> demo1=Demo(9)                            #实例
>>> demo1.get                                #读属性
```

```
9
>>> demo1.get=8                          #只读属性不能修改其值，抛出异常
AttributeError: can't set attribute
>>> demo1.get1=7                         #动态增加一个新属性
>>> demo1.get1
7
>>> del demo1.get1                       #动态删除增加的那个属性
>>> del demo1.get                        #无法删除队形 demo1 的属性 get,抛出异常
AttributeError: can't delete attribute
```

上面的例子说明，通过修饰器定义属性能够提供对私有数据成员的访问，可以动态增加或删除新属性，但无法删除修饰器定义的只读属性。

2) 可读属性

可读属性可以设置为可读并且可修改，但是有删除保护，即不允许删除，举例如下：

```
>>> class Demo(object):
    def __init__(self,value):                #构造函数
        self.__value=value
    def __get(self):                         #读取私有数据成员的值
        return self.__value
    def __set(self,value1):                  #修改私有数据成员的值
          self.__value=value1
    value=property(__get,__set)              #设置可读写属性，指定相应的读写方法
    def output(self):                        #定义成员方法
        print(self.__value)

>>> demo1=Demo(9)                            #实例化对象
>>> demo1.value                              #允许读取属性值
9
>>> demo1.value=5                            #允许修改属性值
>>> demo1.value
5
>>> demo1.output()                           #输出，属性对应的私有变量也得到了修改
5
>>> del demo1.value                          #无法删除属性，失败抛出异常
AttributeError: can't delete attribute
```

3) 可删除属性

只读属性不允许修改和删除，属性可以设置为可读写，但不允许删除，如果把属性设置为可读、可修改和可删除，可以采取如下方法，举例如下：

```
>>> class Demo(object):                      #定义类
    def __init__(self,value):
        self.__value=value
    def __get(self):
        return self.__value
    def __set(self,value2):
        self.__value=value2
```

```
    def __delete(self):                         #删除对象的私有数据成员
        del self.__value
    value=property(__get,__set,__delete)        #指定可读、可修改、可删除的属性
    def output(self):                           #成员方法
        print(self.__value)
```

下面开始操作：

```
>>> demo2=Demo(88)
>>> demo2.output()
88
>>> demo2.value
88
>>> demo2.value=99

>>> demo2.output                                #output 的()不能少
<bound method Demo.output of <__main__.Demo object at 0x0000024069343B38>>
>>> demo2.output()
99
>>> del demo2.value                             #删除私有数据成员
>>> demo2.output()                              #数据成员已经删除，无法访问
AttributeError: 'Demo' object has no attribute '_Demo__value'
>>> demo2.value
AttributeError: 'Demo' object has no attribute '_Demo__value'

>>> demo2.value=77                              #动态增加属性和相应的私有数据成员
>>> demo2.output()
77
>>> demo2.value
77
```

8.1.5 Python 类的特殊方法

Python 类有一些常用方法，最典型的是构造方法和析构方法，另外还有大量的特殊方法，这些方法支持更多的功能。

1. 构造方法和析构方法

1) 构造方法

在创建类时，可以手动添加一个__init__()方法，该方法是一个特殊的类实例方法，称为构造方法(或构造函数)。Python 中的构造方法的作用是为数据成员设置初始值或者进行其他必要的初始化工作，在实例化对象时自动被调用和执行。Python 类中，手动添加构造方法的语法格式如下：

```
def __init__(self,…):
    代码块
```

注意，构造方法的方法名中，开头和结尾各有两个下划线，且中间不能有空格。Python

中很多这种以双下划线开头、双下划线结尾的方法，都具有特殊的意义，需要认真区分清楚。另外，__init__()方法可以包含多个参数，但必须包含一个名为 self 的参数，且必须作为第一个参数。也就是说，类的构造方法最少也要有一个 self 参数。添加构造方法的代码如下：

```
>>> class Demo:                              #Python 定义的一个类
    def __init__(self):                      #构造方法
        print("这是一个构造方法！")
    add="https://www.qust.edu.cn"            #定义了一个类属性
    def show(self,str1):                     #定义了一个 show 方法
        print(str1)
>>> demo1=Demo()                             #实例，创建类对象
这是一个构造方法！
>>> demo1.add                                #属性
'https://www.qust.edu.cn'
>>> demo1.show("Qust")                       #方法
Qust
```

构造方法用于创建对象时使用，每当创建一个类的实例对象时，Python 解释器就会自动调用它。仅包含 self 参数的__init__()构造方法，又称为类的默认构造方法。

不仅如此，在__init__()构造方法中，除了 self 参数外，还可以自定义一些参数，参数之间使用逗号“,”进行分隔。例如，下面的代码在创建__init__()方法时，额外指定了两个参数，举例如下：

```
>>> class Demo:
    def __init__(self,stuid,stuname):
        print("我的学号为："+stuid+" 我的名字是:"+stuname)

>>> demo1=Demo("2020010101","李小萌")      #创建 demo1 对象，并传递参数给构造函数
我的学号为：2020010101 我的名字是:李小萌
```

注意： 由于创建对象时会调用类的构造方法，如果构造函数有多个参数，需要手动传递参数。

2) 析构方法

Python 中所有类的析构方法都是一个特殊方法__del__，析构方法同样是一个实例方法，其语法如下：

```
def __del__(self,…):
    代码块
```

析构方法语法很简单，self 就是对象自身，所有实例方法都有该参数，真正调用时无须传递。析构方法没有返回值要求。

举例如下：

```
>>> class Student(object):
    def __init__(self,stu_id,stu_name):             #构造方法
        self.stu_id=stu_id
        self.stu_name=stu_name
    def say(self):
```

```
        print("我的学号："+self.stu_id+" 姓名："+self.stu_name)
    def __del__(self):                              #析构方法
        print("这是析构函数/方法，释放资源！")

>>> student1=Student("2020010109","张三")
这是析构函数/方法，释放资源！
>>> student1.say()
我的学号：2020010109 姓名：张三
>>> del student1
这是析构函数/方法，释放资源！
```

2. 特殊方法

Python 中，除了构造方法和析构方法之外，类还有大量的其他特殊方法，这些方法支持更多的功能和应用。常用的类特殊方法如表 8.1 所示。

表 8.1　Python 类的特殊方法

序号	特殊方法	功能说明
1	__new__()	类的静态方法，用于确定是否创建对象
2	__init__()	构造方法，生成对象时调用
3	__del__()	析构方法，释放对象时调用
4	__add__()	+加法
5	__sub__()	–减法
6	__mul__()	*乘法
7	__truediv__()	/除法
8	__floordiv__()	//取整除 – 返回商的整数部分(向下取整)
9	__mod__()	%取余数
10	__pow__()	**平方
11	__repr__()	打印,转换，要求该方法必须返回字符串 str 类型的数据
12	__setitem__()	按照索引赋值
13	__getitem__()	按照索引获取值
14	__len__()	计算长度
15	__call__()	函数调用
16	__contains__()	与成员测试运算符 in 对应
17	__eq__()	==逻辑等于
18	__ne__()	!= 逻辑不等于
19	__lt__()	<小于
20	__le__()	<=小于等于
21	__gt__()	>大于
22	__ge__()	>=大于等于
23	__str__()	转换为字符串，与内置函数 str()相同，必须返回 str 类型的书
24	__lshift__()， __rshift__()	<<, 左移动运算符：运算数的各二进制位全部左移若干位，由 << 右边的数字指定移动的位数，高位丢弃，低位补 0。 >>右移动运算符：把>>左边的运算数的各二进制位全部右移若干位，>> 右边的数字指定移动的位数

续表

序号	特殊方法	功能说明
25	__and__(), __or__()	&、|，位与、位或
26	__invert__(), __xor__()	~按位取反运算符：对数据的每个二进制位取反，即把 1 变为 0，把 0 变为 1。~x 类似于-x-1； ^ 按位异或运算符：当两个对应的二进制位相异时，结果为 1
27	__iadd__(), __isub__()	+=, -= 复合运算
28	__bytes__()	与内置函数 bytes()对应

8.2　继承和多态

继承和多态是面向对象程序设计的重要特征，继承最大的功能就是子类可以获得父类的全部功能；多态指基类的同一个方法在不同派生类对象中具有不同的表现和行为。在 Python 中继承和多态都有着举足轻重的作用。

8.2.1　继承

在 Python 程序设计中，为了节省开发工作量，可以使用继承，即在设计一个类时，可以继承一个已经存在且设计优良的类再进行二次开发，这样可以大幅度减少开发难度和工作量。在面向对象程序设计中，当定义一个类的时候，可以从某个现有的类继承，新的类称为子类(subclass)，而被继承的类称为基类、父类或超类(base class、super class)。子类将自动获取父类的属性和方法，即子类可不做任何代码编写即可使用父类的属性和方法。

1) 子类继承父类的属性和方法

继承的使用方法是在类名处增加一对圆括号并将父类的名称写入圆括号中，举例如下。

```
class Person:                           #定义基类
    def __init__(self, name, age):
        self.__name = name              #私有属性
        self.__age = age

    def print_age(self):
        print("%s's age is %s" % (self.__name, self.__age))

class Man(Person):                      #子类
    pass

baby1=Man('王洪',28)                    #定义子类的对象
baby1.print_age()                       #子类继承父类的方法
```

运行结果如下：

```
王洪's age is 28
```

说明：从上面的代码可以看出在类 Man 中没有定义任何的属性和方法，但是在使用过程

中却可以使用 print_age 方法，以及初始化私有属性__name 和__age，这里就是类的继承的作用，Man 类从 Person 类中继承了所有的属性和方法，即使在 Man 类中没有实现任何的属性和方法，同样可以使用 Person 中的属性和方法。

2) 同时使用子类和父类的方法

继承最大的优点就是子类可以无条件获取父类的所有功能，即通过继承能够最大限度地将一些通用的功能放在基类(父类)中，从而减少代码的维护成本和工作量。子类除了继承父类的方法之外，还可以单独编写自己的方法，即可以同时使用父类和子类的方法。

举例如下。

```
class Person:
    def __init__(self, name, age):
        self.__name = name
        self.__age = age

    def print_age(self):
        print("%s's age is %s" % (self.__name, self.__age))

class Man1(Person):
    work = "Student"
    def __init__(self, name, age):
        self.__name = name
        self.__age = age

    def print_age(self):                #子类自己的方法
        print("%s 的年龄是 %s" % (self.__name, self.__age))

    def print_work(self):               #子类自己的方法
        print("%s 的工作是 %s" %(self.__name, self.work))

class Man2(Person):                     #子类继承父类的方法，没有自己的方法
    pass

baby2= Man1('王鸿', 31)                 #子类 Man1 的对象
baby2.print_age()                       #执行子类的方法
baby2.print_work()                      #执行子类的方法
baby3= Man2('赵娟', 36)                 #子类 Man2 的对象
baby3.print_age()                       #继承父类的方法
```

运行结果如下：

```
王鸿的年龄是 31
王鸿的工作是 Student
赵娟's age is 36
```

说明：上面的代码中实现了 print_age()方法和 print_work()方法，从执行结果可以看出，Man1 类中的 print_age()方法覆盖了 Person 类中的 print_age()方法。

当子类和父类中存在同样的方法时，子类中的方法会覆盖父类中的方法，在代码运行过

程中总是会优先调用子类的方法，这将是类的另外一个概念：多态。

3) 在子类中调用父类的方法

子类除了继承父类的方法和拥有自己的方法之外，还可以使用内置函数 super() 或者通过“基类名.方法名()”的形式实现在派生类中调用基类的方法，举例如下。

```
class vehichle:                              #定义一个有关交通工具的类
    Country="China"
    def __init__(self,name,speed,load,power):
        self.name=name
        self.speed=speed
        self.load=load
        self.power=power

    def run(self):
        print("车子发动了！")

class Subway(vehichle):                      #定义一个地铁类，继承父类 vehichle
    def __init__(self,name,speed,load,power,line):
        vehichle.__init__(self,name,speed,load,power)#调用父类的 init 方法
        self.line=line

    def show_info(self):
        print(self.name,self.speed,self.load,self.line)

    def run(self):
        #vehichle.run(self)                  #子类调用父类的方法
        super().run()                        #子类调用父类的方法
        print("%s %s 开车了"%(self.name,self.line))

line1=Subway("青岛地铁","30km/s","10000 人","电","1 号线")#实例化 line1
line1.show_info()                            #用实例调用类的属性，会自动把实例本身加入进去
line1.run()
```

运行结果如下：

```
青岛地铁 30km/s 10000 人 1 号线
车子发动了！
青岛地铁 1 号线开车了
```

8.2.2 多态

多态是指基类的同一个方法在不同派生类对象中具有不同的表现和行为。派生类继承了基类行为和属性之后，还会增加某些特定的行为和属性，同时可能会对继承来的某些行为进行一定的改变，这都是多态的表现形式。

1) 开闭原则

在 Python 中多态的经典使用可以用两句话来总结：对扩展开放和对修改封闭，即著名的

开闭原则。对扩展开放即可以随意地增加父类的子类；对修改封闭即对于依赖父类的函数，新增子类对该函数无任何影响，无须做任何修改。下面通过以下代码来加深理解。

```
>>> class Animal(object):                    #定义基类
    def run(self):
        print("Animal is running!")

>>> class dog(Animal):                       #定义子类
    pass
>>> class cat(Animal):                       #定义子类，覆盖方法
    def run(self):
        print("The cat is running!")

>>> a=tuple()                                #实例化
>>> b=dog()
>>> c=cat()
>>> isinstance(a,tuple)                      #类型测试，a 对应着 tuple 类型
True
>>> isinstance(b,Animal)                     #b、c 确实对应着 Animal 基类类型
True
>>> isinstance(c,Animal)                     #b、c 确实对应着 Animal 基类类型
True

>>> animal1=Animal()
>>> animal1.run()                            #继承基类方法 run()
Animal is running!
>>> animal2=dog()
>>> animal2.run()                            #继承基类方法 run()
Animal is running!
>>> animal3=cat()
>>> animal3.run()                            #覆盖方法 run()
The cat is running!
```

说明：

(1) 对扩展开放。允许新增 Animal 的子类，如子类 dog 和 cat。

(2) 对修改封闭。不需要修改依赖 Animal 类型的 run() 等函数。

2) 应用举例

有关多态的应用以及形式，通过下面的例子来学习：

```
class Person(object):
    def __init__(self, name, age):           #构造函数
        self.name = name
        self.age = age

    def print_age(self):                     #普通实例方法
        print("%s's age is %s" % (self.name, self.age))

class Man(Person):                           #定义子类
```

```
    def print_age(self):
        print("Mr. %s's age is %s" %(self.name, self.age))

class Woman(Person):                                    #定义子类
    def print_age(self):
        print("Ms. %s's age is %s" %(self.name, self.age))


def person_age(person):                                 #定义函数
    person.print_age()

person = Person("张三", 23)                             #基类实例对象
man = Man("李四", 33)                                   #子类实例对象
woman = Woman("王五", 28)                               #子类实例对象

person_age(person)                                      #函数调用，多态
person_age(man)                                         #函数调用，多态
person_age(woman)                                       #函数调用，多态
```

运行结果如下：

```
张三's age is 23
Mr. 李四's age is 33
Ms. 王五's age is 28
```

说明：在以上代码中 person_age 函数的输入参数为类 Person 的实例，但是在实际执行过程中 Person 的子类 Man 和 Woman 的示例同样可以在 person_age 函数中正常运行，这即是类的多态的作用。实际上任何实现了 print_age 函数的类均可作为 person_age 函数的参数且能够正常工作，这就是经典的鸭子类型。

概念拓展：鸭子类型是程序设计中的一种类型推断风格，这种风格适用于动态语言(如PHP、Python、Ruby、TypeScript、Perl、Objective-C、Lua、Julia、JavaScript、Java、Groovy、C#等)和某些静态语言(如 Golang,一般来说，静态类型语言在编译时便已确定了变量的类型，但是 Golang 的实现是：在编译时推断变量的类型)，支持鸭子类型的语言的解释器/编译器将会在解析或编译时，推断对象的类型。

在鸭子类型中，关注的不是对象的类型本身，而是它是如何使用的。例如，在不使用鸭子类型的语言中，我们可以编写一个函数，它接受一个类型为鸭的对象，并调用它的走和叫方法。在使用鸭子类型的语言中，这样的一个函数可以接受一个任意类型的对象，并调用它的走和叫方法。如果这些需要被调用的方法不存在，那么将引发一个运行时错误。任何拥有这样的正确的走和叫方法的对象都可被函数接受的这种行为引出了以上表述，这种决定类型的方式因此得名。

鸭子类型通常得益于不测试方法和函数中参数的类型，而是依赖文档、清晰的代码和测试来确保正确使用。从静态类型语言转向动态类型语言的用户通常试图添加一些静态的(在运行之前的)类型检查，从而影响了鸭子类型的益处和可伸缩性，并约束了语言的动态特性。

8.3　综合案例

案例 8-1　编写一个教师类，要求有一个计数器的属性，统计实例化的教师人数，并输出实例结果。

程序代码如下：

```
class Teacher:                                  #定义类
    count = 0                                   #计数
    def __init__(self, teacherid,teachername, department):
        self.teacherid = teacherid
        self.teachername = teachername
        self.department=department
        Teacher.count += 1                      #要使变量全局有效，就定义为类的属性

    def learn(self):
        print("正在工作中！")

listteacher=[]
listid=["00661","00662","00663","00664","00665"]
listname=["李红","刘芳","张三","王五","赵六"]
listdepartment=["软件教研室","物联网教研室","实验中心","人工智能研究室","大数据研究室"]
for i in range(0,5):                            #循环实例化对象
    listteacher1=Teacher(listid[i],listname[i],listdepartment[i])
    listteacher.append(listteacher1)            #列表添加元素

print("实例化了%s 个教师" % Teacher.count)    #计数实例化
for i in range(0,5):                            #输出实例化对象
    print("实例"+str(i),listteacher[i])

print("-----------------------------------------------------")
for i in range(0,5):                            #输出实例化对象的元素
    print("实例"+str(i),listteacher[i].teacherid,
listteacher[i].teachername,listteacher[i].department)
```

运行结果如下：

```
实例化了 5 个教师
实例 0 <__main__.Teacher object at 0x0000025DE75DA3C8>
实例 1 <__main__.Teacher object at 0x0000025DE75DA1D0>
实例 2 <__main__.Teacher object at 0x0000025DE76490B8>
实例 3 <__main__.Teacher object at 0x0000025DE76490F0>
实例 4 <__main__.Teacher object at 0x0000025DE7649128>
-----------------------------------------------------
实例 0 00661 李红 软件教研室
实例 1 00662 刘芳 物联网教研室
实例 2 00663 张三 实验中心
```

```
实例 3 00664 王五 人工智能研究室
实例 4 00665 赵六 大数据研究室
```

案例 8-2　设计一个基类 Shape 和它的两个子类 Rectangle 及 Circle，要求如下。

(1) Shape 类中有一个 printArea 方法用于输出图形的面积，有一个 printColor 方法用于输出形状的颜色。

(2) Rectangle 和 Circle 中覆盖了 Shape 中的 printArea 方法，分别输出正方形和圆形的面积。

(3) 创建 Rectangle 和 Circle 对象，输出长为 5、宽为 6 的长方形面积和半径为 5 的圆形面积及其颜色。

程序代码如下：

```
#定义形状类
class Shape:
    def __init__(self,color):
        self.color = color                    #形状的颜色
    def printColor(self):
        print("颜色为：",self.color)
    def printArea(self):
        pass

#由形状类派生圆类
class Circle(Shape):
    def __init__(self,r,color):
        self.r = r     #圆的半径
        super().__init__(color)
    #重写父类的 printArea 方法，输出圆面积
    def printArea(self):
        print("圆面积为：",3.14*self.r*self.r)

#由形状类派生长方形类
class Rectangle(Shape):
    def __init__(self,length,width,color):
        self.length = length                  #长方形的长
        self.width = width;                   #长方形的宽
        super().__init__(color)
    #重写父类的 area 方法，输出长方形面积
    def printArea(self):
        print("长方形面积为：",self.length*self.width)

#用于输出不同形状面积和颜色的方法
def display(shape):
    shape.printArea()
    shape.printColor()

#创建圆和长方形对象，并输出其面积
circle = Circle(5,"红色")
rectangle = Rectangle(5,6,"蓝色")
```

```
display(circle)
display(rectangle)
```

运行结果如下：

```
圆面积为：78.5
颜色为：红色
长方形面积为：30
颜色为：蓝色
```

***案例 8-3**　使用 Python 类实现数据结构中顺序表的基本操作。(选学)

(1)顺序表：顺序表是一种灵活的数据结构，是线性表的一种典型代表，顺序表是线性表的顺序表示，指的是用一组地址连续的存储单元依次存储线性表的数据元素。

Python 中的列表和元组这两种序列类型采用了顺序表的实现技术，具有顺序表的所有性质。因为元组是不可变类型，即不变的顺序表，不支持改变其内部状态的任何操作，而其他方面，则与列表的性质类似。顺序表的基本操作主要包括获取指定位置的元素值、在指定位置插入元素、在尾部添加元素、删除某一个元素等，下面采用 Python 列表来模拟实现顺序表的有关操作。

(2)程序代码如下：

```
#案例 8-3：顺序表的相关操作
class SeqList:                          #定义顺序表类
    def __init__(self):                 #通过构造方法初始化线性表
        self.L=[]
    def CreateSeqList(self):            #创建顺序表
        print("*"*50+"\n* 输入顺序表元素后回车键确认，\
                                        结束输入请按“#”\n"+"*"*50)
        k=0
        while True:
            e=input(f"请输入第{str(k)}元素：")
            k=k+1
            if e=="#":break
            self.L.append(int(e))

    def GetElement(self):               #获取表中指定位置的元素值
        position=eval(input("请输入想要查找的元素值的位置："))
        value=self.L[position]
        print("元素位置：{}；元素值：{}".format(position,value))

    def FindElement(self):              #在表中查找某一指定元素
        value = eval(input("请输入想要查找的元素："))
        position=self.L.index(value)
        print("元素值：{}；元素位置：{}".format(value,position))

    def InsertElement(self):            #在表中指定位置插入某一元素
        position=eval(input("请输入待插入元素的位置："))
        value=eval(input("请输入待插入元素的值："))
```

```
        self.L.insert(position,value)
        print("插入元素后，当前顺序表为：",self.L)

    def AppendElement(self):            #在表末尾插入某一元素
        value=eval(input("请输入在末尾插入的元素的值："))
        self.L.append(value)
        print("插入元素后，当前顺序表为：", self.L)

    def SortSeqList(self):              #对表进行排序
        print("未排序的顺序表：",self.L)
        self.L.sort()
        print("排序后的循序表：",self.L)

    def DeleteElement(self):            #删除表中某一元素
        value=eval(input("请输入待删除的元素："))
        self.L.remove(value)
        print("删除后的循序表：", self.L)

    def VisitElement(self):             #访问表中某一位置的元素
        positon=eval("请输入待访问的元素的位置")
        print("在顺序表中位置为{}的元素为：\
{}".format(positon,self.L[positon]))

    def TravelseElement(self):          #遍历表中所有元素
        for i in range(len(self.L)):
            print("第{}个元素的值为：{}".format(i,self.L[i]))

seqence1=SeqList()
seqence1.CreateSeqList()
#下面是操作菜单项
print("----------------------------------------")
print("1、获取指定位置的元素值\n"
      "2、查找某一指定元素\n"
      "3、在顺序表中指定位置插入某一元素\n"
      "4、在顺序表末尾插入某一元素\n"
      "5、对顺序表进行排序\n"
      "6、删除顺序表中某一元素\n"
      "7、访问顺序表中某一位置的元素\n"
      "8、遍历顺序表中所有元素\n")
print("----------------------------------------")
while True:
    num=eval(input("\n请输入要执行的操作的序号："))
    dic={1:"seqence1.GetElement()",\
        2:"seqence1.FindElement()",\
        3:"seqence1.InsertElement()",\
        4:"seqence1.AppendElement()",\
        5:"seqence1.SortSeqList()",\
```

```
        6:"seqence1.DeleteElement()",\
        7:"seqence1.VisitElement()",\
        8:"seqence1.TravelseElement()"}
    eval(dic[num])
```

运行结果如下：

```
**************************************************
* 输入顺序表元素后回车键确认，结束输入请按“#”
**************************************************
请输入第 0 元素：19
请输入第 1 元素：87
请输入第 2 元素：21
请输入第 3 元素：35
请输入第 4 元素：99
请输入第 5 元素：280
请输入第 6 元素：6
请输入第 7 元素：9
请输入第 8 元素：22
请输入第 9 元素：88
请输入第 10 元素：92
请输入第 11 元素：500
请输入第 12 元素：29
请输入第 13 元素：#
--------------------------------------
1、获取顺序表中指定位置的元素值
2、在顺序表中查找某一指定元素
3、在顺序表中指定位置插入某一元素
4、在顺序表末尾插入某一元素
5、对顺序表进行排序
6、删除顺序表中某一元素
7、访问顺序表中某一位置的元素
8、遍历顺序表中所有元素

--------------------------------------
请输入要执行的操作的序号：1
请输入想要查找的元素值的位置：5
元素位置：5；元素值：280
请输入要执行的操作的序号：(再输入其他选择继续操作……)
```

本 章 小 结

(1) 面向对象的程序设计技术的三大要素为继承、封装和多态。

(2) 类与对象的产生：在现实世界中，先有对象，后有类；在程序中，先定义类，后调用类来产生对象。

(3) 数据成员包括属于类的数据成员和属于对象的数据成员两种类型。

(4) 定义类的成员时，以两个下划线开头并且不以两个或更多个下划线结束，则表示该成员是私有成员。

(5)一般情况下在类的外部不能直接访问私有成员，但是可以通过特殊方法访问："对象名._类名__私有成员名"形式的访问不推荐使用。

(6)要区分函数和方法的本质区别。

(7)所有实例方法都必须至少有一个名为 self 的参数，并且是第一个参数。

(8)Python 中除了构造方法__init__()和析构方法__del__()之外，还有大量特殊方法，特殊方法前后均有两个下划线。

(9)属性是一种特殊形式的成员方法，结合了公开数据成员和成员方法两者的优点。

(10)Python 类型的动态性使人们可以动态地为自定义类及其对象增加新的属性和行为，称为"混入机制"。

(11)使用内置函数 super()或者通过"基类名.方法名()"的形式实现在派生类中调用基类的方法。

(12)了解多态的开闭原则。

本 章 习 题

一、单选题

1．类是实现代码复用和软件程序设计复用的一个重要方法，________是面向对象程序设计的三个要素。

A．封装、继承、多态　　B．类、继承、多态

C．文件、继承、多态　　D．封装、继承、遗传

2．在面向对象的程序设计中，________是组成程序的基本模块。

A．类　　B．对象　　C．实例　　D．成员方法

3．数据成员是用来说明对象特有的________，如姓名、年龄、身高、学历等。

A．方法　　B．函数　　C．模块　　D．属性

二、简答题

1．面向对象程序设计的基本要素有哪些？

2．什么是多态？请简述。

三、名词解释

1．面向对象程序设计　　2．类

3．对象　　4．继承

5．私有成员　　6．开闭原则

第 9 章　文件与文件夹

文件是指记录在各种存储介质上一组相关信息的集合，文件是长久保存信息并且能够重复使用和修改的信息组织方式，也是信息相互交换的重要途径，在 Windows、UNIX 和 Linux 等系统中，文件都是最基本的存储单位与信息载体。

文件操作在各类应用软件的开发中均占有重要的地位。

(1) 管理信息系统是使用数据库来存储数据的，而数据库最终还是要以文件的形式存储到硬盘或其他存储介质上。

(2) 应用程序的配置信息往往也是使用文件来存储的，图形、图像、音频、视频、可执行文件等也都是以文件的形式存储在磁盘上的。

文件夹是存放文件的虚拟空间，在计算机中，文件夹用来协助人们管理一组相关文件的集合。文件夹中可以包括文件和子文件夹，文件夹的组织结构又称为文件的目录结构，目前常用的目录结构都是倒置的树状结构。

9.1　文件内容操作

9.1.1　文件类型

文件的类型多种多样，按照数据的组织形式，在 Python 中通常把文件划分为两大类：二进制文件和文本文件。二进制文件和文本文件的划分是相对的，广义的二进制文件即指所有文件，因为在外部设备中存放的文件形式为二进制结构。狭义的二进制文件即除了文本文件之外的所有文件。

1. 二进制文件

二进制文件是基于值编码的文件，可以根据具体应用的要求，指定某个值所代表的含义的一个编码过程，也可以看作自定义编码。

二进制文件把对象内容以字节串进行存储，因此无法用记事本或其他普通字处理软件直接进行编辑，通常也无法被人们直接阅读和理解。二进制文件除可以使用特定的或相应的应用软件打开之外，还可使用 HexEditor 等十六进制编辑器打开进行解码后读取、显示、修改或执行，但是这样的操作需要对二进制文件结构有非常深入了解的专业人士才能做到。常见二进制文件有图形图像文件、音视频文件、可执行文件、资源文件、各种数据库文件、各类 Office 文档等都属于二进制文件范畴。另外二进制文件编码是变长的，方便灵活，利用率高，但是译码比较困难，不同的二进制文件译码方式是不同的，这里就不赘述了。图 9.1 是用记事本打开一个图像文件。

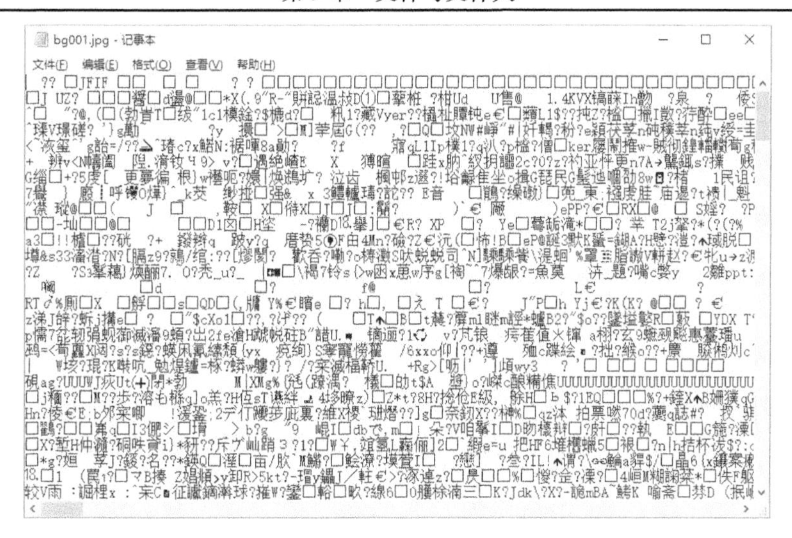

图 9.1　用记事本打开 JPG 图像文件

2. 文本文件

文本文件是一种由若干行字符构成的计算机文件，也是一种典型的顺序结构文件，其文件的逻辑结构又属于流式文件范畴。文本文件是指以 ASCII 码方式(也称文本方式)存储的文件，因此又称 ASCII 码文件，实际上英文字母、数字符号等字符均是以 ASCII 码方式存储的，而汉字存储的是机内码。文本文件中除了存储文件有效字符信息(包括能用 ASCII 码字符表示的回车、换行等特殊信息)外，不能存储其他任何信息。

通常在文本文件最后一行放置文件结束标志，文本文件的编码是基于字符定长的，译码相对要容易一些。习惯上文件的默认扩展名为.txt，此外计算机高级语言的源程序如 C 语言源程序代码文件、Java 源程序代码文件、C#源程序代码文件、HTML 文件、.NET 页面文件以及 Python 源程序文件(扩展名为.py)等都是文本文件，除此之外，在 Windows 系统中，扩展名为.log 和.ini 的文件也属于文本文件范围。

所有的文本文件都可以使用各种高级语言开发平台(IDE)的代码编辑器打开，最典型的文本文件编辑器就是 Windows 记事本 NotePad，使用记事本可以打开所有文本文件，并且能够进行删除、插入等编辑操作。图 9.2 是用记事本打开的 Python 源程序文件。

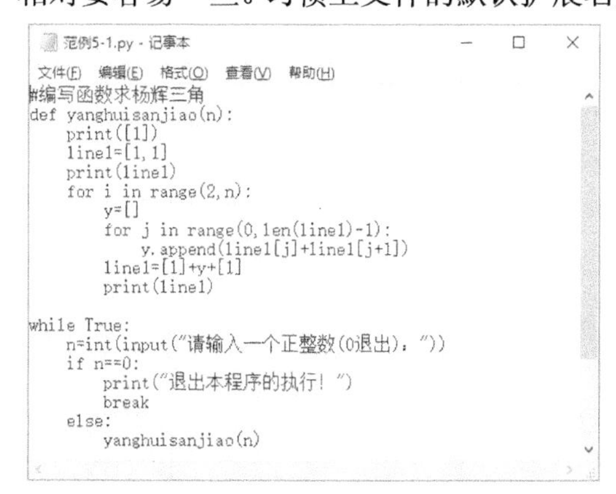
范例5-1.py - 记事本
文件(F)　编辑(E)　格式(O)　查看(V)　帮助(H)

```
#编写函数求杨辉三角
def yanghuisanjiao(n):
    print([1])
    line1=[1,1]
    print(line1)
    for i in range(2,n):
        y=[]
        for j in range(0,len(line1)-1):
            y.append(line1[j]+line1[j+1])
        line1=[1]+y+[1]
        print(line1)

while True:
    n=int(input("请输入一个正整数(0退出): "))
    if n==0:
        print("退出本程序的执行! ")
        break
    else:
        yanghuisanjiao(n)
```

图 9.2　记事本打开 Python 源程序文件

9.1.2　文件的打开和关闭

文件操作主要包括创建文件、打开文件、读取文件内容、插入或删除文件内容、保存文件以及关闭文件等。Python 中可以使用内置函数 open()打开文件进行有关操作，在实际使用中为了在文件操作结束后能确保安全关闭，推荐使用 with 组合语句打开文件进行操作。

1. 内置函数 open()打开文件

使用 Python 内置函数 open()可以用指定模式打开文件并且创建该文件对象，使用这个文件对象能够完成各项文件操作。

1) open()函数语法格式

```
open(file[, mode='r', buffering=-1, encoding=None, errors=None, newline=None, closefd=True, opener=None])
```

2) 部分参数说明

(1) 方括号[ ]内参数均是可选项。

(2) file：一个要访问文件，包含路径和文件名全称的字符串。其中，路径可以使用相对路径或者绝对路径。

(3) mode：mode 参数是可选项，该参数决定了打开文件的模式，包括只读、写入、追加等。默认文件访问模式为只读(r)。

(4) buffering：buffering 参数是用于设置缓冲策略的可选整数。在二进制模式下，值为 0 表示关闭缓冲；在文本模式下值为 1 表示选择行缓冲。如果将 buffering 的值设为大于 1 的整数，即为缓冲区的大小，如果取负值，缓冲区的大小则为系统默认。

(5) encoding：encoding 参数只适用于文本模式，指定对文本进行编码和解码的方式，可以使用 Python 支持的任何格式，如 GBK、UTF-8、CP936 等编码格式。

(6) 其他参数这里不细述，请自行查阅有关资料。

表 9.1 是文件打开模式的汇总，一共列出了 12 种文件打开模式。

表 9.1　文件打开模式

序号	模式	说明
1	r	以只读方式打开文件，文件的指针将会放在文件的开头，这是默认模式
2	rb	以二进制格式打开一个文件用于只读方式，文件指针将会放在文件的开头，这是默认模式
3	r+	打开一个文件用于读写，文件指针将会放在文件的开头
4	rb+	以二进制格式打开一个文件用于读写，文件指针将会放在文件的开头
5	w	打开一个文件只用于写入方式，如果该文件已存在则打开文件，并从开头开始编辑，即原有内容会被删除；如果该文件不存在，则创建新文件
6	wb	以二进制格式打开一个文件只用于写入，如果该文件已存在则打开文件，并从开头开始编辑，即原有内容会被删除；如果该文件不存在，则创建新文件
7	w+	打开一个文件用于读写，如果该文件已存在则打开文件，并从开头开始编辑，即原有内容会被删除；如果该文件不存在，则创建新文件
8	wb+	以二进制格式打开一个文件用于读写，如果该文件已存在则打开文件，并从开头开始编辑，即原有内容会被删除；如果该文件不存在，则创建新文件
9	a	打开一个文件用于追加，如果该文件已存在，文件指针将会放在文件的结尾，即新的内容将会被写入已有内容之后；如果该文件不存在，则创建新文件进行内容写入操作
10	ab	以二进制格式打开一个文件用于追加，如果该文件已存在，文件指针将会放在文件的结尾，也就是说，新的内容将会被写入已有内容之后；如果该文件不存在，则创建新文件进行写入
11	a+	打开一个文件用于读写，如果该文件已存在，文件指针将会放在文件的结尾，文件打开时会是追加模式；如果该文件不存在，则创建新文件用于读写
12	ab+	以二进制格式打开一个文件用于追加，如果该文件已存在，文件指针将会放在文件的结尾；如果该文件不存在，则创建新文件用于读写

对一个文件对象最基本的操作就是**读写**，下面的代码分别以读、写两种方式打开文件并且创建相对应的文件对象。

```
f1=open('file1.txt','w')                      #以写方式打开文件，创建文件对象 f1
f1.close()                                    #关闭文件，操作结束后关闭很重要

f2=open('file1.txt','r')                      #以读方式打开文件，创建文件对象 f2
f2.close()                                    #关闭文件，操作结束后关闭很重要
```

正常情况下，当一个文件操作完成之后，为了确保所做的有关操作准确无误地保存到文件中，一定要使用 close()方法关闭该文件对象。另外在 Python 程序设计中为了确保文件被正确关闭，推荐使用下面的 with 语句来实现文件的操作。

2. 使用 with 语句打开文件

在文件实际操作过程中，如果发生错误导致程序崩溃或停止运行，此时被打开的文件就无法正常关闭，造成系统出现意外情况。为了确保每一次文件操作之后，都能正常关闭文件，使用上下文管理关键词 with 语句就能够满足文件操作的安全性的要求。

with 语句可以自动管理与文件有关的系统资源，不管什么原因造成程序跳出 with 语句块(即使代码引发异常)，均能够确保文件正常关闭，因此，with 语句常用于文件操作、网络通信连接、数据库操作、多线程和进程同步管理等场合。with 语句的语法形式如下：

```
with open(filename,mode,encoding)as fp:
    语句块
```

其中，fp 为文件对象，通过该对象实现读写文件内容等相关操作，另外，with 管理语句还可以同时打开多个文件，下面的例子就是同时代开两个文件，并且把文件 1 的内容追加到文件 2 中，主要代码如下：

```
with open('file1.txt','r')as fp1,open("file2.txt",'r')as fp2:
    print("文件 1 内容：",fp1.read())          #读出文件 1 内容输出
    print("文件 2 内容：",fp2.read())          #读出文件 2 内容输出

fp1.close()                                   #关闭文件 1
fp2.close()                                   #关闭文件 2
```

文件内容的追加：

```
with open('file1.txt','r')as fp1,open("file2.txt",'a')as fp2:
    fp2.write(fp1.read())                     #读 file1 内容追加到 file2 中

fp1.close()
fp2.close()
```

观察被追加内容之后的文件 2 中的内容：

```
with open('file1.txt','r')as fp11,open("file2.txt",'r')as fp22:
    print("文件 22 内容：",fp2.read())         #读出文件 2 内容输出
```

```
fp11.close()
fp22.close()
```

运行结果如下：

```
文件 1 内容：信息学院欢迎你！
文件 2 内容：青岛科技大学！
文件 22 内容：青岛科技大学！                    #文件 1 内容被追加到文件 2 中
```

fp1、fp2、fp11 和 fp22 是文件对象的别名，使用别名操作简洁，是值得推荐的形式。

9.1.3 文件对象的方法与属性

打开文件成功后，创建一个文件对象，对文件内容的读写等操作可以通过该对象来实现，Python 中使用文件对象的方法可以实现对文件的进一步操作，文件对象的常用方法一共有 14 个，如表 9.2 所示。

表 9.2 文件对象的常用方法

编号	方法名称	说明
1	file.close()	把缓冲区内容写入文件，同时关闭文件，释放文件对象相关资源
2	file.flush()	刷新文件内部缓冲，直接把内部缓冲区的数据立刻写入文件，而不是被动地等待输出缓冲区写入，但不关闭文件
3	file.fileno()	返回一个整型的文件描述符，可以用在如 os 模块的 read()方法等一些底层操作上
4	file.isatty()	如果文件连接到一个终端设备则返回 True，否则返回 False
5	next(file)	每次调用时返回文件指针的下一行
6	file.read([size])	从文件中读取 size 字节或字符的内容返回。若省略[size]，则读取到文件的末尾，即一次读取文件所有内容
7	file.readline([size])	从文本文件中读取一行内容作为结果返回值，字符串中保留一个尾随的换行字符
8	file.readlines([sizehint])	把文本文件中每一行都作为独立的字符串对象，并将这些对象放入列表返回。大文件占用内存多，不建议使用
9	file.seek(offset[, whence])	把文件指针移动到新的位置； offset 表示相对于 whence 的多少字节的偏移量， offset 为正向结束方向移动，为负向开始方向移动； whence 的不同值代表不同含义：0 为从文件头开始计算(默认值)；1 为从当前位置开始计算；2 为从文件结尾开始计算
10	seekable()	测试当前文件是否支持随机访问，如果文件不支持随机访问，当调用方法 seek()、tell()和 truncate()时会抛出异常
11	file.tell()	返回文件指针的当前位置
12	file.truncate([size])	不论指针在什么位置，只留下指针前 size 字节的内容，其余全部删除；如果没有传入参数 size，则从当前指针位置到文件末尾内容全部删除
13	file.write(str)	将一个字符串内容写入文件，无返回值
14	file.writelines(sequence)	将一串字符串写入文件，该序列可以是生成字符串的任何可迭代对象，通常是字符串列表

文件正常执行 open()函数则打开文件并且返回一个可迭代的文件对象，通过文件对象的属性可以对文件进行读写等操作，Python 文件对象的常用属性有 name、mode、buffer 和 closed 四种，如表 9.3 所示。

表 9.3 文件对象的常用属性

序号	属性	说明
1	name	返回文件对象的文件名
2	mode	返回文件对象的打开模式
3	buffer	返回当前文件的缓冲区对象
4	closed	判断文件是否关闭，如果文件已关闭则返回 True

9.1.4 文件内容操作范例

1. 文本文件内容操作

文本文件在外部存储器中也是以二进制字节串形式存储的，在文本文件操作中需要注意字符串的编码格式，否则会导致错误的信息。

例 9-1 将字符串“青岛科技大学”追加到指定文件夹中的文本文件 test.txt 中，然后读取该文件的所有内容并输出。

```
#程序 9-1.py                              #用绝对路径打开文件，注意路径格式
str1="青岛科技大学\n"
with open('D:\Python\范例\文本文件\\test.txt','a')as fp1:
    fp1.write(str1)                       #默认使用 CP936 编码格式
fp1.close()

with open('D:\Python 范例\文本文件\\test.txt','r')as fp1:
    print(fp1.read())                     #默认使用 CP936 编码格式
fp1.close()
```

运行结果如下：

```
山东省青岛市
崂山区松岭路 99 号                        #test.txt 原有的内容
青岛科技大学                              #新增的内容
```

说明：在一个文本文件中追加内容打开方式需要用'a'而不是'w'，'w'方式写入新内容将覆盖文本文件中原有的内容。

例 9-2 遍历文本文件中的所有内容，并且输出到屏幕。

```
#程序 9-2.py
i=1
with open('test2.txt')as fp2:             #使用相对路径
    for line in fp2:                      #遍历
        print("第"+str(i)+"行: ",line)
        i+=1
fp2.close()
```

运行结果如下，输出 test2.txt 中的内容：

```
第 1 行：中国
第 2 行：山东省
第 3 行：青岛市
第 4 行：崂山区松岭路 99 号
```

```
第 5 行：青岛科技大学欢迎您！
第 6 行：信息科学技术学院欢迎您！
```

例 9-3 用户认证：存储一个文件 username.txt，文件上有多个用户名、密码，做一个认证的流程程序。首先创建一个文件，文件上输入多个用户名及其对应的密码，然后让用户输入用户名和密码，进行用户名和密码核对，如果输入正确，则的认证成功并结束本层循环，如果用户名和密码错误，提示用户名密码错误，请重新输入用户名和密码。username.txt 文件内容如图 9.3 所示。

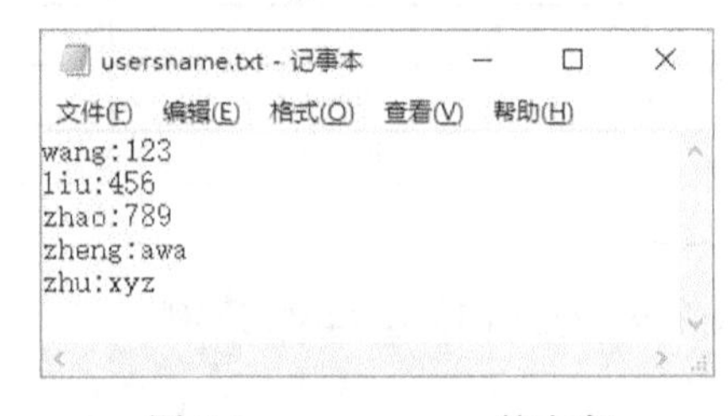

图 9.3　username.txt 的内容

```
#程序 9-3.py
while True:                                              #无限循环
    name = input("请输入用户名:").strip()
    pwd = input("请输入密码:").strip()
    with open("usersname.txt",mode='rt',encoding="utf-8")as file:
        info = file.readlines()
        for line in info:
            u_name,u_pwd = line.strip('\n').split(":")
            if u_name == name and u_pwd == pwd:
                print("login success!")
                break                                    #循环退出
        else:
            print("user name or user password of error! Again!")
            continue

        break                                            #循环退出
file.close()
```

运行结果如下：

```
请输入用户名:wang
请输入密码:123
login success!
```

第二次运行：

```
请输入用户名:hua
请输入密码:789
user name or user password of error! Again!
```

第三次运行：

```
请输入用户名:zhao
请输入密码:789
login success!
```

在学习过程中需要注意例 9-3 的程序结构，能够通过代码的缩进结构分清程序的逻辑结果，这样更加方便理解程序。

例 9-4　JSON 数据交换。

JSON(JavaScript object notation)是一种轻量级的数据交换格式。它是基于 ECMAScript

的一个子集。Python 3.x 中可以使用 json 模块来对 JSON 数据进行编解码，它包含了两个方法。

(1) json.dumps()：对数据进行编码，字典到 JSON 转化, json_str = json.dumps(dict)。

(2) json.loads()：对数据进行解码，JSON 到字典转化，ret_dict = json.loads(json_str)。

在 JSON 的编解码过程中，Python 的原始类型与 JSON 类型会相互转换，具体的转化对照如表 9.4 和表 9.5 所示。

表 9.4　Python 编码为 JSON 类型转换对应表

序号	Python	JSON
1	dict	object
2	list, tuple	array
3	str	string
4	int, float, int- & float-derived Enums	number
5	True	true
6	False	false
7	None	null

例 9.4 是把列表形式的 CSV 文件内容转换为 JSON 风格的记录列表形式，testjson.csv 的内容如图 9.4 所示。

表 9.5　JSON 解码为 Python 类型转换对应表

序号	JSON	Python
1	object	dict
2	array	list
3	string	str
4	number (int)	int
5	number (real)	float
6	true	True
7	false	False
8	null	None

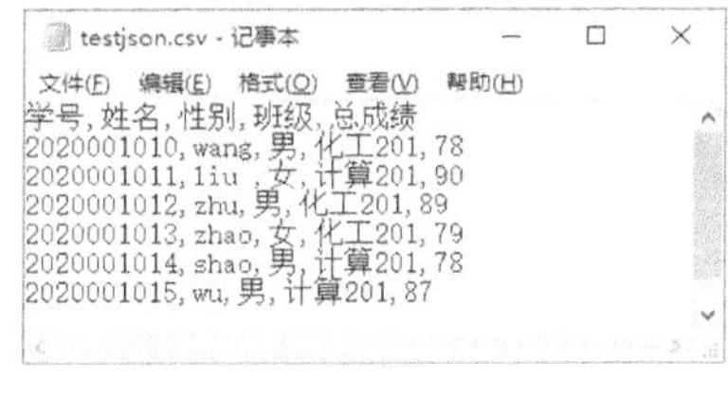

图 9.4　testjson.csv 源文件内容

例 9-4 的具体代码如下：

```
#程序 9-4.py
import json                                  #导入 json 模块
import jieba                                 #导入 jieba 模块
article = open('testjson.csv', 'r').read()
listans=[]
words=article.split('\n')
length=len(words)
for i in range(length):
    words[i]=words[i].split(',')

dictionary=words[0]
for i in range(1,length-1):
    dictionary_seq=words[i]
    dic=dict(zip(dictionary,dictionary_seq))
    listans.append(dic)
```

```
out=json.dumps(listans,ensure_ascii=False,indent=4)  #JSON 编码
print('''"本书作者：任志考{}"'''.format(out))
```

运行结果如下：

```
"本书作者：任志考[
    {
        "学号": "2020001010",
        "姓名": "wang",
        "性别": "男",
        "班级": "化工 201",
        "总成绩": "78"
    },
    {
        "学号": "2020001011",
        "姓名": "liu ",
        "性别": "女",
        "班级": "计算 201",
        "总成绩": "90"
    },
    …
    {
        "学号": "2020001015",
        "姓名": "wu",
        "性别": "男",
        "班级": "计算 201",
        "总成绩": "87"
    }
]"
```

说明：CSV(comma-separated values)文件为逗号分隔值文件，有时也称为字符分隔值文件，因为分隔字符也可以不是逗号，其文件以纯文本形式存储表格数据(数字和文本)。纯文本意味着该文件是一个字符序列，不含必须像二进制数字那样被解码的数据。CSV 文件由任意数目的记录组成，记录间以某种换行符分隔；每条记录由字段组成，字段间的分隔符是其他字符或字符串，最常见的是逗号或制表符。通常所有记录都有完全相同的字段序列。通常都是纯文本文件，建议使用 WordPad 或记事本来开启，或者先另存新文档后用 Excel 开启，也是方法之一。

2. 二进制文件内容操作

二进制文件类型很多，常见的有可执行文件(.exe/.com)、数据库文件、图像文件(.jpg 等)、音频文件、DLL 文件、Office 文件(.doc、.wps 等)，二进制文件无法用记事本等文件编辑器软件打开进行编辑操作，Python 文件对象也无法直接读取和理解二进制文件的内容。

Python 中处理二进制文件的模块有 struct 和 pickle 等。

1) 使用 struct 模块读写二进制文件

Python 中的 struct 模块的主要作用就是 Python 基本类型值与用 Python 字符串格式表示的 C struct 类型间的转化(this module performs conversions between Python values and C structs represented as Python strings.)。struct 模块提供了很简单的几个方法。使用 struct 模块需要使用 pack()方法把对象按指定个数进行序列化(编码)，然后使用文件对象的 write()方法将序列

化的结果写入二进制文件；读取操作时需要使用文件对象的 read() 方法读取二进制文件内容，然后使用 struct 模块的 unpack() 方法反序列化(解码)得到原来的信息。

***例 9-5**　使用 struct 模块读写二进制文件。

```
#程序 9-5.py
#使用 struct 模块写入二进制文件内容
import struct                               #导入模块
n=130000000
x=96.45
b=True
s='青岛'
sn=struct.pack('if?',n,x,b)                 #序列化,i 表示整数, f 表示实数,?表示逻辑值
f=open('sample_struct.dat','wb')            #自动创建文件
f.write(sn)
f.write(s.encode())                         #字符串需要编码为字节串再写入文件
f.close()
#使用 struct 模块读取二进制文件的内容
#import struct
f=open('sample_struct.dat','rb')
sn=f.read(9)                                #首先读取 9 字节进行反序列化
tu=struct.unpack('if?',sn)                  #使用指定格式反序列化
print(tu)
print('n=',n,'x=',x,'b=',b)
s=f.read(9)
s=s.decode()                                #字符串解码
print('s=',s)                               #字符串解码
#读取字节的长度
#import struct
st=struct.pack('if?',13000,56.0,True)
print(len(st))
x='a1@中国'
print(len(x.encode()))
```

运行结果如下：

```
(130000000, 96.44999694824219, True)
n= 130000000 x= 96.45 b= True
s= 青岛
9
9
```

2) 使用 pickle 模块读取二进制文件

标准库 pickle 提供的 dump() 方法可以将数据进行序列化后并写入数据文件中(文件扩展名默认为.dat)，load() 方法则读取二进制文件内容并进行反序列化后还原为原来的信息。

dump() 方法和 load() 方法的语法格式如下。

(1) dump() 方法。

```
pickle.dump(obj, file, [,protocol])
```

序列化对象，将对象 obj 保存到文件 file 中。参数 protocol 是序列化模式，默认是 0(ASCII 协议，表示以文本的形式进行序列化)，protocol 的值还可以是 1 和 2(1 和 2 表示以二进制的

形式进行序列化。其中，1 是老式的二进制协议；2 是新二进制协议）。file 表示保存的类文件对象，file 必须有 write()接口，file 可以是一个以'w'打开的文件或者是一个 StringIO 对象，也可以是任何可以实现 write()接口的对象。

(2) load()方法。

```
pickle.load(file)
```

反序列化对象，将文件中的数据解析为一个 Python 对象。file 中有 read()接口和 readline()接口。

例 9-6 使用 pickle 模块序列化文件。

```
#程序 9-6.py
import pickle                                     #导入模块
#准备要序列化的数据
n = 7
i = 2020
a = 5.21
s = '青岛科技大学 SonglingRoad99'
lst = [[1,2,3],['a','b','c'],['q','u','s','t']]
tu = (4,5,6)
coll = {'x','y','z'}
dic = {'a':'Anhui ','b':'Beijing','s':'Shandong','h':'Hubei'}
aa = 'c'
f1 = open('sample_pickle.dat','wb')               #以写模式打开二进制文件

try:
    pickle.dump(n,f1)                             #对象个数
    pickle.dump(i,f1)                             #写入整数
    pickle.dump(a,f1)                             #写入实数
    pickle.dump(s,f1)                             #写入实数
    pickle.dump(lst,f1)                           #写入列表
    pickle.dump(tu,f1)                            #写入元组
    pickle.dump(coll,f1)                          #写入集合
    pickle.dump(dic,f1)                           #写入字典
except:
    print('写文件异常')
finally:
    f1.close()                                    #内容写入后，关闭文件
#读文件内容
with open('sample_pickle.dat','rb')as f2:         #以读模式打开二进制文件
    n=pickle.load(f2)
    for i in range(n):
        x=pickle.load(f2)
        print(x)
    f2.close()
```

运行结果如下：

```
2020
5.21
青岛科技大学 SonglingRoad99
```

```
[[1, 2, 3], ['a', 'b', 'c'], ['q', 'u', 's', 't']]
(4, 5, 6)
{'y', 'x', 'z'}
{'a': 'Anhui ', 'b': 'Beijing', 's': 'Shandong', 'h': 'Hubei'}
```

Python 中 pickle 模块除了提供 dump()方法和 load()方法之外，还提供了 dumps()函数和 loads()函数，dumps()函数能够返回对象序列化之后的字节串形式，loads()函数能够把序列化的字节串反序列化输出原来的数据。举例如下：

```
>>> import pickle
>>> list1=pickle.dumps(['q','u','s','t'])    #序列化列表
>>> print(list1)
b'\x80\x03]q\x00(X\x01\x00\x00\x00qq\x01X\x01\x00\x00\x00uq\x02X\x01\x00\x00\x00sq\x03X\x01\x00\x00\x00tq\x04e.'
>>> pickle.loads(list1)                      #反序列化输出原始数据
['q', 'u', 's', 't']

>>> s=pickle.dumps({5,6,7,8})                #序列化集合
>>> print(s)                                 #输出序列化结果
b'\x80\x03cbuiltins\nset\nq\x00]q\x01(K\x08K\x05K\x06K\x07e\x85q\x02Rq\x03.'
>>> pickle.loads(s)
{8, 5, 6, 7}

>>> t=pickle.dumps((7,8,9,10))               #序列化元组
>>> print(t)
b'\x80\x03(K\x07K\x08K\tK\ntq\x00.'
>>> pickle.loads(t)
(7, 8, 9, 10)

>>> n=pickle.dumps(520)                      #序列化数字
>>> print(n)
b'\x80\x03M\x08\x02.'
>>> pickle.loads(n)
520

>>> str1=pickle.dumps("Qingdao")             #序列化字符串
>>> print(str1)
b'\x80\x03X\x07\x00\x00\x00Qingdaoq\x00.'
>>> pickle.loads(str1)
'Qingdao'
```

9.2　文件和文件夹操作

9.1 节介绍了二进制文件和文本文件的内容操作，并且通过实例学习了有关操作的过程、步骤、方法以及程序实现，文件内容操作是文件操作的重要组成部分。本节将介绍文件本身的复制、重命名、删除、遍历文件名等文件外部操作，以及文件夹的相关操作与应用。在 Windows 系统中，文件和文件夹通过目录结构来管理，Windows 系统采用的是树状目录结构(倒置树)，即分层的目录结构，文件夹也是文件存放的容器，文件和文件是一体的，文件和文件夹很多操作都是相互关联的。

Python 中标准库提供了 os 模块、os.path 模块和 shutil 模块来实现文件和文件夹的有关操作。

9.2.1　os 模块

os 模块简单来说是一个 Python 的系统编程的操作模块，除了提供使用操作系统功能和访问文件系统的功能之外，还提供了文件和文件夹操作的大量方法，使用这些方法能够处理文件和文件夹的很多操作。可以使用 help(os)来查看 os 模块的帮助文档(图 9.5)，了解详细的相关方法及其应用。

```
>>> import os                              #导入模块
>>> help(os)                               #查看帮组
Help on module os:

NAME
    os - OS routines for NT or Posix depending on what system we're on.

DESCRIPTION
    This exports:
      - all functions from posix or nt, e.g. unlink, stat, etc.
      - os.path is either posixpath or ntpath
      - os.name is either 'posix' or 'nt'
      - os.curdir is a string representing the current directory (always '.')
```

图 9.5　os 模块

Python 中 os 模块的常用成员包括常用属性和方法，os 模块的部分常用属性(Windows 系统下)如表 9.6 所示，os 模块的常用文件操作方法如表 9.7 所示。

表 9.6　os 模块的常用属性(Windows 环境下)

序号	os 模块常用属性	相应的作用
1	os.name	返回计算机的操作系统(Windows 系统下会返回'nt')
2	os.curdir	指代当前目录，也可以用'.'来表示当前目录
3	os.pardir	指代当前目录的上一级目录，也可以用'..'表示
4	os.sep	返回路径名分隔符'\\'，也可以是'\'
5	os.extsep	返回文件扩展名分隔符，在 Windows 系统下文件的扩展名分隔符为'.'
6	os.linesep	返回文本文件的行分隔符：'\r\n'

应用举例如下：

```
>>> import os                     #导入 os 模块
>>> os.name
'nt'                              #Windows 系统下返回'nt'
>>> os.curdir                     #返回当前目录
'.'
>>> os.pardir
'..'
>>> os.sep
'\\'
>>> os.extsep
'.'
```

```
>>> os.linesep                              #返回文本文件的行分隔符
'\r\n'
```

表9.7　os模块的常用文件操作方法

序号	os模块常用方法	相应的作用
1	os.chdir(path)	改变当前工作目录，path必须为字符串形式的目录
2	os.getcwd()	返回当前工作目录
3	os.listdir(path)	列举指定目录的文件名
4	os.mkdir(path)	创建路径为path指定的文件夹,只能创建一个单层文件夹，而不能嵌套创建，若该文件夹存在则会抛出异常
5	os.makedirs(path)	递归建立文件夹，即创建多级文件夹，自动创建中间缺失的多级文件夹，功能强大
6	os.remove(file_name)	删除指定文件
7	os.rmdir(path)	删除单层文件夹，文件夹非空时则会抛出异常
8	os.removedirs(path)	逐层删除多层文件夹
9	os.rename(old,new)	文件重命名，oldname命名为newname

操作举例如下：

```
>>> import os                                          #导入os模块
>>> os.listdir("D:\Python程序设计\范例\第九章")          #列举指定目录的文件名

['9-0.py', '9-1.py', '9-2.py', '9-3.py', '9-4.py', '9-5.py', '9-6.py',
'call.txt','file1.txt','file2.txt','number.txt','sample_pickle.dat','sample_
struct.dat', 'test - 副本.csv', 'test.xlsx', 'test2.txt', 'testjson.csv',
'usersname.txt', '案例9-1.py', '案例9-2.py', '案例9-3.py']

>>> os.getcwd()                                        #返回当前工作目录
'D:\\Python程序设计\\范例\\第九章'
```

9.2.2　os.path模块

os.path模块主要用于获取文件与文件夹的属性，即os.path模块提供了大量用于路径判断、切分、连接以及文件遍历的方法。Python的os.path模块的常用方法如表9.8所示。

表9.8　os.path模块常用方法

序号	os.path模块常用方法	相应的作用
1	abspath(path)	返回文件或文件夹的绝对路径
2	basename(path)	返回path路径最后一个“\\”后的内容，可以为空
3	dirname(path)	返回path路径最后一个“\\”之前的内容
4	split(path)	返回一个(head,tail)元组，head为最后一个“\\”之前的内容；tail为最后一个“\\”之后的内容，可以为空
5	splitext(path)	返回所指向文件的路径和扩展名
6	exists(path)	查询路径path是否存在
7	isabs(s)	判断指定路径s是否为绝对路径
8	isdir(path)	判断path指向的是不是文件夹
9	isfile(path)	判断path是否指向文件
10	join(path,*path)	将两个path通过“\\”组合在一起，或将更多path组合在一起

续表

序号	os.path 模块常用方法	相应的作用
11	getatime(filename)	返回文件的最近访问时间，返回的是浮点数时间
12	getctime(filename)	返回文件的创建时间
13	getmtime(filename)	返回文件的修改时间

举例如下：(预先在 C 盘下创建文件夹 c:\\Pythontemp)：

```
>>> import os
>>> import os.path
>>> os.chdir('c:\\Pythontemp')                    #更改当前文件夹为'c:\\Pythontemp'
>>> os.getcwd()
'c:\\Pythontemp'

>>> os.path.isdir('c:\\Pythontemp')               #判断是否指向文件夹
True
>>> os.path.isfile('c:\\Pythontemp\\text.txt')            #判断是否指向的是文件
False                                                       #没有该文件

>>> str1="青岛科技大学\n"
>>> with open('c:\\Pythontemp\\text.txt','w')as fp1:    #创建文件 text.txt
    fp1.write(str1)
7
>>> os.path.isfile('c:\\Pythontemp\\text.txt')        #再一次判断是否指向的是文件
True

>>> os.path.basename('c:\\Pythontemp\\text.txt')     #分离出文件名
'text.txt'
>>> os.path.dirname('c:\\Pythontemp\\text.txt')      #分离出目录路径
'c:\\Pythontemp'

>>> os.path.split('c:\\Pythontemp\\text.txt')  #分离目录路径和文件名，返回元组形式
 ('c:\\Pythontemp', 'text.txt')
>>> os.path.splitext('c:\\Pythontemp\\text.txt')     #分离出文件扩展名
 ('c:\\Pythontemp\\text', '.txt')

>>> os.path.exists('c:\\Pythontemp\\text.txt')       #判断路径是否存在
True
>>> os.path.isabs('Pythontemp')                      #判断是否为绝对路径
False
>>> os.path.isabs('c:\\Pythontemp')                  #判断是否为绝对路径
True
>>> os.path.join('c:\\Pythontemp','text.txt')        #组合完整路径
'c:\\Pythontemp\\text.txt'
```

接着上面的操作例子继续举例说明。

(1)文件最近访问时间。

```
>>> import time                                                  #导入模块
>>> str1=os.path.getatime('c:\\Pythontemp\\text.txt')           #文件最近访问时间
>>> print('浮点数时间：',str1,'s')
浮点数时间： 1595155278.6835506 s

>>> time.ctime(str1)                                             #更改时间显示格式
'Sun Jul 19 18:41:18 2020'
```

(2) 文件创建时间。

```
>>> str2=os.path.getctime('C:\\Pythontemp\\text.txt')           #文件创建时间
>>> print('浮点数时间：',str2,'s')
浮点数时间： 1595155278.6835506 s
>>> time.ctime(str2)                                             #更改时间显示格式
'Sun Jul 19 18:41:18 2020'
```

(3) 文件最近修改时间。

```
>>> str3=os.path.getmtime('C:\\Pythontemp\\text.txt')           #文件最后修改时间
>>> print('浮点数时间：',str3,'s')
浮点数时间： 1595155278.6895378 s

>>> time.ctime(str3)                                             #更改时间显示格式
'Sun Jul 19 18:41:18 2020'
```

说明：Python 中 time 模块提供各种与时间相关的函数。其中，ctime()函数的语法格式为 time.ctime([secs])，作用是将时间戳的时间转换为表示本地时间的字符串，如果没有提供 secs，则返回系统的当前时间，举例说明如下：

```
>>> import time
>>> time.ctime()                                 #没有参数，则返回系统当前时间
'Tue Jul 28 20:34:11 2020'
```

9.2.3　shutil 模块

Shutil 的名字来源于 shell utilities，学习或了解过 Linux 的人应该都对 shell 不陌生，可以借此来记忆模块的名称。Python 中 shutil 模块拥有许多文件和文件夹操作的功能，包括复制、移动、重命名、删除等，shutil 模块也是对 os 模块中文件操作的补充。shutil 模块提供了大量的方法支持文件和文件夹的操作，常用方法如表 9.9 所示。

表 9.9　shutil 模块的常用方法

序号	方法	功能说明
1	copy(src, dst)	复制文件，新文件具有同样的文件属性和权限，如果目标文件已存在则抛出异常
2	copy2(src, dst)	复制文件，新文件具有与原文件完全一样的属性，包括创建时间、修改时间和最后访问时间等，如果目标文件已存在则抛出异常
3	copyfile(src, dst)	复制文件，不复制文件属性，如果目标文件已存在则直接覆盖
4	copyfileobj(fsrc, fdst)	在两个文件对象之间复制数据，如 copyfileobj(open('123.txt'), open('456.txt', 'a'))

续表

序号	方法	功能说明
5	copymode (src, dst)	把 src 的模式位(mode bit)复制到 dst 上，之后二者具有相同的模式
6	copystat (src, dst)	把源 src 的模式位、访问时间等所有状态都复制到目标 dst 上
7	copytree (src, dst)	递归复制文件夹
8	disk_usage (path)	查看磁盘使用情况
9	move (src, dst)	移动文件或递归移动文件夹，也可以给文件和文件夹重命名
10	rmtree (path)	递归删除文件夹
11	make_archive (base_name,format, root_dir=None, base_dir=None)	创建 tar 或 zip 格式的压缩文件
12	unpack_archive (filename, extract_dir=None, format=None)	解压缩压缩文件

下面分别举例说明上面 shutil 模块部分方法的使用。

1) shutil.copy (src,dst)

功能：复制文件和权限。

```
>>> import shutil
>>> shutil.copy('c:\\Pythontemp\\text.txt', 'c:\\Pythontemp\\text1.txt')
                                          #复制文件和权限
'c:\\Pythontemp\\text1.txt'

>>> import os
>>> os.listdir('c:\\Pythontemp')     #返回文件和文件夹列表
['text.txt', 'text1.txt']            #复制生成的新文件 text1.txt 已经存在，复制成功
```

2) shutil.copyfile (src,dst)

功能：复制文件。

```
>>> os.chdir('c:\\Pythontemp')                    #设为当前工作目录
>>> shutil.copyfile('text.txt','text2.txt')#复制文件，但不复制文件属性
'text2.txt'
>>> os.listdir('c:\\Pythontemp')
['text.txt', 'text1.txt', 'text2.txt']
```

3) shutil.make_archive (base_name, format,…)

功能：创建压缩包并返回文件路径。

```
#把文件夹'c:\\Pythontemp 压缩为 zip 文件，目标文件保存在 D:\下
>>> shutil.make_archive('D:\\a','zip','c:\\Pythontemp')
'D:\\a.zip'
```

4) shutil.copytree (src,det,symlinks=False,ignore=None)

功能：递归复制文件和文件夹。

```
>>> os.listdir('C:\\Pythontemp')          #列出目录下所有文件
['5-1.py','5-2.py','5-3.py','5-4.py','text.txt','text1.txt','text2.txt']
#递归复制文件夹和文件，如果目标已经存在则抛出异常提示，把 C:\Pythontemp 下的扩展名
```

非.txt 的所有文件递归复制到 D:\Pythontemp，如果 D:\Pythontemp 存在则抛出异常，如果不存在则复制(自动创建文件夹)

```
>>> shutil.copytree('C:\\Pythontemp','D:\\Pythontemp',
ignore=shutil.ignore_patterns('*.txt'))
'D:\\Pythontemp'                        #复制成功
>>> os.listdir('D:\\Pythontemp')    #列出目录下的所有文件
['5-1.py', '5-2.py', '5-3.py', '5-4.py']
#下面，文件夹存在则抛出异常
>>> shutil.copytree('C:\\Pythontemp','D:\\Pythontemp',
ignore=shutil.ignore_patterns('*.txt'))
FileExistsError: [WinError 183] 当文件已存在时，无法创建该文件。: 'D:\\Pythontemp'
```

9.3 综 合 案 例

案例 9-1 将文件夹下所有图片名称加上“_qust”。

程序如下。

```
import re
import os
import time
#str.split(string)分割字符串
#'连接符'.join(list)将列表组成字符串
def change_name(path):
    global i
    if not os.path.isdir(path)and not os.path.isfile(path):
        return False

    if os.path.isfile(path):
        file_path = os.path.split(path)        #分割出目录与文件
        lists = file_path[1].split('.')        #分割出文件与文件扩展名
        file_ext = lists[-1]                   #取出后缀名(列表切片操作)
        img_ext = ['bmp','jpeg','gif','psd','png','jpg']
        if file_ext in img_ext:
            os.rename(path,file_path[0]+'/'+lists[0]+'_qust.'+file_ext) #加_qust
            i+=1                        #注意这里的 i 是一个陷阱
                                        #或者
                                        #img_ext = 'bmp|jpeg|gif|psd|png|jpg'
                                        #if file_ext in img_ext:
                                        #print('ok---'+file_ext)
    elif os.path.isdir(path):
        for x in os.listdir(path):
            change_name(os.path.join(path,x)) #os.path.join()在路径处理上很有用

img_dir = 'D:\\Pythontemp\\images'
img_dir = img_dir.replace('\\','/')
start = time.time()
i = 0
```

```
change_name(img_dir)
c = time.time()- start
print('程序运行耗时:%0.2f'%(c))
print('总共处理了 %s 张图片'%(i))
```

运行结果如下：

```
程序运行耗时:0.11
总共处理了 46 张图片
```

下面列出文件目录 D:\\Pythontemp\\images 中的文件，观察结果：

```
>>> import os
>>> os.listdir('D:\\Pythontemp\\images')     #查看文件夹下文件列表
['beijing1_qust.jpg', 'beijing2_qust.jpg', 'beijing3_qust.jpg', 'bg001_qust.jpg',
'bg002_qust.jpg', 'bg003_qust.jpg', 'c1_qust.jpg', 'c2_qust.jpg', 'c3_qust.jpg',
'c4_qust.jpg', 'geren_qust.png', 'index_06_qust.jpg', 'index_10_qust.jpg',
'index_12_qust.jpg', 'index_14_qust.jpg', 'index_19_qust.jpg', 'kaifazhe_qust.png',
'logo_qust.jpg', 'logo_qust.png',
…
'nishizhongxin_qust.png', 'p1_qust.jpg', 'p2_qust.jpg', 'p3_qust.jpg',
'p4_qust.jpg', 'p5_qust.jpg', 'p6_qust.jpg', 'qust1_qust.jpg', 'qust2_qust.jpg',
'qust3_qust.jpg', 'qust5_qust.jpg', 'qust_qust.gif', 'qust_qust.jpg', 'qust_qust.png',
'shangjia_qust.png']
```

上面的列表显示，每个图片文件都加上了后缀_qust，说明案例 9-1 的程序能够运行正确，实现预定的操作要求。

案例 9-2　使用扩展库 openpyxl 读写 Excel 2013 以及更高版本的文件。

程序如下。

```
import openpyxl                                   #导入扩展库
from openpyxl import Workbook                     #导入工作簿
fp=r'd:\Pythontemp\test.xlsx'                     #文件完整路径
wp=Workbook()                                     #创建工作簿
ws=wp.create_sheet(title="测试表")                 #创建工作表

ws['A1']="测试单元格的写入字符串"                   #赋值单元格
ws['B1']=3.1415                                   #赋值单元格
wp.save(fp)
wp=openpyxl.load_workbook(fp)                     #打开已有的 Excel 文件
ws=wp.worksheets[1]                               #打开指定索引的工作表
print(ws['A1'].value)                             #输出指定单元格的值

ws.append([1,2,3,4,5])                            #添加一行数据
ws.merge_cells('F2:F3')                           #合并单元格
ws['F2']="=sum(A2:E2)"                            #写入求和公式
for r in range(10,15):
   for c in range(3,8):
      _=ws.cell(row=r,column=c,value=r*c)         #写入单元格数据

wp.save(fp)
wp.close()
```

运行结果如下：

```
测试单元格的写入字符串
```

案例 9-2 的程序执行之后，进入 D:\Pythontemp 文件夹中打开 test.xlsx 文件，可以看出新增加了一个表：测试表，该表的内容如图 9.6 所示。

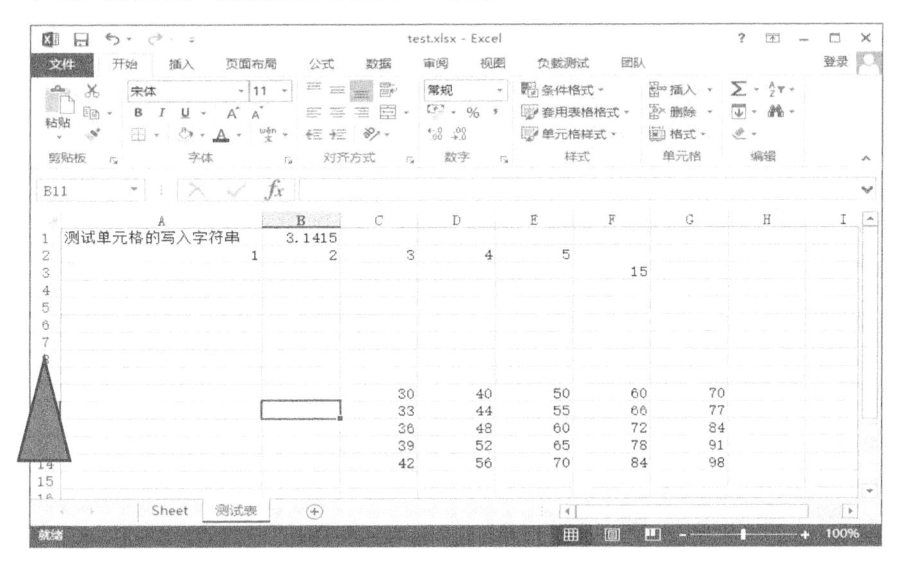

图 9.6　test.xlsx 新增测试表的内容

案例 9-3　Python 根据关键词提取文本文件 number.txt 中的手机号。

文本文件 number.txt 的内容如下：

我在青岛科技大学信息科学技术学院

我的手机号码:13936978629

地址：青岛崂山区。

代码如下：

```
import re
f1 = open('number.txt','r')
f2 = open('call.txt','w+')
a=[]
for line in f1.readlines():
if re.findall('手机号码:',line):        #查找含有“手机号码：”的行，
      a.append(line.split(':'))         #每行的格式手机号码：+手机号
for i in range(a.__len__()):
   if len(a[i][1])== 12 and a[i][1][0]=='1':
      print(a[i][1])
      f2.write(a[i][1])                 #把查找到的行写入 f2
f1.close()
f2.close()
```

运行结果如下：

```
13936978629                             #手机号码被提取
```

本 章 小 结

(1)在 Python 中文件可以划分为文本文件和二进制文件两种类型。

(2)文本文件习惯上是指以 ASCII 码方式存储的文件，因此又称 ASCII 码文件，通常文本文件的扩展名为.txt。

(3)使用 Python 内置函数 open()可以用指定模式打开文件并且创建该文件对象，使用这个文件对象能够完成各项文件操作。

(4)Python 中处理二进制文件内容的模块有 struct、pickle、shelve 和 marshal 等。

(5)Python 中的标准库提供了 os 模块、os.path 模块和 shutil 模块实现文件和文件夹的有关操作。

本 章 习 题

一、填空题

1．文本文件习惯上的扩展名为________。

2．Python 源代码程序也是文本文件，其扩展名为________。

3．________语句可以自动管理与文件有关的系统资源，不管什么原因造成程序跳出该语句块(即使代码引发异常)，均能够确保文件正常关闭。

4．________模块提供了大量用于路径判断、切分、连接以及文件遍历的方法。

5．________是一种轻量级的数据交换格式，在 Python 数据处理中得到广泛应用。

二、简答题

1．什么是二进制文件？

2．什么是文本文件？

3．文件对象的常用属性有哪些？

4．Python 中标准库提供了哪些模块用于实现文件和文件夹的有关操作？简述各个模块。

三、编程题

1．编写程序，用户输入一个目录和一个文件名，搜索该目录及其子目录中是否存在该文件。

2．将当前目录的所有扩展名为 .html 的文件修改为扩展名为 .htm 的文件。

3．编写程序，在 D 盘根目录下创建一个文本文件 test.txt，向其中写入字符串“hello world!”，并且输出验证。

4．编写程序读取二进制文件 sample_bytes.dat。